建筑构成学

Studies of Architectural Composition

建筑设计的方法

[日]
坂本一成 Kazunari Sakamoto
塚本由晴 Yoshiharu Tsukamoto
岩冈竜夫 Tatsuo Iwaoka
小川次郎 Jiro Ogawa
中井邦夫 Kunio Nakai
足立真 Makoto Adachi
寺内美纪子 Mikiko Terauchi
美浓部幸郎 Yukio Minobe
安森亮雄 Akio Yasumori 著

陆少波 Lu Shaobo 译

郭屹民 Guo Yimin 校

目录

（注：参考文献、特邀专栏文献、附录等均按照原著著录格式呈现）

本书各章节作者

	中文版序	坂本一成
	序	坂本一成
1	1	塚本由晴
	专栏	坂本一成
2	2	塚本由晴
	专栏	岩冈竜夫
3	3-1、3-2、3-4、专栏	小川次郎
	3-3、3-5	中井邦夫
	3-6、3-7、专栏	足立真
4	4	寺内美纪子
	专栏	岩冈竜夫
5	5	美浓部幸郎
6	6、专栏	安森亮雄
	特邀专栏	奥山信一
	跋	郭屹民

坂本一成 Kazunari Sakamoto
东京工业大学名誉教授 / Atelier and I 坂本一成研究室主持建筑师

塚本由晴 Yoshiharu Tsukamoto
东京工业大学环境·社会理工学院建筑学系教授 / Atelier Bow-Wow 主持建筑师

岩冈竜夫 Tatsuo Iwaoka
东京理科大学理工学部建筑学科教授

小川次郎 Jiro Ogawa
日本工业大学建筑学部建筑学科教授

中井邦夫 Kunio Nakai
神奈川大学工学部建筑学科教授 / NODESIGN 主持建筑师

足立真 Makoto Adachi
日本工业大学建筑学部建筑学科教授

寺内美纪子 Mikiko Terauchi
信州大学工学部建筑学科副教授

美浓部幸郎 Yukio Minobe
美浓部幸郎 Atelier Yukio Minobe 主持建筑师

安森亮雄 Akio Yasumori
宇都宫大学地域设计科学部建筑都市设计学科副教授

翻译：
陆少波 Lu Shaobo
陆霖建筑工作室主持建筑师

校对：
郭屹民 Guo Yimin
东南大学建筑学院副教授

中文版序

由陆少波翻译，郭屹民副教授校译的《建筑构成学　建筑设计的方法》中文版出版问世了。有幸与中国的广大读者见面，我作为日文版的作者，感到十分欣喜。

《建筑构成学　建筑设计的方法》是关于构成建筑实体形式的建筑理论，本书分析的核心是被社会化的“建筑构成类型”（type）。

在过去，建筑的类型仅是部位的集合方法或者不同样式的组合；近代以来，建筑类型则是根据医院、学校等功能的划分进行分类。

然而，本书讨论的“建筑类型”不仅包括整体构成的方式，还包括大厅的构成形式，以及集合住宅中由单边走廊、双边走廊、楼梯间等局部构成的类型。

本书中的“类型”是无意识地存在于我们大脑中，没有被语言化的类型。这种建筑类型在被体系化和结构化后才能被我们认知到。基于现存的类型，我们可以设想出新的构成类型的建筑。

日本的“建筑策划学”专业是研究、分析建筑的使用用途的专业，其研究成果收录在日本建筑学会编著的《建筑设计资料集成》中。近年来随着建筑用途的多样化以及为了避免建筑的废弃现象，很多设计是利用现存建筑进行改造更新，因此，我们需要重视建筑构成关系的状态。建筑构成学的作用变得更为重要，新版的《建筑设计资料集成》就包含了构成学的部分。

在中国，我们同样需要面对类似的状况。基于构成形式的类型学是重要的建筑理论和建筑设计方法。

在此，期待本书能为中国的建筑学发展和建筑创作思考带来一些帮助。

坂本一成

2017年8月23日

序　建筑构成学

建筑学可以大致分为策划、结构和环境设备三大专业方向，其中策划方向包括策划学[1]、历史学、建筑论・意匠学[2]等领域。这些领域既对应着建筑的各个方面，又带有不同的建筑观念体系。本书所讨论的“建筑构成学”是建筑学的重要领域之一。建筑构成学与策划学有关，主要以建筑论・意匠学为中心，作为建筑设计的基本框架整合起众多领域。

策划学所关注的是建筑使用对象和位置，而建筑构成学关注的是构成建筑各部位的集合方式以及由此产生的空间性格和意义，并且，建筑构成学超越了建筑设计和策划学，联系起结构、环境设备等诸多专业领域。

“构成”（composition）这一词汇具有的含义包括构成主义（Constructivism）中构成造型的概念，以及包豪斯（Bauhaus）和风格派（De Stijl）的抽象造形表现等；但是在本书中，“构成”意指形成过往建筑的原理。

建筑通过覆盖与围合而成形，为人们提供遮风挡雨的生活场所。在覆盖与围合所产生的内部空间中，地面是水平面材[3]；周边的墙面是垂直面材；顶面是上部的覆盖面材。各种用材在各自的部位组合形成空间的配置。这些部位并非自由地配置于空间中，比如顶面下方是地面，两者之间是墙面——围合空间的墙面能形成上下或者水平方向的

---

1 策划学，日本的建筑学学科划分和中国的建筑学不同。策划学是日本建筑学的一个方向，它以人体行为和心理的相关研究为基础，探讨建筑的规模、尺寸和功能流线。——译者注

2 意匠学，类似中国的建筑学专业，是整合造形、结构和功能等因素进行建筑设计的专业。——译者注

3 材，本书中出现的“材”并非指具体的物质材料，而是指抽象的组成构成形式的基本要素，后文的“构成材”等词中的“材”也是此意。——译者注

规则秩序。这些空间的配列化（layout，arrangement）是建筑构成的核心体系。

建筑的构成，或者说建筑的空间构成，在各个不同的层面都具有形式化的类型（type）。基础的建筑构成学首先需要寻找建筑构成的类型。比如，归纳部位和部位的材料如何配列成由架构构成的类型，并通过比较探讨这些类型，抽取出建筑的性格和意义。

一般而言，建筑按照用途分为医院、美术馆、体育馆等类型；但是，空间构成的类型是以室的大小和配列作为分类的标准，比如，可以分为小规模室集合而成的建筑、大空间室形成的建筑等类型，即由空间配列形成的类型。同理，建筑的外部空间不仅仅是外部空间，也会因为建筑周围和由建筑包围的外部空间的位置关系改变建筑自身的性格和意义。内外的关系能够形成数种类型。这种建筑内外空间配列的构成是建筑设计的重要框架。

空间配列除了建筑的构成部位的集合，还包括作为部位的房间的空间合集、城市中的建筑和广场的空白（void）所形成的空地的集合。被定义的某种单元的集合，能够形成各种场所和空间的组合。“构成”是事物中部位要素的统合（integration）；“建筑的构成”是建筑作为实体和虚体的空间中各种部位要素的集合形式。总之，构成是局部与整体之间关系的原理。

“建筑构成学”讨论的是类型化的建筑和与之相关的空间形式。我们观察、寻找建筑中的构成原理，由此了解构成的成立条件，进而获得设计建筑的方法。以此作为前提进行理论层面的分析与探讨，把类型化的现存形式相对化，有可能挖掘出现实中尚未发现的崭新构成形式——它让我们能够期待出现全新的建筑。当然，前提是我们必须要寻求出现这种全新的构成形式的理由。

1 建筑构成学原论

1-1 什么是构成

构成（composition）的概念不仅仅适用于建筑，还适用于多种多样的不同对象。

假如对象是家庭，那么祖父母、父母、子女等人就会成为“家庭构成”的成员；“人口构成”是由总人口中不同年龄段人各占的比例组成；在绘画中，画面里各要素的大小和颜色如何配置协调是“画面构成”；在音乐中，乐曲的时间配列形成“音乐构成”；树木的根、干、枝和叶从地面依次生长起来，形成“树木的构成”。无论是哪种构成概念都具有若干要素，相互关联着形成一个整体，并且其要素和整合方式都是固定的。因此，用“构成”的概念分析对象，就是从中探究局部各要素和整体集合之间的关系，从而使对象固有的属性得以明确，因而“建筑构成学”就是将具备这种构成概念的建筑的固有属性体系化和言语化。

1-2 分节与统合、局部与整体

1-2-1 语言学的统辞关系与范列关系

人居住的建筑被称为“家”，而“家”同时暗含了“家庭”之意，并还带有社会阶层等含义。“家”这个词具有建筑之外的意义。建筑的构成并非是从社会和文化的角度去解读建筑，而是从物质、空间的关系对建筑进行分析。在建筑构成学中，一栋建筑被“分节”为几个要素，这些要素又“统合”为一个整体——以这种方式，就可以把握建筑中固有的部分和整体之间的关系。

把整体划分为要素的分节、要素再集合为一体的统合的概念，在语言学中已经被定义过。语言学中，句子被拆分为单词的方式是“分节”（articulation），而单词按顺序排列成一个句子来表达意义就是“统合”（integration）。比如，句子“I love you”中由“I”（主语S）、“love”（谓语动词V）和“you”（宾语O）三种单词按照S-V-O的顺序排列。S、V、O如果随意排列（S-O-V、V-S-O、V-O-S等）是没有含义的，即单词只有按照顺序“配列”才能产生意义。在句子中，同时出现的单词间的关系被称为“统辞关系”[1]（syntagmatic）。保持S、V、O的配列不变，将其中的单词“I”改成“we”，“love”改成“eat”，“you”改成“fish”，就能组成不同含义的句子——“We eat fish”。S、V、O的位置各自有一个单词，S的位置有“I”时就不能有“we”，“I”和“we”是互相排斥的关系。在句子中，类似这样无法同时存在，并且能够互相替代的单词之间的关系被称为“范列关系”（paradigmatic）。单词组合成句子，句子组合成文章，数篇文章则组合成一部文学作品。语言把意义统合叠加成独特的层级结构，这是语言构筑出的固有属性。

语言自身并不会“指向某种事物”，但语言会在特定的文脉中成为具有意

---

1 “统辞关系”和“范列关系”对应罗兰·巴特的《符号学原理》一书中的“统合关系”和“置换关系”（联合关系）：“语言学中有‘统合关系’和‘置换关系’两个轴。第一个是统合关系，通过统合关系可以表达广泛的符号意义。第二个是置换关系，在话语（统合）之外，有共性的单元和记忆联系起来，并由各种关系形成组合”，又有“索绪尔以下列的比较加以说明：每一个语言单元可类比为古代建筑的柱子。柱子和建筑中其他的部分，比如柱上的楣构，是相邻连接的（统合关系）。然而，当这个柱子被称为‘多立克柱式’时，必然是以其他的建筑样式，如爱奥尼柱式和科林斯柱式作为参考——这就是潜在的置换关系（联合关系）。”

义的符号（sign）。符号论·符号学所研究的就是语言的符号体系。文化是人类社会的产物，不同的文化领域有其特定的构成属性，同时在文脉中产生着具有意义的符号属性。比如，服装的意义是用布料等材料包裹身体以保持温暖，而电影是在时间维度上展现影像的变化。与此同时，衣服形成的不同程度的皮肤裸露会产生相应的感官性，而电影通过镜头对某些对象的聚焦或忽略来营造象征性。通过研究不同领域的构成形式，符号论·符号学得到了不断的发展。在建筑领域中，同样的方法也是成立的。虽然建筑无法直接套用语言学的概念，但是，建筑构成学中所讨论的意义问题是符号论·符号学的一部分。

图1-1 柱式（引自塞巴斯蒂亚诺·塞利奥（Sebastiano Serlio），《建筑书》*L' Architecture*）

注：塞巴斯蒂亚诺·塞利奥在《建筑书》中把自古希腊以来的装饰建筑立面的柱式并列整理为图表。

1-2-2 语言学在建筑中的运用

如果以语言学来类比建筑的话，古典主义建筑中的圆柱是一个非常易于理解的例子（图1-1）。圆柱中，柱础、柱身和柱头作为“三要素”从下到上依次组合，这种配列是固定的（统辞关系）；柱头的形式可以是多立克柱式、爱奥尼克柱式，或者柯林斯柱式，这几种柱头的形式是可以互相替换的（范列关系）。柱式是由柱子各种要素的内在关系所形成的古典主义的规则。柱子在基座上重复排列成柱列，其上部是柱上楣构，再上面是“人”字墙，这些要素组合形成了完整的立面（图1-2）。从整个立面来看，柱子是一个局部，但对于柱础、柱身和柱头来说，柱子又是整体。就像语言一样，建筑的局部和整体是有

图 1-2 柱、柱式、立面的层级

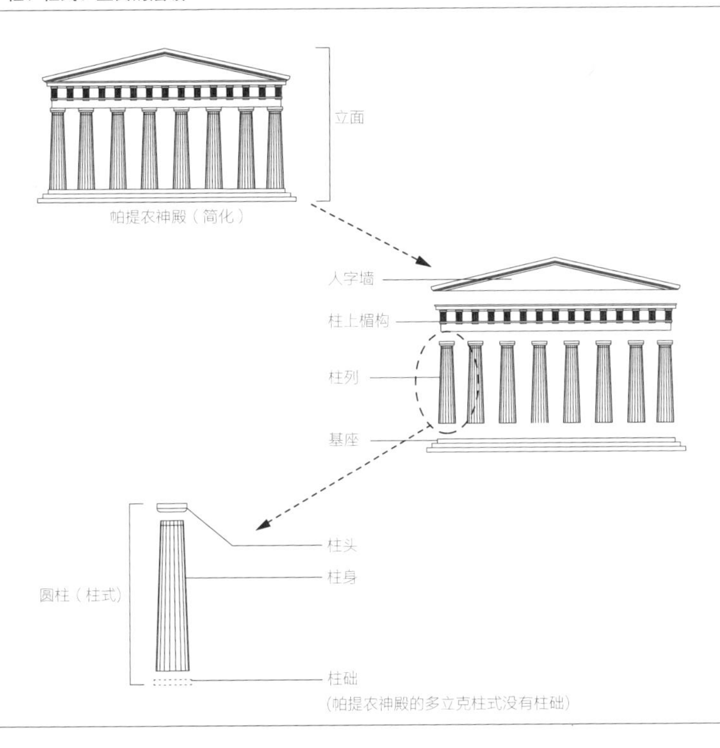

多重包含关系的层级结构，内部空间和外部空间的构成也是如此（图1-3）。地面、墙面、顶面——这些构成材组成了房间（室）（room），数个空白的房间则组合成整个建筑的内部空间（interior space）和外形。当有若干个外形时，它们之间余留出的是半外部空间，而建筑周边为入口而准备的场地则是外部空间（exterior space）。总之，构成材、房间（室）、内部空间、外形、半外部空间、外部空间等构成部分都会根据局部和整体的关系形成不同的层级（图1-3）。比如，地面、墙面、顶面这些构成材组合成怎样的房间（室），以及房间（室）作为局部形成怎样的内部空间就是不同层级的问题。不同的局部和整体之间的关系，具有不同的层级，但又属于同一个实体，这种关系存在于建

图 1-3　空间构成上的构成材、“室”、外形、内部空间和外部空间的层级

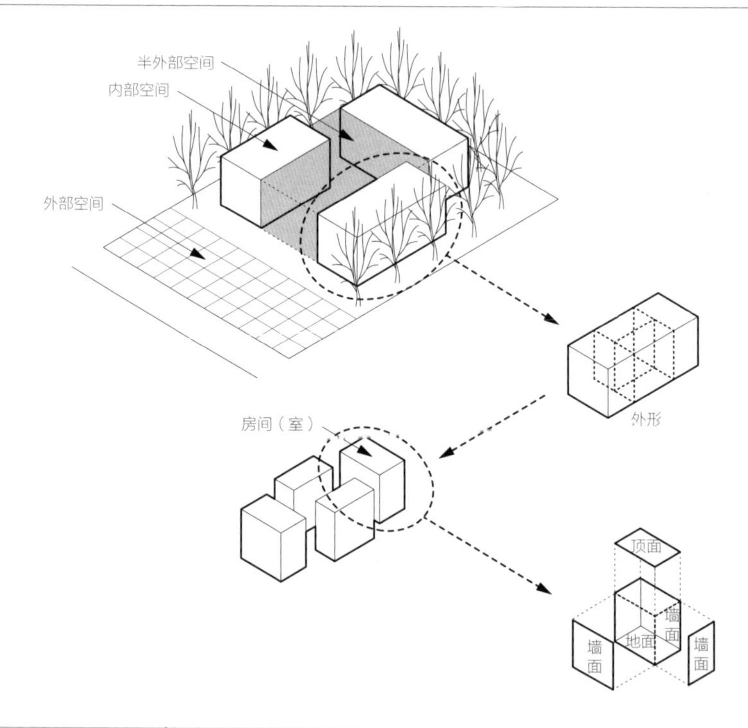

筑固有的空间中。

建筑的构成涉及多种多样的局部和整体，就如同社会一样很难达成一致，构成也很难形成稳定的层级关系。然而，至少在前述的古典主义建筑的立面和柱式、教堂建筑的内部空间、欧洲老街的建筑及其围合出的广场等这些对象中，可以发现分节的局部有固定的名称，其配列（layout，arrangement）（上下、内外、前面/里面）是固定的。换言之，无论在哪个时代、何种场所中，特定的规则是成立并能够再现的。典型的案例是，19世纪末，欧美列强在亚洲各国的殖民地中都建设有古典主义的西方建筑和街道。但是，在现代主义建筑出现之后，建筑的内部空间、外部空间以及延伸出的城市空间都没有出现能与古典主义相当的、对局部命名和把控局部间关系的体系[1]。为弥补此缺憾，通过《建筑构成学 建筑设计的方法》的各章节，我们将系统展现出观察和分析当代建筑中固有的局部和整体多样性的方法。

1-3 建筑空间构成类型

1-3-1 建筑中内在的分节与统合的结构

建筑中材的构成、内部空间的构成、半外部空间的构成、外形的构成、外部空间的构成，甚至是作为外延的城市空间的构成，都是某种独立的单元集合和配列的构成方法。比如，柱子作为一种构成材的要素，通常是垂直于地面来承受建筑的重量，而另一种要素——梁是水平地架在柱子间和柱子上。地面和顶面各自配列在上部和下部，墙面则是垂直联系上下要素的面。所谓的“构成材”，就是和配置相关的、以上下的重力为媒介的内在结构。在地面、墙面和

1 严格来说，勒•柯布西耶大力提倡的“现代建筑五原则”虽然是现代建筑为了区别于过去的建筑以风格分类的方法，但并没有构成学的体系性。克里斯托弗•亚历山大在《模式语言》中分析的建筑构成要素，虽然能被有效地运用，并且总结出可能的经验，但仍然不具备构成学的体系性。

顶面围合出的内部空间的集合（对应第2章的“室”）中，因为人需要进出，所以室必须要有数个开口联系相邻的室，这样就会形成动线，并使得建筑成立。内部空间的分节和统合是以动线为媒介形成的内在结构。在内在结构中，配列赋予要素相对位置，并由此形成要素的属性（后文论述的外部空间、城市空间也同样）。建筑构成的特征是“自主之物”，并非客厅、厨房那样需要通过“使用方式”等外部事物来确认自身。

建筑的内在结构可类比树木来说明。重力、太阳是树木生长的原动力。树木有固定的构成，整棵树的姿态并非各个局部随意组织的，而是在重力、日照等条件下均衡生长而成。树木的构成是以重力和太阳为媒介的结构——重力和太阳是树木实际生长中的内在化事物。同理，在建筑构成中，以重力和动线为媒介的结构是内在的本质，如果忽视这种结构，建筑空间就无法成立。

1-3-2　建筑的构成形式与类型

构成材、内部空间、外形、外部空间是建筑构成的各个层级，互相之间的局部和整体、范列关系、统辞关系则让构成形式得以成立。构成形式绝非一种特定的形式，而是由多种空间构成产生的“文法”。这种空间多样性并非毫无章法的多样性，而是在建筑的内在结构中发掘出的多样性。

一栋建筑是上述各个层级的建筑构成形式中的某个案例，而某些案例的总和，就是特定层级的构成形式的内容。单个建筑是社会的产物，也是社会中的空间实践。总之，单个建筑作为建筑构成形式的一个案例，同时也反映出社会中的空间实践。由此，建筑中以内在结构为基础的构成形式得以社会化。特别是社会中反复运用的建筑构成会变得类型化，形成容易解读其用意的构成，成为语言化的事物。反复被使用的类型化的建筑构成就是构成学中的“类型”。

在各个时代的建筑理论中，建筑中的“类型”概念常常是重要的关键词。

图 1-4　帕拉第奥乡间别墅，1541-1564 年（基于帕拉第奥《建筑四书》的注解）

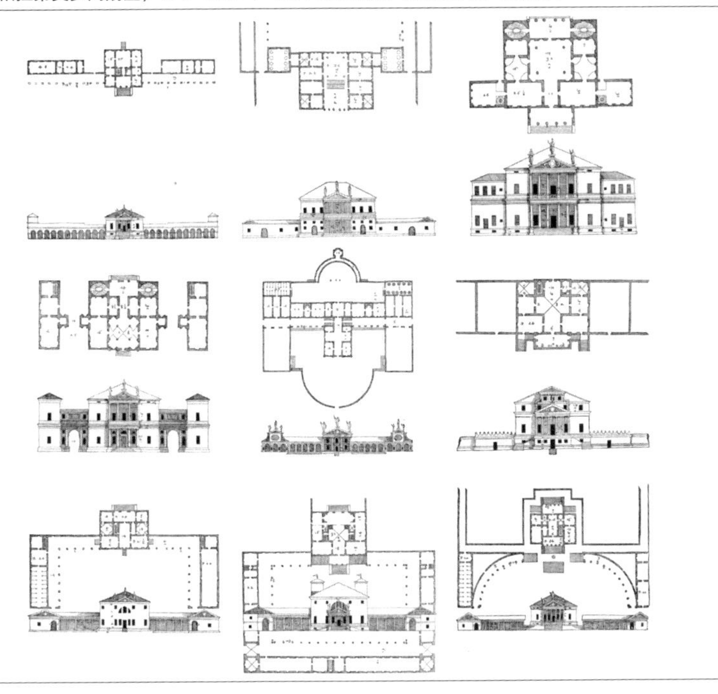

图 1-5　带门廊的住宅立面的比较，1802 年（整理自让·尼古拉斯·路易斯·迪朗的图纸）

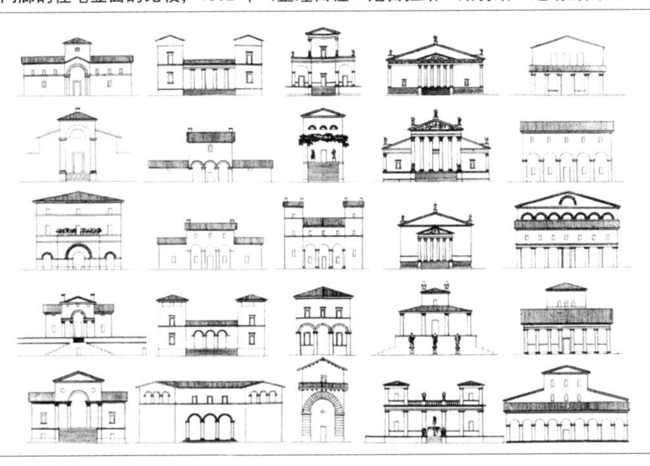

在建筑理论兴起时的文艺复兴建筑以及由此开始的古典主义建筑中的类型，是以局部要素的规则韵律、严格的对称性、黄金比例等代表性的比例的统辞关系形成整体的集合（图1-4）。在这些统辞关系形成的类型中，蕴含着以人体美为准则的时代精神。在启蒙时代，建筑的类型是以收集、比较相同用途的建筑图纸为基础，建立起超越单个建筑差异的共通性（图1-5）。从这些类型中，可以发现在贸易急速发展的世界里人们热衷于博物学的时代精神。到了现代主义时期，则不以各地的传统建筑构成和样式为参照，而是发展出和功能对应的、能够使得内部空间量化的分节和配列的各种类型范本。比如，音乐厅的观众席和舞台的关系有鞋盒型、不规则环型等类型（图1-6）；在集合住宅中，根据动线和各个居住单元的关系，可以整理出单面走廊型、双面走廊型、楼梯间型等类型（图1-7）。这些类型就如同生物解剖学以各个器官的功能关系为准则，是与古典主义对抗的时代精神。之后，现代主义被人们重新审视，关注点返回到乡土建筑和由此形成的街道，重新思考建筑常见要素的分节与统合形成的类型（图1-8，图1-9）。这些类型以建筑和外部环境、城市空间互动的文化人类学为基础参照，是与现代主义对抗的时代精神。

1-3-3　建筑构成中的类型与修辞

从对建筑理论的梳理中可以把握作为关键点的类型特点，其中生产和使用方式关系形成的类型是由因果关系形成的，即由某种原因产生作为结果的类型。这种自然主义的方法无法拓展这种构成形式之外的可能性。类型被用作分析建筑的有效性是有局限的；但是，在构成形式中反复出现的建筑类型能够尝试出构成形式的可能性，并解放对形式的想象力。这不仅可用于分析，在创作上也是非常有效的工具。面对固定要素和配列关系的类型时，改变要素，改变配列，强调、脱离或者违反常见的关系，可以把构成形式置于新的文脉中。

图 1-6　剧场类型（整理自《建筑设计资料集成［综合篇］》）

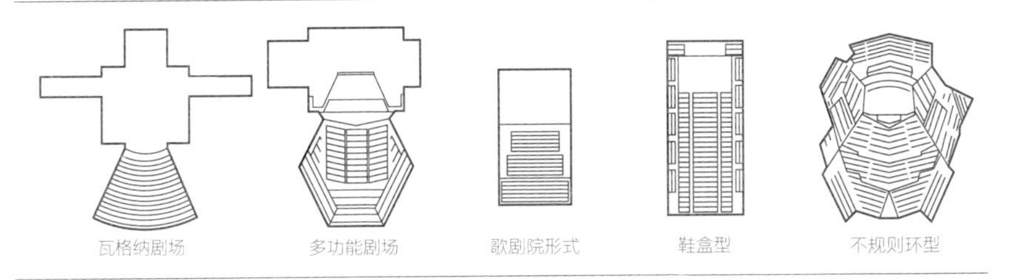

图 1-7　集合住宅的类型（整理自《建筑设计资料集成［综合篇］》）

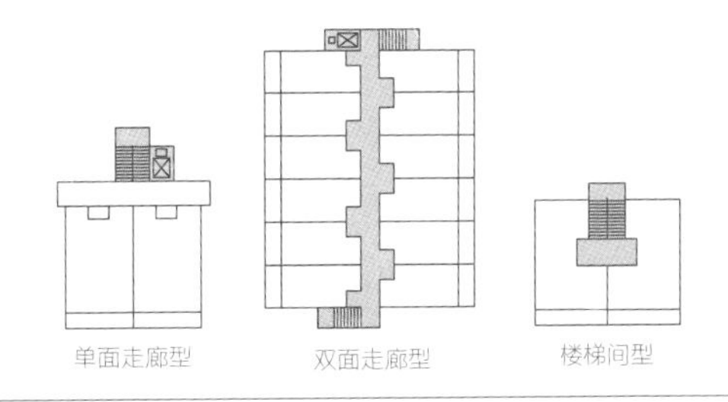

图 1-8　非洲多贡族的居住类型（整理自《西非乡土居住建筑》）

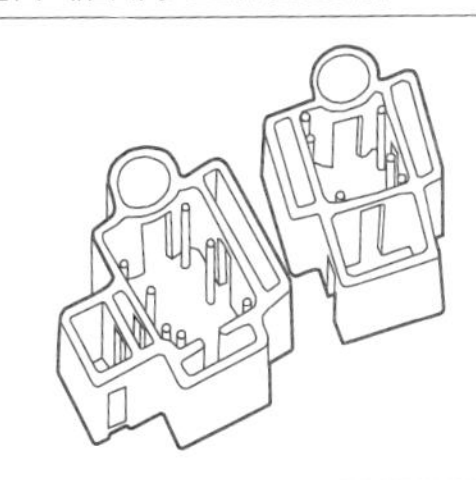

图 1-9　美国农村和城市的居住类型（整理自《城乡住宅》，斯蒂文·霍尔）

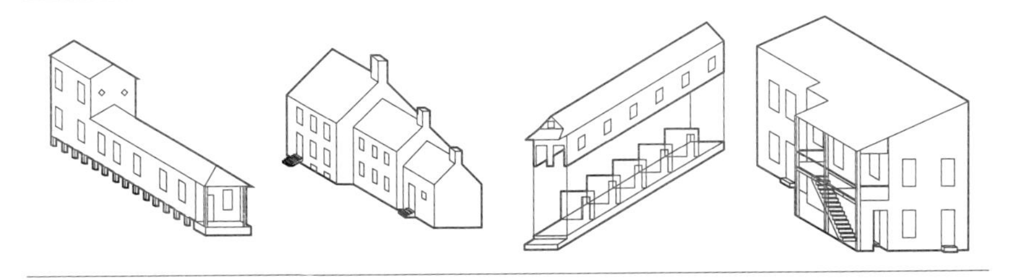

当整体和部分的关系不确定时，新的均衡状态和紧张关系能够使得建筑具有活力，并产生意义，于是，构成便会产生“修辞”。

1-4　多样的构成形式

如前文所述，建筑的内在结构有多样的分节和统合的方法。建筑需要抵抗大地的重力，适应自然条件，适合人的使用以及社会空间的物质化，构成城市空间。作为一种体系，建筑的内在结构受到各种持续稳定的条件的限制，其多样性并非毫无限制。

比如，独户住宅一类的小规模建筑与综合文化建筑那样的大规模建筑需要面对的建筑构成的问题完全不同。在小规模建筑中，每个空间都能被实际体验，第2章“由室与架构形成的住宅构成”将讨论这些空间本身的特点，以及空间如何互相统合成建筑的整体性格。

然而，大规模建筑有无数的室，不可能所有的室都被体验，因此在用途和外形的集合形成的单元构成中，各个空间组成的整体特征才是关键的问题。假定办公楼是由楼层的层叠形成的，那么楼面的分节和统合就是主要的问题；如果集合住宅是由居住空间的重复形成的，那么必须要讨论居住单元、局部集合、整体集合的层级问题。以上是第3章“由室群与体量形成的建筑构成”分析的内容。

当建筑的规模变大后，建筑周边的外部空间成为人们可以活动的公共空间。建筑和建筑之间、建筑围合的和悬挑形成的外部空间将在第4章“由建筑形成的外部空间构成”进行讨论。

第5章“由建筑配列形成的构成”讨论的是无论建筑有怎样的使用目的和设计主体，当大量建筑集合在一起时，就会形成某种可被认知的场所。这种配列形成集合，超越了建筑本身的用地边界和设计主体的制度条件所形成的空间分节。

第6章“由建筑集合形成的城市空间构成”将在更大范围的城市空间中讨论建筑围合空地，并配列形成城市的局部集合的各种形式。这种空间并不仅仅是在建筑设计中形成的，同时也是在城市规划和不动产制度的影响下自然生成的。讨论这些建筑的集合，可以把微观尺度的建筑设计延伸到大尺度的城市空间中。

各章探讨与研究的基本方法是先讨论建筑中内在的分节和统合结构，以及这种结构如何反映在建筑的构成形式上，然后分析建筑案例构成形式（范列关系和统辞关系）的组合。各章节以示意图表示各个层级的构成形式的可能性。范列关系和统辞关系分别用横轴和纵轴表示在表格中，其中反复出现的类型化的空间构成（类型）在表格中会形成某种含义的趋势，由此各个层级的构成形式被体系化。

专栏

由空间配列形成的建筑类型

本文是在刊登于『新建筑』临时增刊（2000.1）『node』里的文章『空间配列』基础上修改的

本书以建筑和街道的空间为对象，讨论了各种层面的构成结构，这些结构的表现被称为“空间配列”。空间配列形成的建筑构成是最为准确的建筑类型。

一般而言，医院、学校、体育馆等建筑是根据使用功能分类的，这是被称为“各种建筑”的类型。佩夫斯纳在著作《建筑类型的历史》中，把这些建筑类型作为讨论的前提。这能够有效地体系化设施策划中不同用途的建筑，把建筑按照功能的概念分类；但是，这种按照功能分类的建筑类型是有欠缺的。以前的宫殿和工厂常常会变成美术馆和医院，但建筑本身的构成并没有变化。建筑随着功能变化而改变“类型”，这并非是建筑本身的类型，而是使用功能方面的非本体类型。一种建筑构成可以出现在宫殿，也可以出现在美术馆和医院中。从这个视角看，具有各种使用可能的建筑构成自身的形式，这才是真正的类型。

同样，现在的复合建筑暧昧复杂，复合了多种功能，很难按照功能分类为单一的建筑类型。此外，非消费社会的到来使得耐久性更高、更环保的设计受到推崇，更加需要能够应对功能变化的建筑构成的类型。

建筑虽然会根据功能的变化而改变意义，但是从建筑构成的角度看，特定的建筑的功能改变后，新的功能仍旧能够成立。比如，学校能改成医院，教室也能变成病房，但在空间构成上却很难改成体育馆。在空间构成上，由小规模室组成的集合与大空间室的建筑有不同的规模和集合方式，不同的单元化的室空间形成不同意义的配列。室作为空间单元，配列形成构成，再形成使用功能。只有构成才能使建筑的形式明晰，而非使用功能。因此，根据使用用途分类的各种建筑并非建筑类型，而基于空间配列的构成形式才能形成类型。

在第3章中，以空间配列的建筑构成为基础，建筑类型可分为由相同规模的单元室集合而成的“单元室群类建筑”、规模不同的室集合而成的“非单元室群类建筑”，以及以大型的室为中心的“广室类建筑”。在第2章中，以住宅为主的小规模建筑的类型分为“主室型”“准主室型”“室型”和“室并列型”。空间配列并不只是形成室的单元，还能根据各种层面的单元形成构成类型，比如以体量为单元的外形形态，或以建筑为单元的城市空间。从空间配列类型的角度看，城市和建筑空间的各种特征与意义都可以被发现，对建筑与城市空间的思考得以展开。

举例来说，具有局部场所和领域单元的内部空间是建筑空间的基准，由此展开讨论空间配列在设计上的可能性。从局部集合的包含关系、邻接关系、重复关系等单元的拓扑关系开始，能够形成整体空间的功能、等级（或者无等级）和有机的空间特征，发现空间构成新的可能性。

2 由室与架构形成的住宅构成

本章以当代日本的住宅作品为案例，分析了以“室”（room）和“架构”为建筑实体形成的空间分节（articulation），以及以此为前提的空间统合（integration）。

住宅[1]是最小规模的建筑，很容易表现出空间分节和整体统合的多样性。尤其在日本，众多建筑师都对住宅建筑进行过各种实验和尝试。其中有不少作品触及到一个根本问题——什么是建筑的构成（composition）。住宅是现实中供人居住的建筑，同时也为我们思考建筑构成的原理提供了空间论的视角。建筑构成学是设计创作的基础，它以建筑中内在的要素分节和统合来促使构成原理体系化，并借此为建筑的多样性赋予了一种结构。

住宅具有内部，而内部可以被分节为数个内部空间。在2-1节中，住宅内部被划分为地面、墙面和顶面，它们共同组成了“室”的集合。这一节所要讨论的就是住宅内部能够以何种程度进行统合。另外，在住宅中，如内院之类被围合的外部空间，以及被大屋檐所覆盖的半外部空间都是建筑的一部分。2-2节就聚焦于住宅内部空间以外的、被建筑分节的半外部空间——“建筑化的外部”，对内部如何被半外部空间统合的问题进行了论述。与前文中内部与外部

1 此处特指日本的独户小住宅，并不包括大型的集合住宅。——译者注

的讨论有所不同，柱、梁、墙面、地面、屋顶这些构成材的组合表现为整体的空间“架构”，“架构”同时也分节为各个要素。当一个架构与住宅整体相统一时，其包含的地面和墙面的构成形式便得以成立。2-3节分析了一个架构如何分割为建筑的构成，而2-4节则讨论了当架构为复数时，架构类型的组合配置如何统合整个住宅。

2-1 由室形成的住宅

2-1-1 室的分节与统合

住宅内部的分节一般对应客厅、卧室、走廊、浴室、厨房等房间名称；但在同一空间中，经常会出现只用铺地进行区分的玄关和走廊，以及只以家具作为区分的客厅和厨房。房间名称更多地表示了住宅内部的使用方式，而非空间的分节。以房间名称表示的室内分节并不能被称为“建筑的构成”，所以，本文在这里用“室”来取代房间名称。“室”是由地面、墙面、顶面划分出的内部，整个住宅会分节成几个室（图2-1）。住宅整体的大小以及各个部分室的分配方式会使室的大小有所不同。这些室由动线连接，整个住宅由此统合。总之，大小不同的室作为分节出的部分，由流线连接统合为整体。整体会随着部分的变化而变化，整体的变化会改变部分，部分和整体互相依存。

图 2-1 由地面、墙面、顶面分割出的内部·“室”

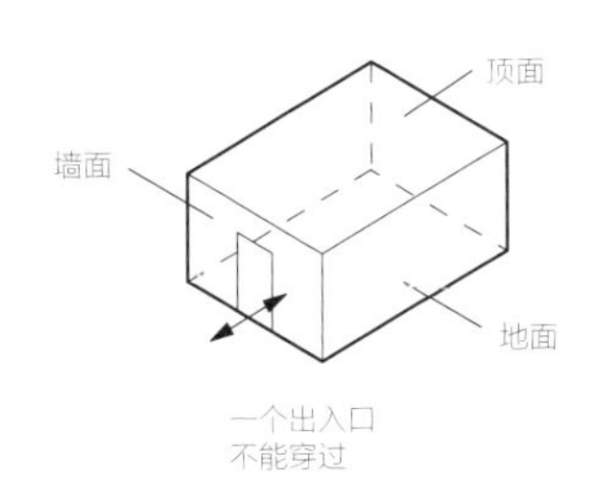

图 2-2 “室”的组合（范列关系）

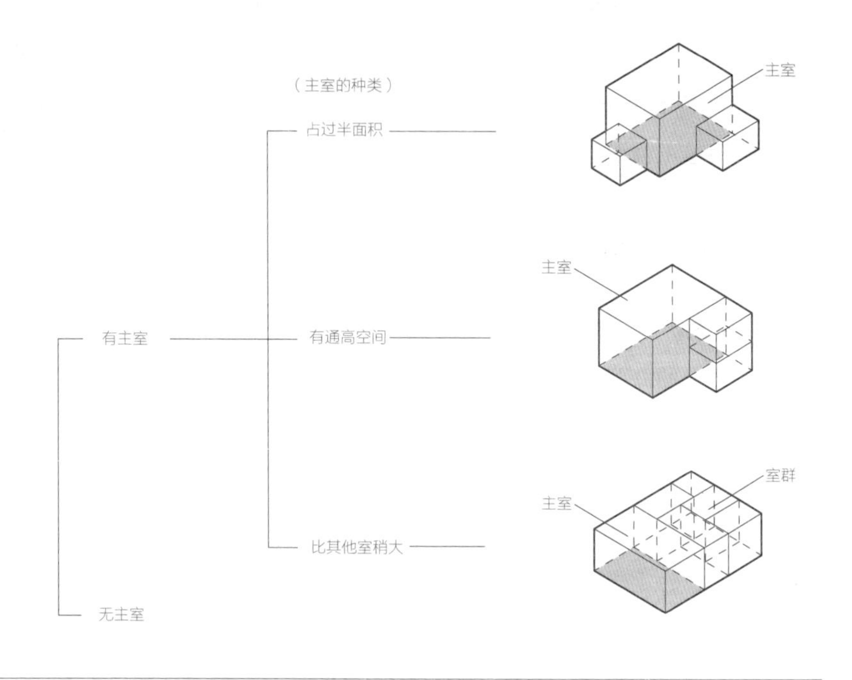

2-1-2 室的组合

如上所述，作为住宅部分的各个“室”会因为不同的目的而具有不同的大小，而它们都包含在住宅整体之中。假设整栋住宅分为两个“室”，则它们既可以是相同大小的室，也可以大小不同。当两个“室”大小不同时，大室和小室具有不同的性格。以此为前提，主室会明显大于其他室并影响着室的整体基调，室则相对较小，而室群是指数个相似的室的集合。整体而言，室的大小并不是绝对的，而是根据整个住宅的长、宽、高，判断室的轮廓占据整个住宅的大小尺度范围（图2-2）。

在一栋住宅中，主室、室、室群共同组成“室”的集合，而室的数量和组

图 2-3 间室

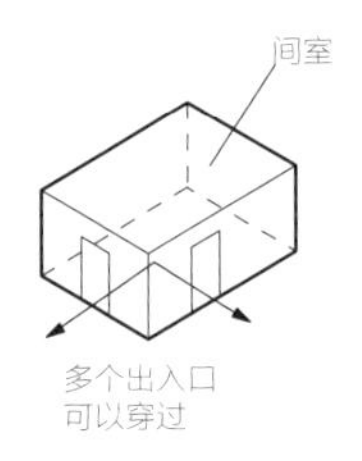

合的差异自然会构成不同的内部空间。比如，将主室1与室2的组合与主室1与室群1的组合做对比，二者的不同之处就是源于室的大小、比例所造成的差异化的范列关系。当主室存在时，它可以是过半平面大小的空间，可以是吹拔[1]空间，也可以只稍大于其他的室，除此之外，主室也可以不存在。

2-1-3 室的连接

对于住宅来说，使用者可以经由其外部空间进入内部，并且住宅的内部基本都是连通的。从内部空间中室的分节来看，室的出入口使其彼此间能够互相联系，或者与外部的动线相接。假如一个室只有一个出入口，那么能与之连接的室也只有一个；当有两个以上的出入口存在时，能与之相连接的室就会有若干个。除了出入口能够直接连接室，室也可以作为媒介连接其他室。当一个室能与其他室实现连通时，它就成为了具有通过作用的“间室”（图2-3）。入口室作为一种间室联系着多个室，建筑至少有一个室能直接连接到外部。

与2-1-2节中论述的主室、室的组合类似，不同的间室和入口室会构成具有不同内部空间秩序的住宅。比如，主室兼做间室和入口室时的构成与主室、间

1 日文“吹拔”和中文“通高”的含义相近似，但由于在本书中“吹拔”有特定的构成特征，故翻译时仍保持了日文字的“吹拔”。具体内容详见P84专栏“吹拔空间的构成修辞”。——译者注

图 2-4 “室”的连接（统辞关系）

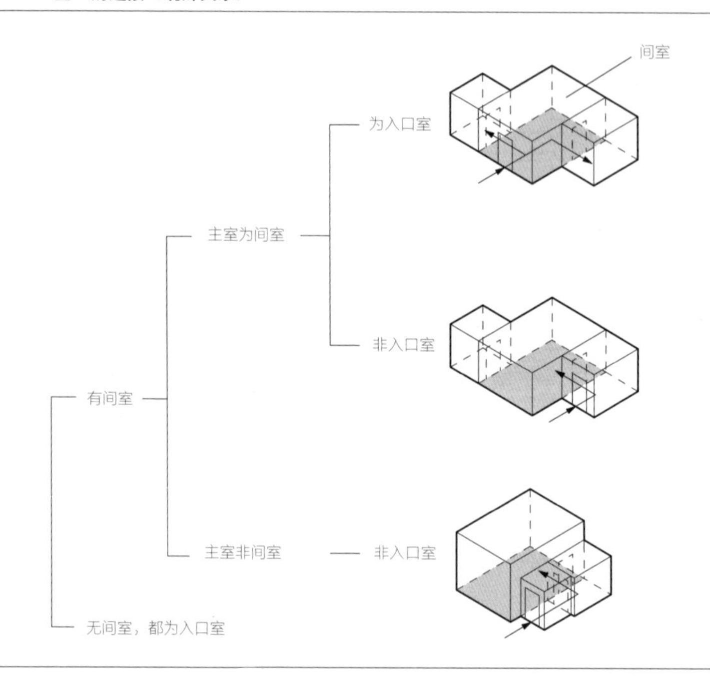

室、入口室互相分开时的构成是截然不同的，是动线的连接让室的统辞关系产生了差异。统辞关系可以分为三种情况：主室是否作为间室；作为间室的主室是不是入口室；无间室，只有入口室（图2-4）。

2-1-4　由室形成的住宅类型

根据上文的“室”的组合和连接方式来看，“伊东邸”（图2-5）能分节成1个主室、3个室和2个室群（范列关系），其中主室、2个室和室群是具有通过特点的间室，而另外一个室是入口室（统辞关系）。内部空间通过范列关系和统辞关系被统合。这样的住宅构成形式既具有2-1-2节中所描述的那种由大小不同的主室、室、室群组成的范列关系，又具有2-1-3节中那种由间室、入口室来

图 2-5　室形成的住宅，以“伊东邸”为例

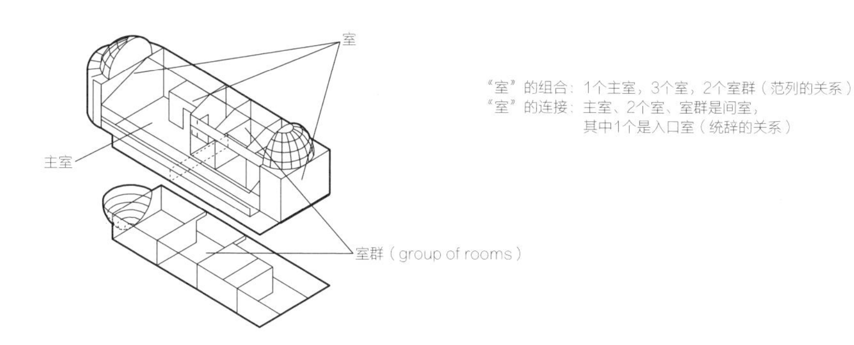

连接内外空间的统辞关系。在以范列关系作为纵轴与统辞关系作为横轴的矩阵（表2-1）中，不同的坐标将形成不同的住宅构成形式。住宅的类型是在此矩阵中最具典型性的构成形式，是一种超越了住宅的个体差别，能够反复出现的构成形式。下文便要对室形成的住宅类型展开分析。

若一个主室兼作间室和入口室，同时作为大小比例分配和连接的整体统合，则这种类型为**主室型**。在主室型的案例中，有以主室和较小的室组成近似单一室空间的“北山・住宅”；有主室延伸到二层，共同形成吹拔空间的“Villa Coucou”；有主室不到平面一半大小的“西京风之家”。而同样是主室型住宅，“原邸”中却有吹拔空间的主室，并且主室与多个室群形成了复杂的内部空间。在主室型住宅中，随着室的分节增多，主室与其他室会产生大量的连接，因而主室内部多为大型的吹拔空间，且主室的轮廓和外墙有相互分离的趋势，这使得其空间性格具有强烈的内向性。

在**准主室型**住宅中，主室只是作为间室，而不作为入口室。此时，主室对整体的统合作用较主室型弱。在主室和室群组合的案例中，有主室面积超过平面一半的“浦崎之家”和主室是吹拔空间的“岩波邸”，而在“沢田画伯之

表 2-1　由室组成的住宅类型

统辞的关系 / 范列的关系		主室			无任何室的入口间室
		间室			
		入口室	非入口室	非间室	
有主室	占过半平面	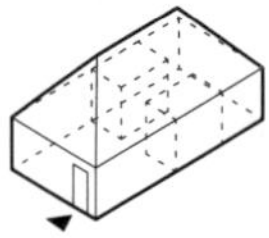 北山·住宅	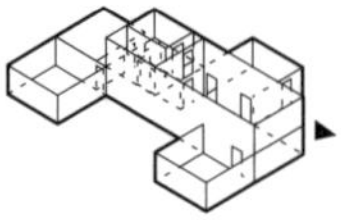 浦崎之家		
	有吹拔空间	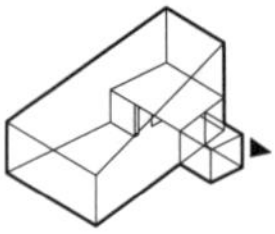 Villa Coucou 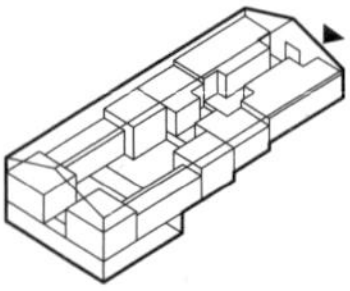 原邸	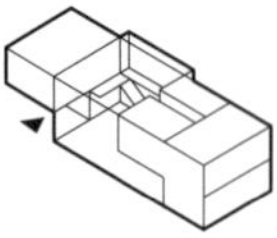 岩波邸	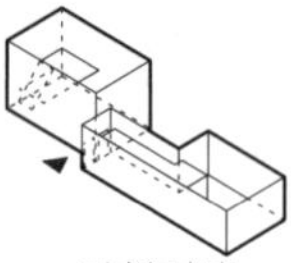 对空间之家	
	比其他室稍大	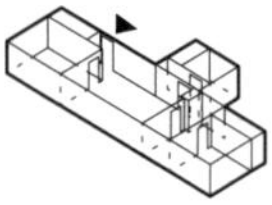 西京风之家	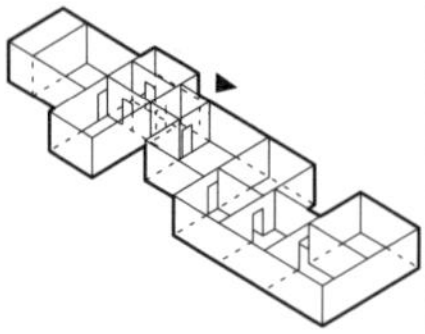 沢田画伯之家	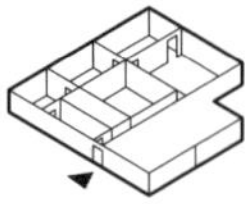 O氏邸	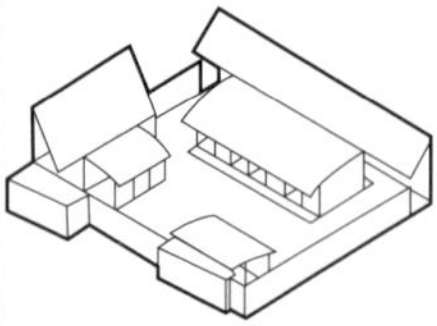 冈山住宅
无主室					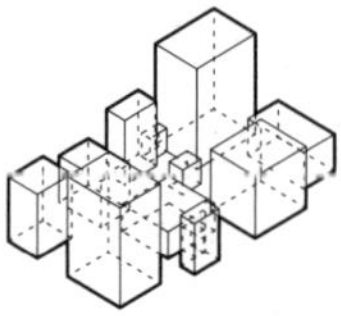 森山邸
		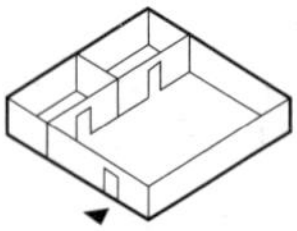 **主室型**	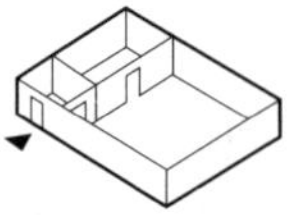 **准主室型**	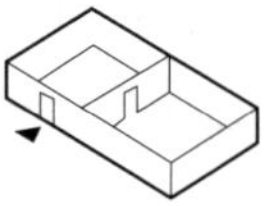 **室型**	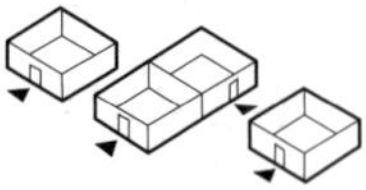 **室并列型**

注：▲表示入口位置

家”中，主室的大小还不到平面的一半，仅和室群相当，并且除主室以外，其他室也具有通过性。尽管如此，该住宅仍然被认为是准主室型。

当主室既不作为间室也不是入口室时，动线不与重要的室的大小相对应，内部空间也没有明确的统合中心，这种类型则为**室型**。体现这种主室和室群的组合关系的案例有主室是吹拔空间的“对空间之家”，也有主室大小不到平面一半的“O氏邸”。尤其是后者，主室混杂在大量的室中并不突出，而室又在动线上互相连接，这与前面的接近单个室的主室型住宅形成鲜明对比。

上述几个类型都是以间室和内部空间连接动线为依据，展示出该因素影响室的面积分配的多种可能性。另外，当“室”的组合中没有间室，即内部空间没有动线联系时，该类型为**室并列型**。这种类型有一体化的外形或者室和室群呈现分散的体量。前者有中世纪的修道院等案例，后者的案例有“冈山住宅”和“森山邸”。

在住宅中，室形成的内部空间由最大的主室和其他一般大小的室集合构成。从动线来看，分为从内部连接其他室而具有通过性质的间室、联系室和室外空间的入口室，以及其他室无法直达的动线端头的室。在这种定义下，室形成的住宅分为动线上以主室为中心的**主室型**、**准主室型**，虽有主室但并非动线中心的**室型**，以及多个室互相独立，各自出入的**室并列型**。在表2-1中，不同的类型表达了室在内部空间中的各种连接与组合关系。另外，在两代人住宅和兼作店铺的住宅中，主室不只有一个，这可以看作是单个主室类型的复合。

2-2　由“建筑化的外部”形成的住宅

2-2-1　“建筑化的外部”的分节与统合

2-1节讨论了住宅中由地面、墙面、顶面围合出的室组成内部空间的构成形式。然而，墙面围合的内院，屋顶和藤架形成的敞廊，漂浮的悬挑楼板形成的阳台，以及由地面架空形成的空间等，都是能够遮风挡雨、调节环境的外部空间，对于住宅也是必不可少的。同时，这些空间蕴含了各种地域和时代的固有形式的文化认同，在当代的日本住宅中就有很多例子。空间的使用方式，如家务、会客、个人兴趣等活动并不局限在内部空间。我们讨论的这种空间和“建筑化的外部”所具有的半内部、半外部的双重特征有关。

墙、屋顶、柱、梁等构成材界定出建筑的领域，室的地面、墙面、顶面划分出内部空间，这些只是空间中很小的一部分（图2-6）。在建筑领域内，小空间存在的同时，外部空间也会产生。建筑被分节后，无法被内部空间封闭的空间就是“建筑化的外部”。因此，“建筑化的外部”和内部空间在建筑的领域中是互相补充的集合关系，即住宅的整体被分节为“建筑化的外部”和内部空间。

一般而言，外部和内部的关系不仅仅是墙壁的分隔，还有通过开口的互相联系。内部和外部之间的分隔与联系的特性被称为“阈”[1]。窗和门是一种阈的要素，而被建筑化的外部是空间属性上外部和内部之间的阈。在阈的内部空间和建筑领域内的外部中，视线、动线的连续和中断是建筑化的外部整体的统辞关系。

1　阈，意为门槛，此处指既联系又分隔的一种关系。——译者注

图 2-6　建筑化的外部

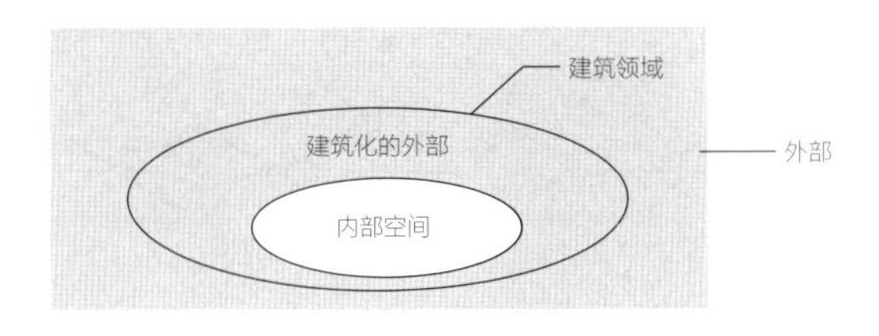

2-2-2　“建筑化的外部”与内部的分节

建筑被分节后，不能被内部空间封闭的“建筑化的外部”在特定的构成材整体中常常缺少一部分，如缺少屋顶的围合的墙壁，缺少墙壁的屋顶和体量，缺少屋顶和墙壁的梁柱等，这会限定出空间种类的特征（图2-7）。即使内部和“建筑化的外部”的配列相同，构成材种类的不同也会产生不同特征的住宅构成。

建筑领域中“建筑化的外部”和内部空间是互相补充的关系，而数个分节而成的“建筑化的外部”和内部空间是整个住宅构成的基础。两者之间的组合关系有一个“建筑化的外部”和一个内部，一个“建筑化的外部”和几个内部，以及几个“建筑化的外部”三种（图2-8）。

当某个作为“建筑化的外部”的边界构成材确定后，就不会再选择其他构成材，即不同种类的构成材不能同时存在于一个“建筑化的外部”，它们是相

图 2-7　建筑化的外部种类

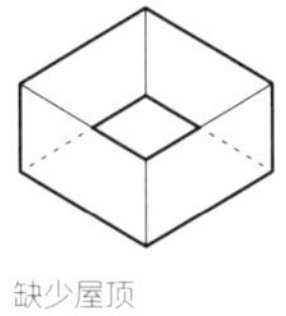

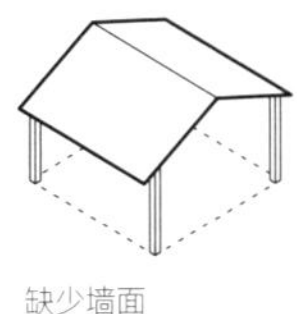

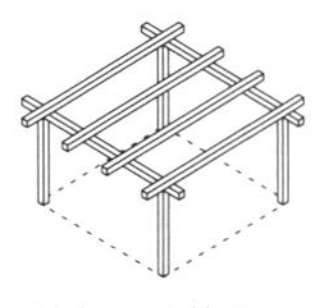

图 2-8　“建筑化的外部”和内部的组合

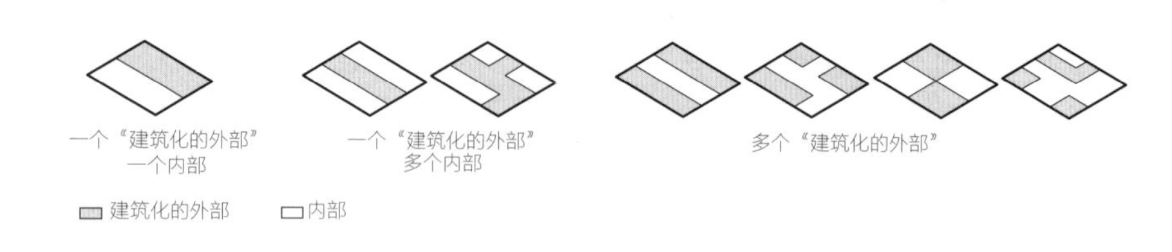

互排除的关系。选择一种构成材，就是排除了使用其他构成材的可能性。“建筑化的外部”和内部的数种组合和住宅整体的关系是一样的，这些就是“建筑化的外部”的住宅整体的范列关系。

2-2-3　“建筑化的外部”中的视线与流线

在“建筑化的外部”中，首先要有外部和内部之间的“阈”的空间。阈的特征由建筑化的外部和内部的配置，以及两者内外之间的视线和动线关系所决定。

“建筑化的外部”和内部的配置首先是一方包含另一方，或是两者相邻接的关系（图2-9）。以此为前提分析视线的关系：在建筑化的外部中有对外部的开放/封闭和对内部的开放/封闭，它们互相组合成“外开内开”“外开内闭”“外闭内开”“外闭内闭”等不同的关系（图2-10）。其中，“外闭内闭”虽然有存在的可能性，但现实中几乎不存在。另外，从动线的关系看建筑化的外部，“和外部连接”与“和内部连接”的组合方式可以形成外部和内部连接的“内外连接”、数个内部之间连接的“内内连接”，以及只有外部连接的“外外连接”等几种关系（图2-11）。其中，“外外连接”基本上不存在。

视线到达的范围和自由行走的范围使得空间的集合被认知，这些和配置关系组成整个住宅的统辞关系。

图 2-9 “建筑化的外部”和内部的配置

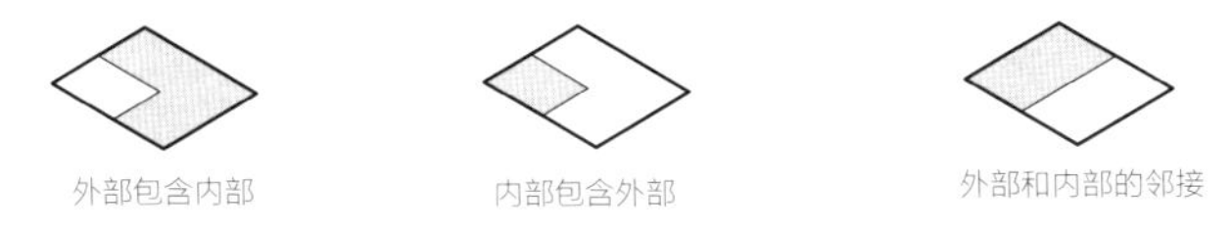

图 2-10 视线的关系

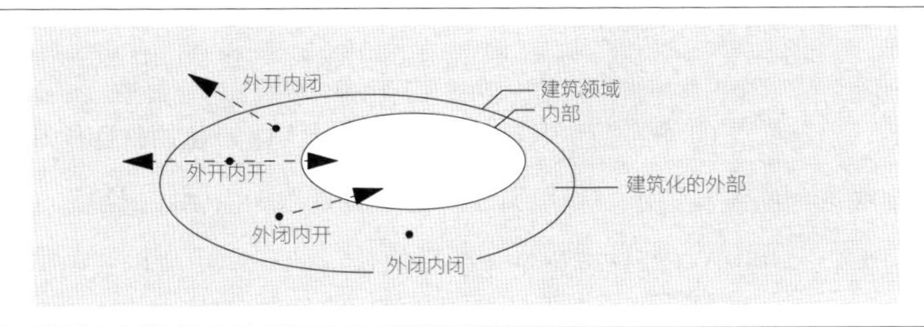

图 2-11 动线的关系

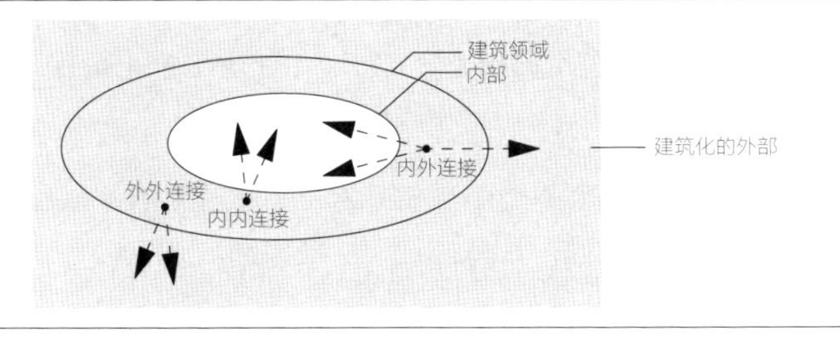

2-2-4 由“建筑化的外部”形成的住宅类型

在案例“山川山庄”（图2-12）中，没有墙面的一个大屋顶形成“建筑化的外部”，覆盖数个内部。这些内部在动线上和外部相连接（内外连接），在视线上对外部开放，但对内部封闭（外开内闭）。这种由建筑化的外部所形成的住宅构成形式包含了建筑化的外部的构成材的种类、外部和内部组合形成的

图 2-12　由建筑化的外部形成的住宅，案例“山川山庄”

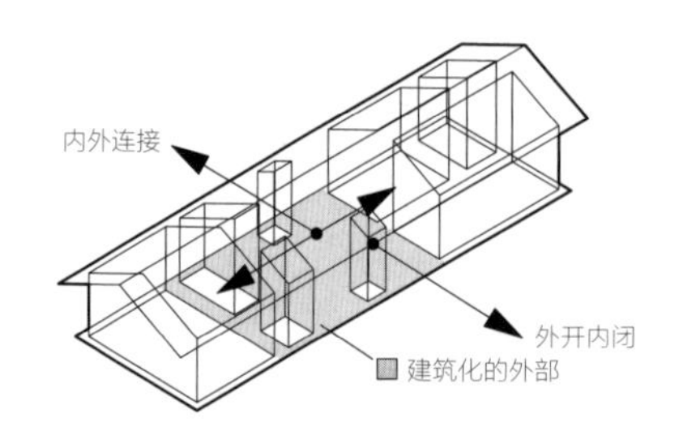

分析内容

构成材：缺少墙面但被屋顶覆盖

“建筑化的外部”和内部的组合：一个建筑化的外部，多个内部

“建筑化的外部”和内部的配置：外部包含内部

范列关系、“建筑化的外部”和内部的配置，以及“建筑化的外部”和内部中视线和动线形成的统辞关系。我们列表把范列关系作为纵轴，把统辞关系作为横轴（表2-2），从中可以分析建筑化的外部形成的住宅构成形式的可能性和趋势。案例“山川山庄”的范列关系“一个外部·多个内部/屋顶·体量”和统辞关系“内外连接·外开内闭”在表格中相交形成案例的位置。在该表格中，呈现出的明显特征是超越个体差别的构成形式，即由建筑化的外部形成的住宅类型。

“山川山庄”是**缓冲型**。当整个住宅分节为一个建筑化的外部和数个内部，同时外部和内部在动线上连接（内外连接），在视线上对外部开放并对内部封闭（外开内闭）时，建筑化的外部成为内部和外部之间的缓冲。“轻井沢山庄”也属于该类型，其上部体量形成了架空的空间。

当在动线上内部和内部连接（内内连接），在视线上对外部封闭并对内部打开（外闭内开）时，从外部到内部的动线和视线都被抑制，内部被延长到建筑化的外部。具有这种特征的类型是**延长型**。在“雪谷住宅”中，没有屋顶的墙面围合出建筑化的外部并和内部邻接，而“团聚之家”一个内部包含了内院，这些都是内院形式。该类型可以控制建筑化的外部对内部的开放程度，

表 2-2 由建筑化的外部形成的住宅类型

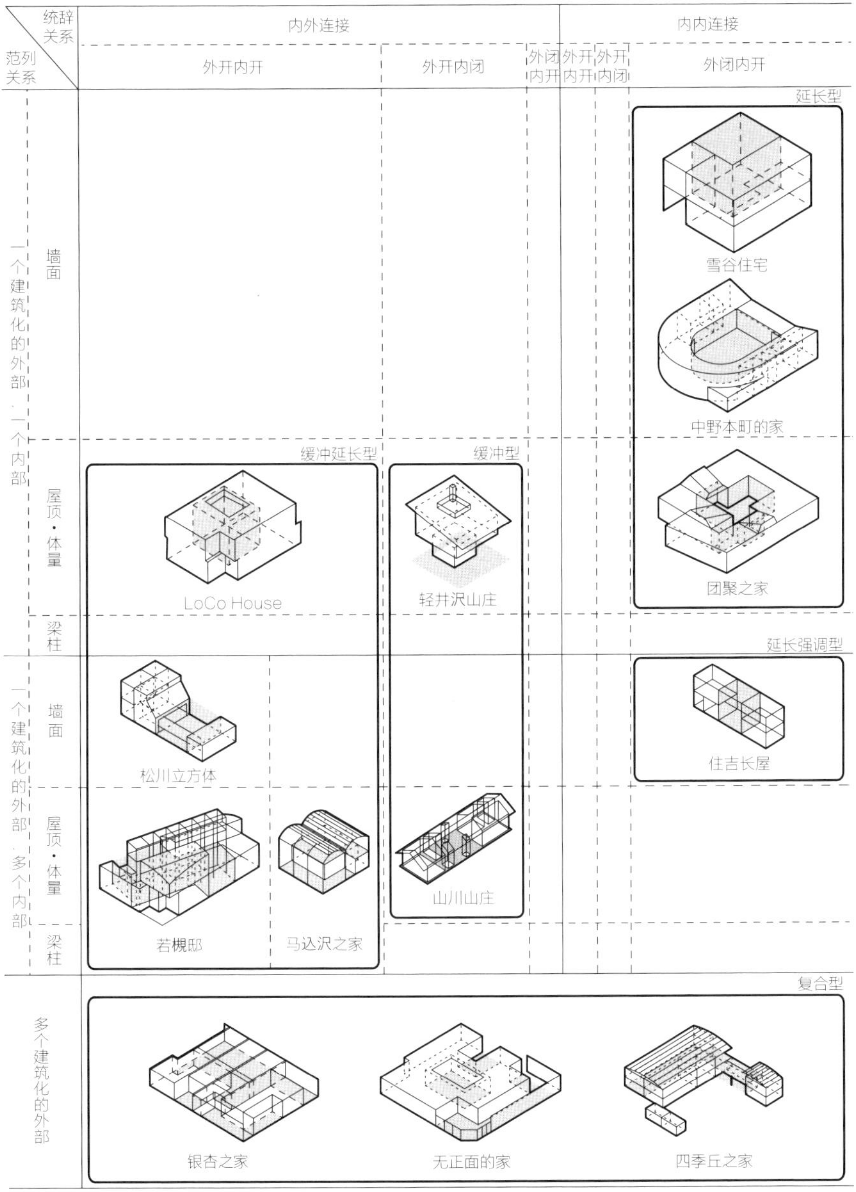

范列关系 \ 统辞关系		内外连接：外开内开	内外连接：外开内闭	内外连接：外闭内开	内外连接：外开内开	内外连接：外开内闭	内内连接：外闭内开
一个建筑化的外部·一个内部	墙面						延长型：雪谷住宅、中野本町的家
	屋顶·体量	缓冲延长型：LoCo House	缓冲型：轻井沢山庄				延长型：团聚之家
	梁柱						
一个建筑化的外部·多个内部	墙面	缓冲延长型：松川立方体	缓冲型				延长强调型：住吉长屋
	屋顶·体量	缓冲延长型：若槻邸、马込沢之家	缓冲型：山川山庄				
	梁柱						
多个建筑化的外部		复合型：银杏之家、无正面的家、四季丘之家					

在“中野本町的家”中，围绕住宅内院的内部是管状的封闭空间。

当**延长型**的建筑化的外部和数个内部组合时，**延长型**的基本特征被反复强化而成为**延长强调型**。在“住吉长屋”中，建筑化的外部是由没有屋顶的墙面围合的，它起到分节和统合多个内部空间的作用，是住宅的中心领域。

外部和内部在动线和视线上都连接的**缓冲延长型**是综合了**缓冲型**和**延长型**特征的类型。该类型有一个建筑化的外部和一个或多个内部，在动线上外部和内部连接（内外连接），在视线上对外部和内部开放（外开内开）。“LoCo House”和“松川立方体”用体量和墙面围合出内院形式。“马込沢之家”和“若槻邸”的梁柱和屋顶组成敞廊形式。位于建筑侧边的敞廊形式和外部连接，由此形成的建筑化的外部能够遮挡雨水。**缓冲延长型**能够更多地作为容纳生活的空间。

在**复合型**住宅中，多个建筑化的外部分散在建筑的领域中，其中包含了**缓冲型**、**延长型**、**延长强调型**和**缓冲延长型**，这些建筑化的外部在整个住宅中形成多样的外部空间。比如在“无正面的家”中，墙面围合整个住宅用地，形成建筑的领域，建筑化的外部分散布置在其中，内部和外部相互交替融合。

由建筑化的外部形成的住宅的基本类型有**缓冲型**和**延长型**。在这两种类型的基础上，特征的强调、融合与复合又形成了其他各种不同的类型。

2-3　由空间的分割形成的住宅

2-3-1　空间的分割

2-1节分析了室形成的住宅，2-2节分析了建筑化的外部，这些都是把整个住宅分节为几个局部空间，是整体如何被统合的问题。然而在完整的外形中，楼面和墙面的分割会形成客厅、餐厅、厨房、卧室等基于不同使用方式的空间。在这种情况下，住宅构成形式则成为了以何种顺序分割完整外形的问题。

楼面和墙面分割完整的外形（图2-13）。楼面可对一个外形进行剖面分割，墙面可对同一个外形进行平面分割。分割有两种方式：一种是分割内部空间的“内部分割”；一种是分割出内部空间和外部空间的“内外分割”（图2-14）。

2-3-2　空间分割的顺序

当外形被分割后的局部再次被分割时，就会形成分割的“层级性”（图2-15）。外形的分割是一次分割，之后局部的细分是二次分割，在此基础上对局部的再分割是三次分割。从一次分割到三次分割的层级，会依次产生分割的方向、数量和种类。然而第三次分割大多是用墙面细分出厕所、寝室等细微的分割，对住宅整体的构成影响较小。

到二次分割为止的顺序很重要。在分割方向的顺序上，先墙面分割和先楼

图 2-13　分割的方向

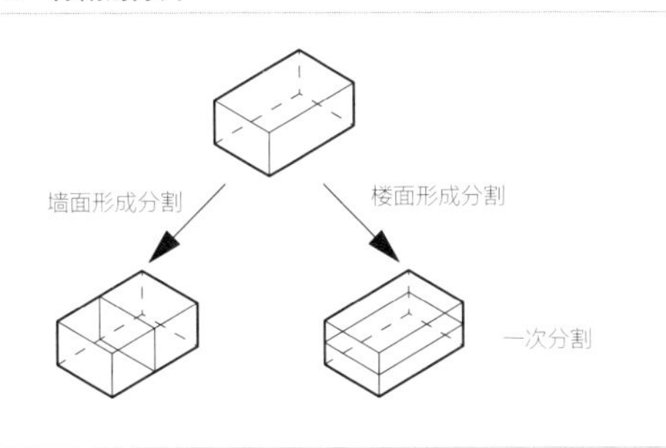

图 2-14　分割的种类

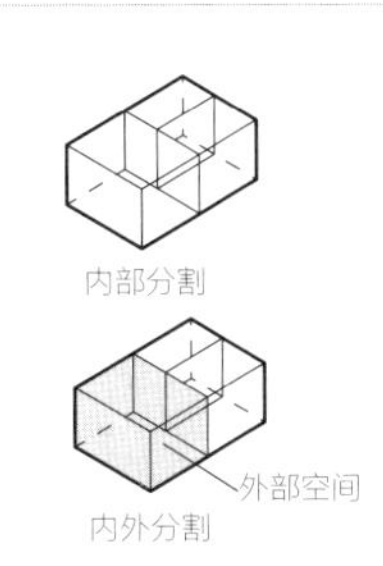

图 2-15　分割的层级

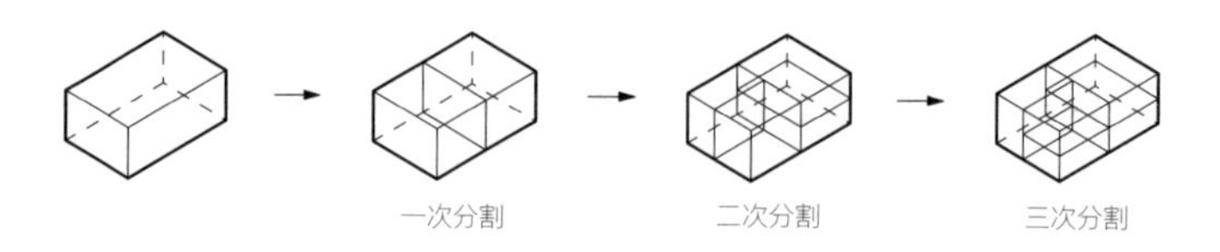

图 2-16　分割的顺序（有二次分割时）

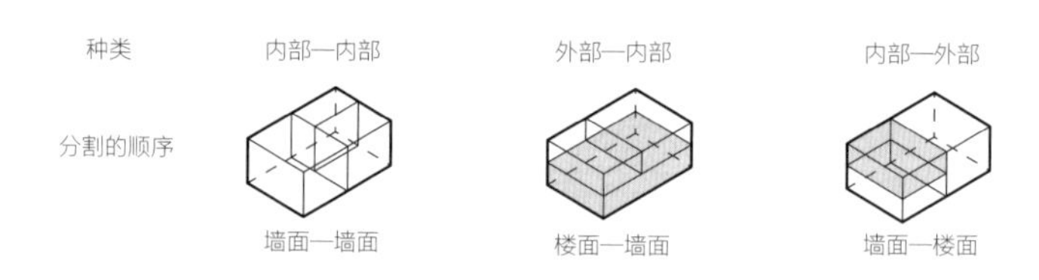

面分割是不同的，因而有“墙面—墙面”“楼面—墙面”“墙面—楼面”几种顺序。在分割种类的顺序上，先内部分割和先外部分割也是有区别的，因而形成“内部—内部”“外部—内部”“内部—外部”等不同顺序（图2-16）。

2-3-3　空间分割的层级

从一次分割到三次分割各个层级的分割数可以表示成层级图，通过该层级图的形状可以发现被分割的空间之间的关系。住宅的整体构成有以下几种：只有一次分割、一次分割形成的局部全部被二次分割、一次分割形成的局部没有全部被二次分割（图2-17）。

只有一次分割，或者由此再进行二次分割时，分割的层级图是对称的。把一次分割后未被再次分割的空间和二次分割、三次分割细分出的空间进行比对，分割的层级图是非对称的。在分割的层级图中，非对称性会使得被分割的空间具有对比关系。

图 2-17　分割的层级图

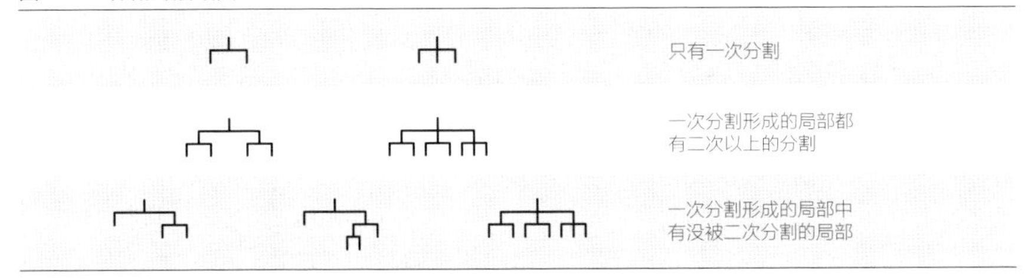

2-3-4　由空间分割形成的住宅类型

以“住吉长屋”（图2-18）为例。窄开间大进深的外形被两个墙面分为中央的外部空间和两侧的内部空间；两个内部空间被楼面分割为上下两部分；外部空间没有进行二次分割。从整体到部分的分割顺序是以外部空间优先。

对称和不对称的分割层级图、内部分割和外部分割的顺序、由墙面分割和由楼面分割的顺序组合成由空间分割形成的住宅构成形式。二次分割、三次分割和层级的增减会产生大量的组合，如果对此做全面讨论是很困难的，但是讨论二次分割为止的分割是可行的，这对于整体的形式非常重要。当到构成形式的二次分割为止的组合有明显倾向时，就会由空间分割形成住宅的类型。

当分割的层级图对称时（图2-19），分割产生的各个空间和整个住宅的关系都相同，分割的次数没有产生差异。在内外分割的特征上，一次分割能形

图 2-18　空间的分割，案例“住吉长屋”

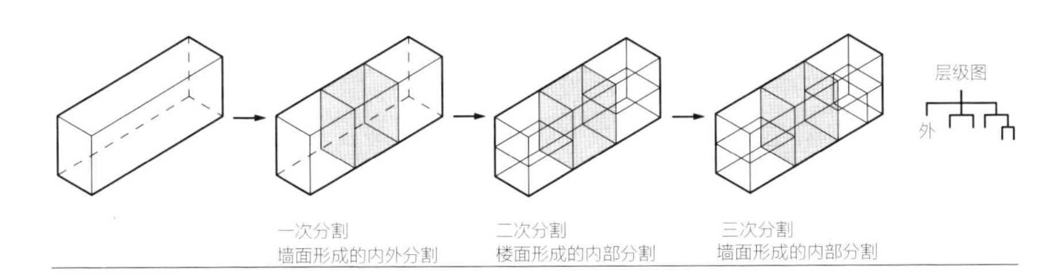

图 2-19　当层级图对称时，一次分割为内部分割

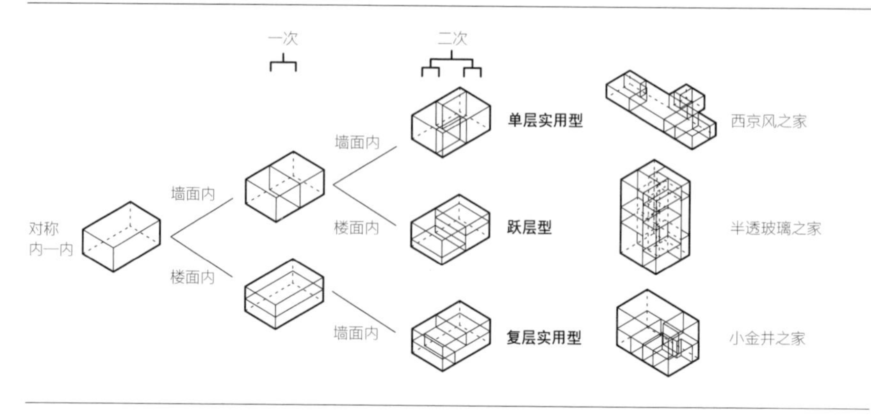

成外部，二次分割形成的外部极少，更多是一次分割和二次分割只形成内部。以“西京风之家”为代表的**单层实用型**是单层平屋顶的外形被墙面分割后的内部再被墙面分割，即外形被墙面二次分割或三次分割。以“小金井之家”为代表的**复层实用型**的一次分割是由楼面分割内部，二层以上的外形先由楼面分割为上下层，再由墙面二次分割各层。以“半透玻璃之家”为代表的**跃层型**的内部先被墙面一次分割，分割形成的局部再被楼面二次分割，分割的高度可以自由控制。

当分割的层级图是非对称时，一次分割形成的局部与二次、三次以及再分割的局部的不同分割方向和种类会决定整个住宅的空间基调。分割的种类顺序分为“内部—内部”“外部—内部”。

当分割的种类顺序是内部—内部时，有三种类型（图2-20）。以“Green Box#1”为代表的**主层型**是楼面—墙面的分割方向与顺序：楼面把外形分割为上下内部空间，再保持其中一个内部不变（多是二层），作为开放的大空间，另一个部分被墙面二次分割。以“谷川住宅”为代表的**吹拔型**是墙面—楼面的分割方向与顺序：墙面分割内部空间，形成的局部至少有一个是吹拔空间，它

图 2-20 当层级图非对称时，一次分割为内部分割

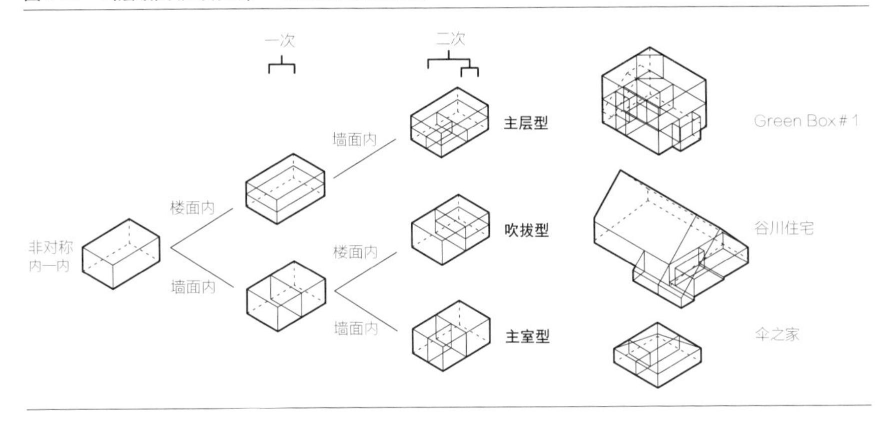

没有被楼面二次分割。以“伞之家”为代表的**主室型**是墙面—墙面的分割方向与顺序：由墙面分割内部空间，其中一个局部被二次分割，没有被二次分割的空间是相对较大的主室。

当分割的种类顺序是外部—内部时，可分为两种类型（图2-21）。第一种类型的分割方向与顺序是墙面—楼面。墙面先把外形分割为内外的空间，其中只有内部再被墙面进行细化分割，或者由楼面分割为多层。这些在一次分割中产生的内院和二次分割之后形成的内部空间的分节次数和大小形成鲜明的对比，内院成为整个住宅中的核心空间。图2-21中的“折本邸”和“住吉长屋”分别对应整体为单层的**单层内院住宅型**和有外部吹拔空间的**多层内院住宅型**。

第二种类型是楼面—墙面的分割方向与顺序。由墙面先分割外形，形成内部与外部。以“天之宅”为代表的**架空型**的下层为露天的外部，上层为内部，并且上层的内部被墙面进一步细分。另外，例如“巢鸭的住宅”，其三分之一的楼面形成了一次内外分割，中间层是外部空间并且不再进一步分割。虽然没有特定的命名，但这也是在空间分割原理中的组合关系，它创造出新的构成形式。

图 2-21　当层级图非对称时，一次分割为内外分割

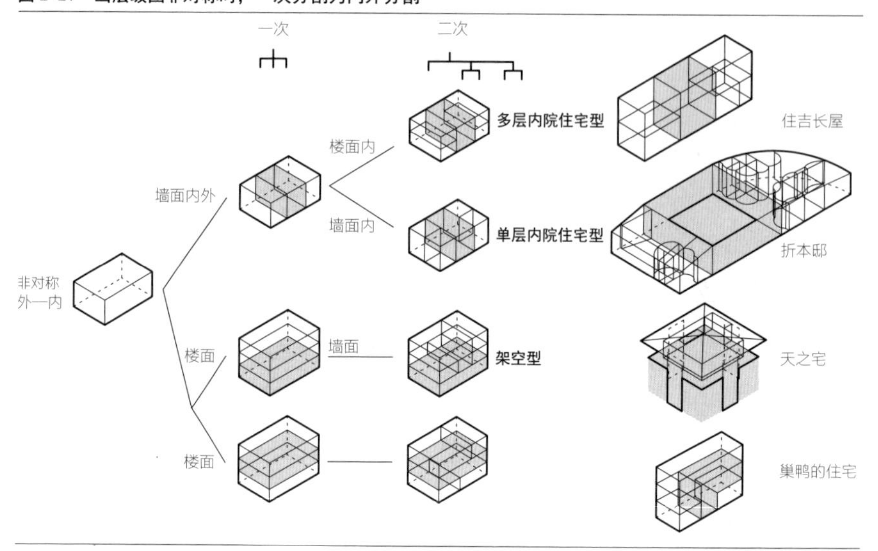

当分割种类的顺序是内部—外部时，内外的二次分割形成以外部空间为主的类型。该类型可以被理解为一种内部—内部的顺序再加上细分化的外部空间。

跃层、主层、主室、吹拔、庭院、架空等空间分割的类型形成住宅构成。该构成原理能够整理、提取出在各种文化和时代背景中形成的类型体系，并且能够重新组织使类型成立的关系，甚至脱离原有的类型，创造出新的形式。

2-4　由架构形成的住宅

2-4-1　由架构的分节与统合形成的住宅

2-3节中讨论了由分割形成的住宅构成形式，讨论的前提是一个架构形成封闭自足的外形。本节将论述当多个架构同时存在时的住宅构成形式。

到目前为止的讨论都集中在作为内部空间集合的室如何介入住宅空间的使用状态，以及作为外部空间集合的被建筑化的外部如何控制环境的状态。这些是内在于建筑中的固有空间结构。架构的空间集合蕴含着构成方法的原理。

“架构”并非单纯的躲避风雨和酷热的遮蔽物，也非简单地用以抵抗重力。比如，砖石结构是先砌起墙体，再搭起梁，覆盖屋顶；木结构、钢结构则是先架起梁柱，建造屋顶，再填充墙壁和其他构件于结构之间。这些建筑的区别在于以不同的构成材分节形成空间的集合。现代以来普及应用的钢筋混凝土结构不强调构成材的分节，通常如同立方体，但仍旧是力学上合理的整体。架构清楚地表明了建筑样式的不同。比如，国际样式的特点是白色箱型，日本古代建筑的特点是屋顶的组合。

当一个住宅有多个架构时，有哪些种类，不同和相同之处各是什么，如何选择架构的组合，以及架构的位置关系等都是架构的配置需要考虑的问题。这些与住宅整体的特点互相独立。比如相同配列的住宅，其架构的不同组合会产生完全不同的特点，而同样的架构组合，配列不同也会产生不同的住宅。前者的选择和组合是范列的关系；后者的局部组织整体是几何学配列的统辞关系。在一个住宅中，架构的范列关系和统辞关系的重合之处便是由架构形成的住宅构成形式。

2-4-2　架构的选择与组合

在架构中，覆盖地面的屋顶、支撑屋顶的梁柱、墙壁，以及悬浮的楼板等

图 2-22　架构的种类

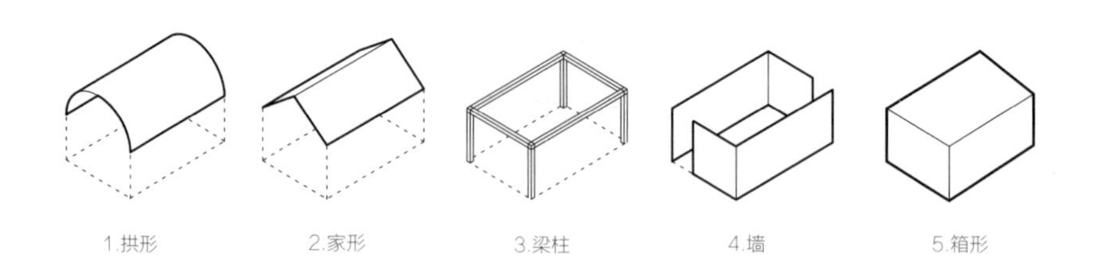

图 2-23　架构的选择和组合

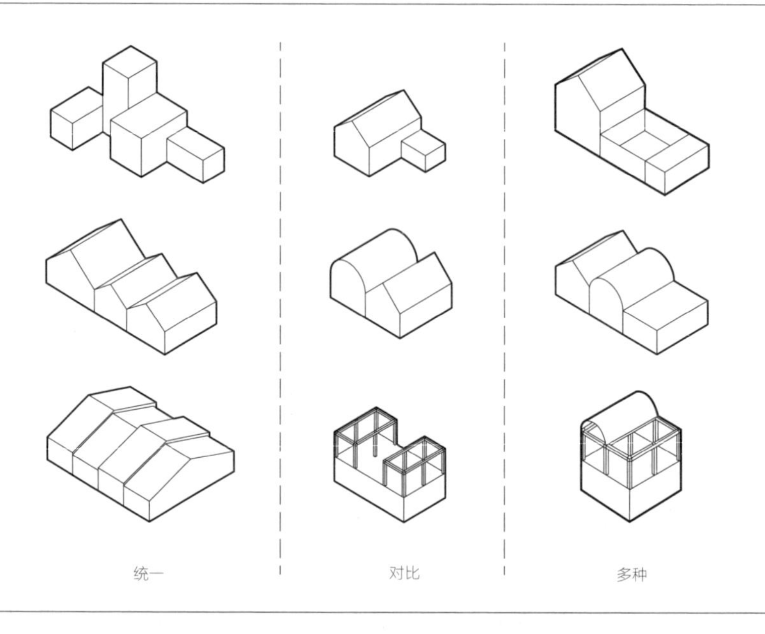

构成材组合形成整个空间集合的外形。其中，屋顶的形状变化最多，有曲面的拱形、斜屋面的家形和不强调构成材分节的箱形等（图2-22）。

在构成一个住宅的多种架构中，2~5类出现的频率较多，1~3类衍生的类型数较多（在第3章要讨论的大规模建筑也是类似的情况）。通过架构的分节方

图 2-24 架构的配置

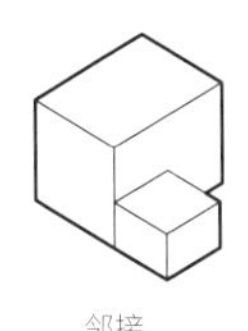

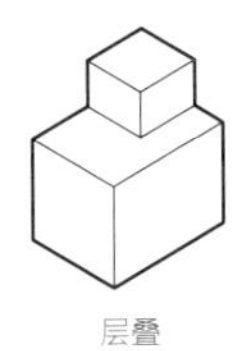

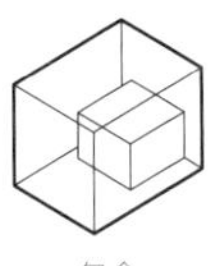

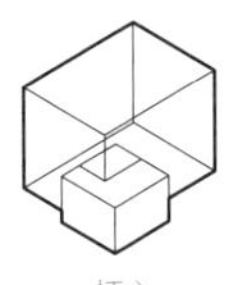

法，可以展现超越住宅个体差别的共有形式。架构的分节数和种类数可以根据形式而改变（图2-23）。不论有多少分节数，所有架构都一样时称为“统一”；架构分为两种时则形成“对比”关系；分节数量在三个以上时，相同种类组成的集合可以使得种类只有一两种，架构形成“统一”；当种类超过三种时则称之为“多种”，其局部呈现出多样的状态。相比统一和对比的组合，多种组合的整体集合感偏弱。

2-4-3 架构的配置

与架构组合相同，架构的配置会形成不同的住宅整体集合。这些架构的配置是统辞关系。架构的配置在架构集合中创造出封闭领域的轮廓关系，有平面上并列的“邻接”，一个叠加在另一个之上的“层叠”，一个把另一个包裹在内的“包含”，以及一个嵌套在另一个中的“插入”式的配置关系（图2-24）。上下层叠和内外包含的配置赋予了架构之间相对化的特征。具有这些特征的架构应用于内部的话，会产生不同的住宅空间意义。比如与客厅和其他房间对应的两个架构，是两者并列？是层叠在客厅上面？还是客厅层叠在上部？另外，卧室是在客厅上部还是客厅包含卧室？这些不同的关系都会对生活方式和住宅与街道的关系产生影响。

图 2-25　组

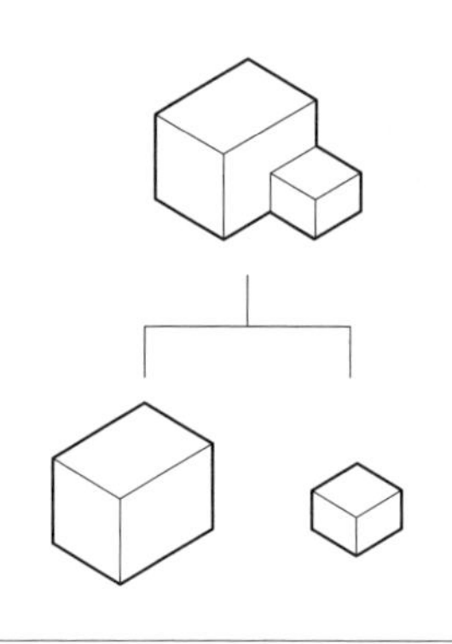

图 2-26　集中

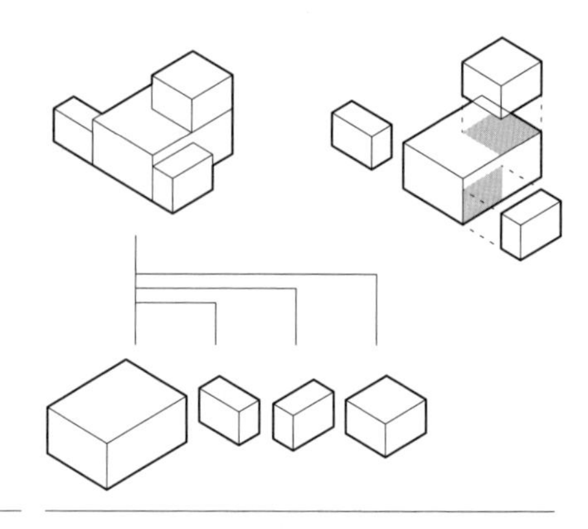

图 2-27　并列

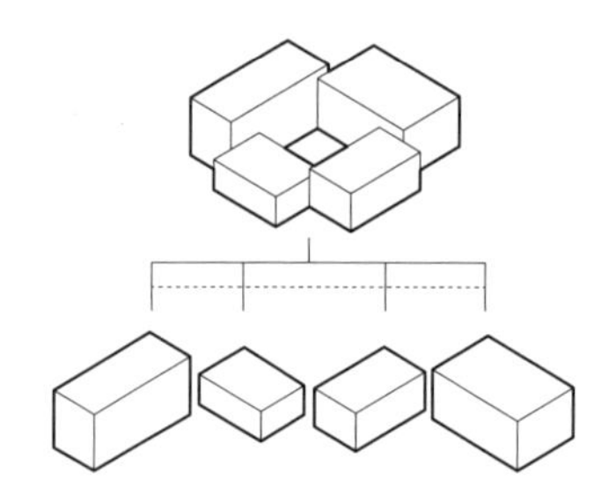

2-4-4　架构的统辞关系

在两个架构形成的住宅组合（组）中，该组的配置本身就是住宅的统辞关系（图2-25）。然而，在由三个以上的架构形成的住宅中，多个架构之间的配置关系对统辞关系而言变得非常重要。多组架构由局部组成整体，这种层级可表示为树状图。当互相不邻接的多个架构只和一个主要架构邻接或层叠时，该主要架构相对其他架构更重要，这种树状图是集中式（图2-26）。当三个以上的架构互相插入或邻接时，依次配列的架构中没有处于中心地位的架构，这种

图 2-28 集合层级的案例

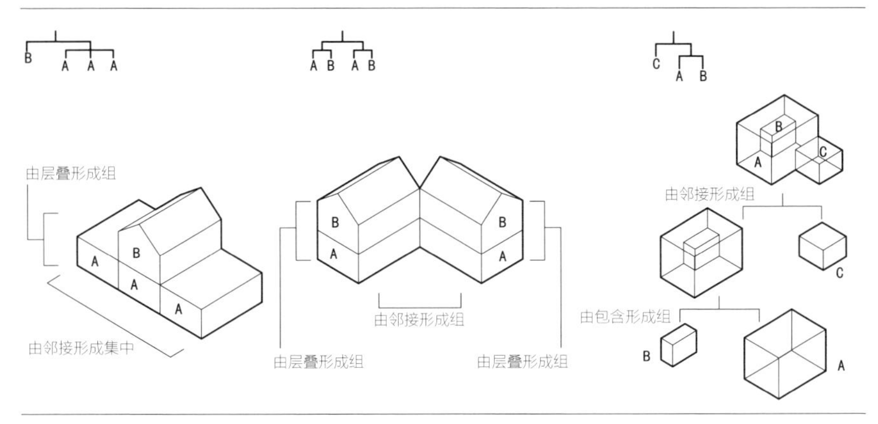

树状图是并列式（图2-27）。

不同种类的架构根据树状图中的轴和分支形成架构的组合，局部的集合先后形成局部和整体统辞关系的层级（图2-28）。比如，在三个架构邻接形成的集合中，一个架构层叠在上部，一次分级以层叠形成组，二次分级以邻接形成集中。另外，当两个架构层叠形成集合并邻接时，包含两个架构的集合与一个架构邻接，一次分级以邻接形成组，二次分级以包含形成组。无论哪种层级，都是在架构集合的配置和种类中确定先后顺序，按照一次、二次、三次分级逐步形成层级。

2-4-5 由架构形成的住宅类型

从上文论述的架构选择和配置的角度看，“花小金井之家”（图2-29）的范列关系是梁柱分节的拱形屋顶、家形屋顶和三个不同大小的箱体。整个住宅分节为三种五个架构。统辞关系有三次分级的“家形和拱形+梁柱的邻接”，二次分级的“箱体的包含”和“两个箱体的邻接”，以及一次分级的层叠。以三个层级的配置为基础，多样的架构互相关联在一起。

图 2-29　分节的层级，案例“花小金井之家”

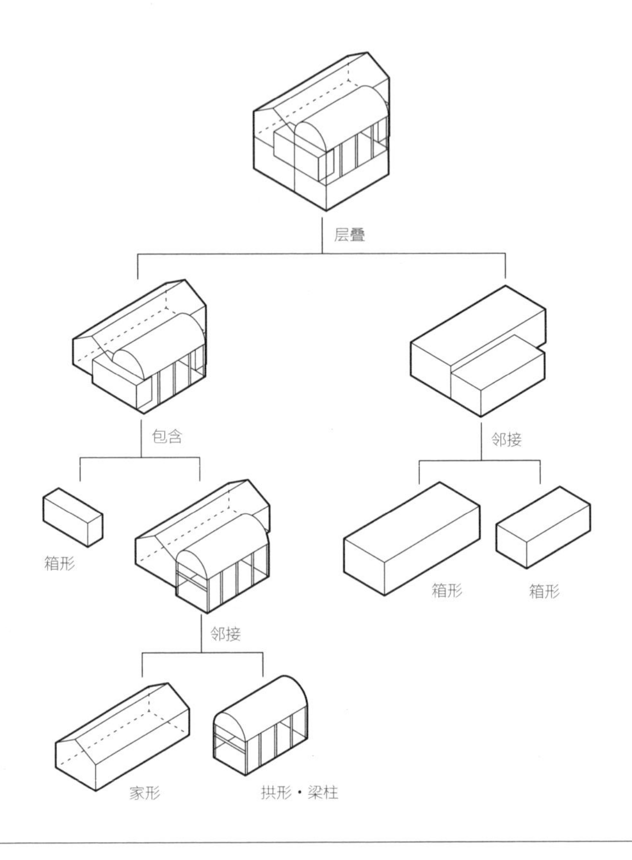

由架构形成的构成形式的成立是基于2-4-3节和2-4-4节中分析的架构配置、多个架构之间的关系形成的统辞关系，以及2-4-2节分析的架构的组合选择形成的范列关系。构成形式是由架构形成的住宅类型，它超越了具有某种特征的住宅的个别性。因为上述分节形成的不同数量的架构配置对统辞关系影响很大，所以下文首先讨论基本的两个架构形成的住宅类型，再讨论三个以上架构形成的住宅的类型，其中有层级型、集中型和并列型三种不同的分节方式。

表 2-3　由两个架构的配置形成的组的类型

统辞关系 / 范列关系	邻接	包含	插入	层叠
统一	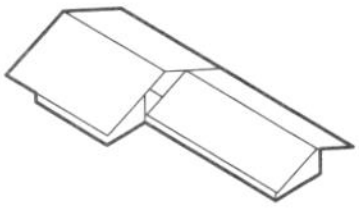 栗树之家	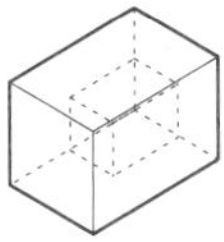	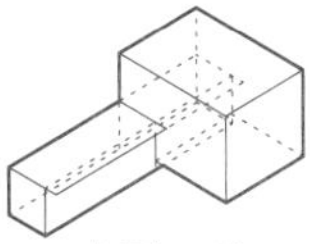 住居No.38	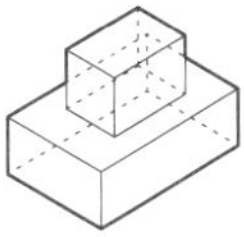
对比	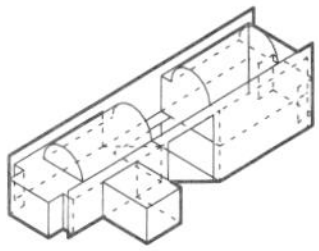 领壁之家	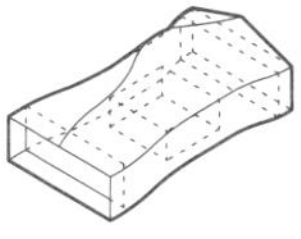 白鲸之家	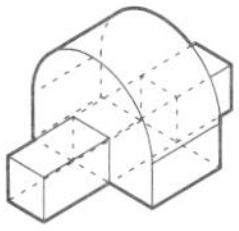	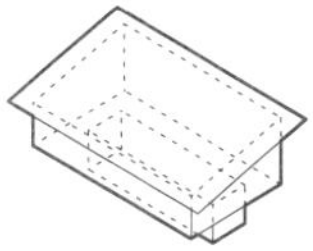 浜田山之家

在由两个架构形成的住宅中，配置种类和架构种类以统一、对比的组合方式形成不同的类型（表2-3）。两个架构组本身是住宅整体构成的原型。“栗树之家”是统一架构邻接形成的类型——家型屋顶的邻接形成重复的特征。“领壁之家”则是对比架构邻接形成的类型——架构的墙面和梁柱分离，并和一体化的箱体邻接，形成不同程度的开放性。“白鲸之家”是对比架构包含的类型——屋顶架构包含作为置入体的箱体，架构对比和内外对比同时出现。“住居No.38”是统一架构插入的类型——多层的箱体被单层细长的箱体插入，架构和轮廓互相破坏与干涉，并形成新的均衡状态。“浜田山之家”是对比架构层叠形成的类型——箱体的上面叠加了屋顶架构，架构对比和位置对比上下重叠。除了上述类型，还有统一架构的包含关系（比如箱体包含箱体）、对比架构的插入（比如箱体插入屋顶架构）、统一架构的层叠（比如箱体和箱体的层叠）等类型。

在由三个以上的架构形成的住宅中，上述的原型再次形成相似的关系。当二次分级的配置创造出局部的架构集合时，二次和一次分级的配置就会形成层级（表2-4）。当二次、三次分级重叠时，范列关系和统辞关系的组合会加倍复

表 2-4　一次分级的组的类型

一次配置 / 范列关系	邻接	包含	插入	层叠
统一	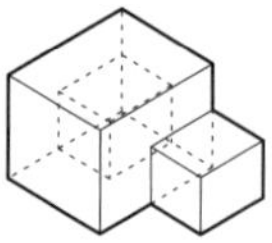	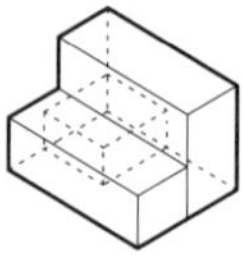	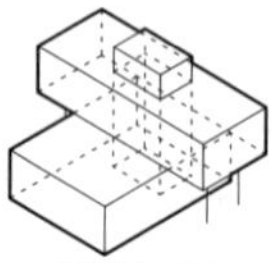 住宅No.17	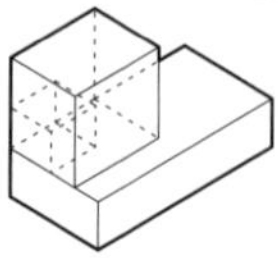
对比	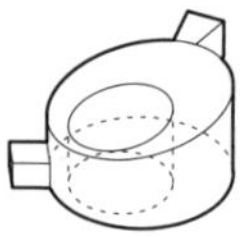 森林别墅	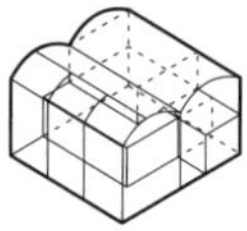 马込沢之家	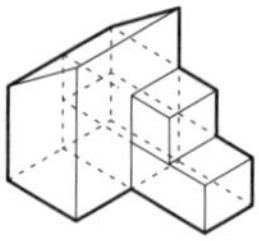	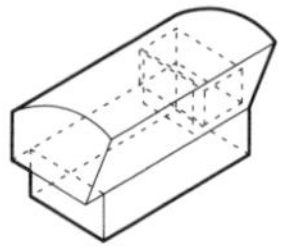 Blue Screen House

杂。由于三次分级对整体的影响有限，因此，完成对二次分级形成的层级类型的讨论就足够了。

“森林别墅”是二次分级的统一架构由包含形成集合，并且一次分级为架构对比邻接关系的类型——两个圆筒状架构包含成集合并和两个箱体邻接，强调圆形平面的向心性和放射性。“马込沢之家”是二次分级的统一架构由邻接形成集合，并且一次分级为对比包含关系的类型——两个箱体由邻接形成集合和两个拱形屋顶邻接包含集合，形成架构和内外对比的重叠。“住宅 No.17”是二次分级的统一架构层叠形成集合、一次分级为架构的对比插入的类型——裸露的梁柱支撑的两个架构层叠形成箱体的集合，箱体纵向插入形成强烈的对比。“Blue Screen House”是二次分级的对比架构由包含形成集合，并且一次分级是对比层叠的类型——该住宅的拱形屋顶包含箱体并和别的箱体层叠，架构的对比和内外、上下的对比互相重叠。图2-29中的“花小金井之家”也属于该类型。

当三个以上的架构是集中关系时，统辞关系的中心架构和多个次级的相同配列的架构共同形成类型（表2-5）。“逆濑台之家”的大屋顶架构和数

表 2-5 集中的类型

1次配置 / 范列关系	邻接	包含	插入	层叠
统一	逆濑台之家			
对比		北山・住宅	Villa Kuru	

表 2-6 并列的类型

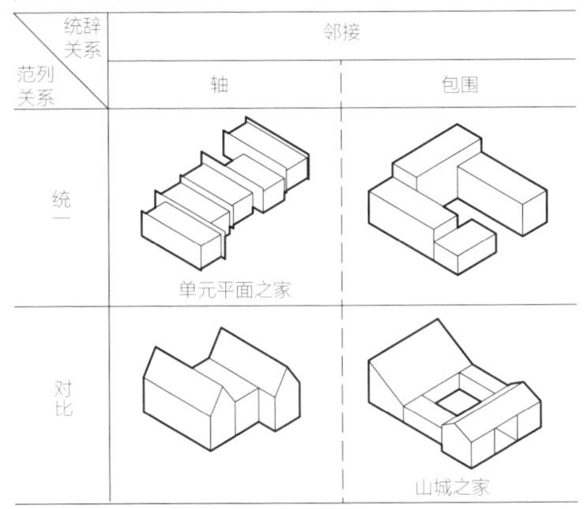

个小屋顶架构邻接；“北山・住宅”的巨大家形屋顶架构对比包含几个箱体；“Villa Kuru”的大屋顶架构被圆柱、三角柱插入。这些类型大架构和小架构的对比与相同关系通过重复被强调。没有列举案例的构成形式还包括相同架构倒置在下部，大箱体上配置多个小箱体，以及被建筑化的外部内院周边围绕层叠的架构。在表2-5中，中心架构和多个小架构通过互相邻接、包含、插入、层叠形成不同的构成形式。配置的不同使得住宅的局部具有不同的意义。在集中式的类型中，把中心和从属的两种架构作为前提，原型便得以成立。

最后一种类型是三个以上的架构由分节形成的并列式类型（表2-6）。其中“单元平面之家”的构成是统一的箱体沿着一条轴线依次邻接，随斜坡逐级上升。相对而言，“山城之家”的构成是由多种架构围合内院，如珠串般邻接，场地内院、内部和外部形成鲜明的对比。

架构形成的住宅类型有下述基本类型：两个架构组配置形成的原型；三个以上的架构通过一次分级形成的住宅的层级化类型；从属架构以一个架构为中心的原型。

如同层叠的上下，或包含的内外关系一样，配置形成空间之间的对比，并且和架构的种类对比组合形成类型的属性。由架构形成的住宅类型以架构组为基本关系，形成范列关系的对比与统辞关系的相对化对比，并组合创造出复杂而显著的对比。相对而言，由邻接形成的并列架构，不会由配置产生相互之间的对比和层级关系。

建筑的空间构成是分析“室”的空间单元集合和构成材形成的部位集合。建筑的外观构成是讨论屋顶、墙、柱子、门、窗等各种部位组合的可能性。建筑的立面构成是分析在把控建筑外形中出现的各种部位的有无、形状和配置关系。建筑是供人类活动的容器，扎根于大地，挡风遮雨。立面的基本构成是“屋顶+外墙+基座”（图1）。梁柱作为结构材支撑起整个建筑，门窗则是保证室内环境使用的开口部，这些构成材经常出现在建筑的外观上（图2）。这类建筑直接反映内部功能的立面构成，但同时还有和内部构成完全没有关系的、具有自由立面构成的建筑（图3），或者和邻接的外部环境有全新构成关系的建筑（图4）。总之，立面构成有着非常多样的特征。

建筑的立面构成主要以视觉的方式带给我们印象和情感。比如，部位的配置形成对称性和中心性，某些部分重复出现以形成外观的韵律特征，从而赋予建筑几何学的美感（图5）。增加新的装饰化部位，或扩大强调某些部位都可以形成豪华或者可爱的感觉（图6）。总之，通过建筑立面，我们可以想象和感受到各种意义和状态。建筑的这种特征把立面整体的构成变成一种“符号”（具有意义的事物和被赋予意义的装置）——某种意义和图像

图 1　基础部 + 躯干部 + 顶部的三层构成

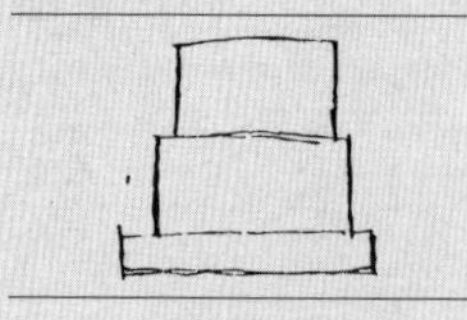

图 2　基础 + 柱 + 屋顶的构成

图 3　装饰的外观

图 4　湮没在街道中的外观

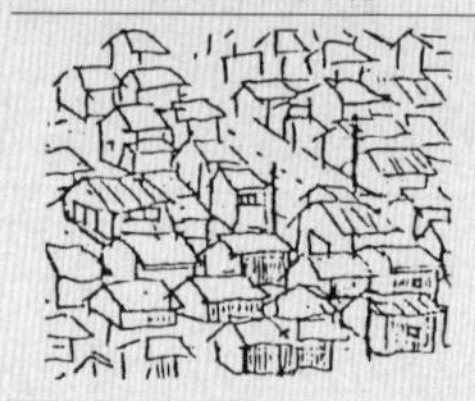

图 5　左右对称的外观

图 6　强调部位的外观

被我们投射到对象上。

一般的“图像”指通过眼睛看到的形象，但这里指的是“想象”——眼前没有的事物。比如，通过建筑的形式和空间，让人联想到这里没有的某些地域场所、其他功能的建筑或不同于当下的某个时代。感觉和语言被激发，而非形式。建筑的外观具有多样的图像性，建筑的形式由符号的特征所决定。以住宅的立面构成为例，首要的问题是建筑如何形成“构成”，符号特征如何形成“图像”。

“屋顶”作为建筑立面构成的一个部位，占据了主要的部分。以此为基础，屋顶部位的形态和各种图像联系在一起。比如，当主体建筑的屋顶是双坡屋顶轮廓时，会和我们普遍共有的家宅图像重叠，“家形”的符号由此成立（图7）。另外，当屋顶是平屋顶形式时，会给人这并非传统的住宅，而是现代住宅的印象，也会让人联想到其他用途的建筑（建筑类型）（图8）。当坡屋顶上出现像烟囱一样的凸起物时，带给人的是工厂的印象。

单纯只是屋顶的部位，无法决定建筑所有的图像。其他部位的各种组合才能形成各种立面构成。比如“三角形屋顶+烟囱+‘田’字形窗”（图9）的部位配置没有很强的几何形式感，从而使住宅的立面获得了某种整体性。这种立面构成会勾起我们内心深处的记忆，即人们所共同拥有的“理想的家”的图像。对比之下，“双坡屋顶+阳台+‘日’字形窗”（图10）的外观组合则是人们共有的“现实的家”的图像。

建筑的立面构成根据其不同的符号特征会投射出各种图像。立面作为二维的组合，更加容易作为符号被认知。这种符号的特征，即“构成”和“图像”的关系，能在建筑的三维空间中被解读。总之，地面、墙面和顶面围合的空间单元，连锁的构成投射出图像，并由此产生意义。比如，住宅中顶面高度非常高的房间会让人联想起教堂一类神圣的场所（图11）。与之相反，矮小的空间就会有茶室的小宇宙感（图12）。空间的尺度和比例会产生房间的图像，即建筑空间内在的符号特征。

空间的配列关系也具有不同的图像。比如一个平屋顶住宅的几个大房间，没有走廊直接相连，房间之间由推拉门联系，打开门可以直接进入隔壁房间。“田”字形平面的民居或者近代的武士住宅就具有这样连续的空间（序列）场景（图13）。连续的门、狭小的庭院，以及窗户会使得房间在视觉上时隐时现，该类住宅则可能是京都的町屋或者热带的多室群住宅（图14）。没有中心感且立体地展开空间的空间构成会给人以动物巢穴的图像感。

图7　有坡屋顶的建筑轮廓

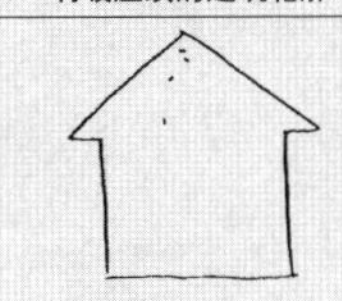

图8　有平屋顶的建筑轮廓

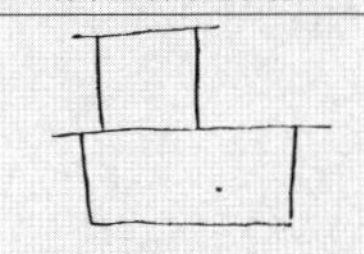

图9　（理想之家）的图像
三角形屋顶+“田”字形窗+烟囱的组合

图10　（现实的家）的图像
双坡屋顶+阳台+“日”字形窗的组合

图11　顶面高的房间

图12　顶面低的房间

反之，也存在住宅的小房间由细长走廊（间室）联系的类型（图15）——房间没有直接的流线和视觉联系，各个房间的独立性非常高，只有走廊能够联系外部，这是封闭的流线构成。廉价公寓、高级酒店、监狱等建筑都具有这种图像。如果各个房间有通往外部的门（出入口）（图16），整体的空间构成会更加动态，原有的图像被解放，形成巨大的变化。

建筑的空间配列和空间构成形成的各种图像是人们记忆和经验中共有的类型化事物。不仅立面构成具有视觉符号作用，三维空间的体量大小和构成都能产生图像，甚至在时间维度中的空间序列也会产生图像，这些都是和建筑构成密切相关的。因此，在设计崭新的建筑时，建筑构成和图像都是非常有效的思考方式。

图 13　邻接的房间由推拉门相互分隔的平面

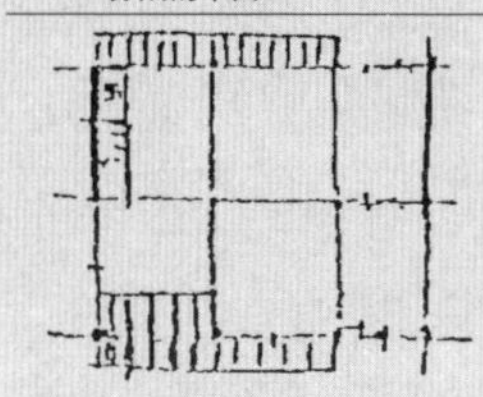

图 14　一部分房间是庭院（外室）使得视线和动线开放

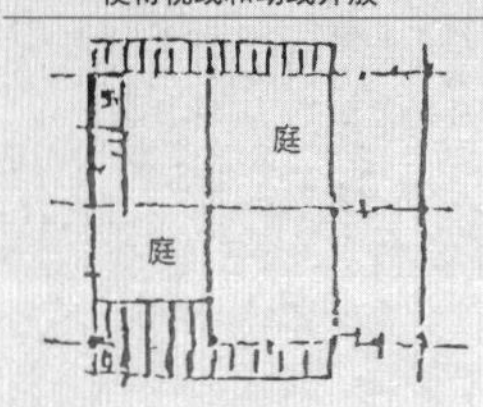

图 15　通过走廊（间室）统合各个房间的平面

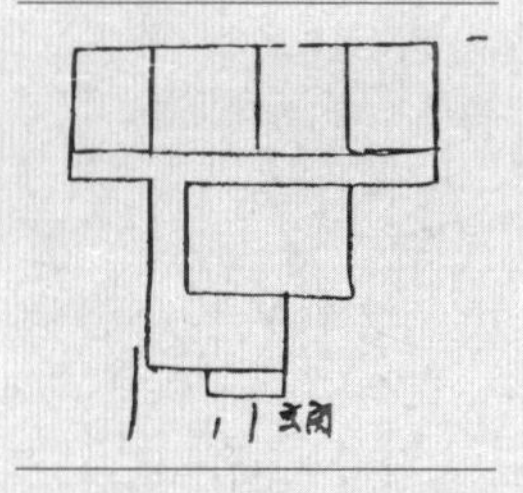

图 16　在各个房间设置朝向外部的出入口

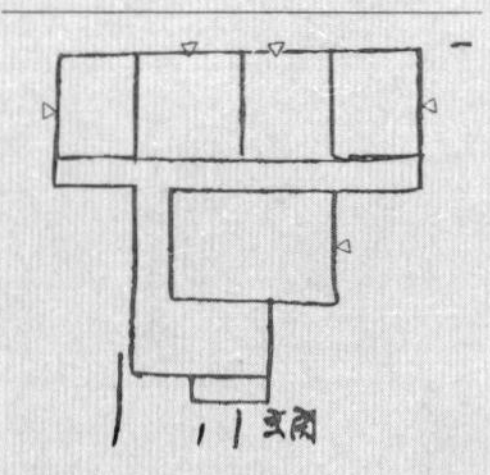

本专栏的图是从 1981 年坂本一成研究室开展的“建筑图像调查”中“图示化的家和建筑的图像”（手绘）摘选（局部有修改）出来的。

3 由室群与体量形成的建筑构成

人的活动基于在楼面（水平面）的停留和移动。容纳这些活动的建筑需要在有限的用地中获得更多的楼面面积，而较大规模的建筑则会通过增加二层、三层甚至更高的层数来获得更多面积。因此，需要通过各层的室的集合=室群（group of rooms）的构成方式来分析这种建筑的特点。在美术馆、体育馆、办公楼等建筑中，不仅仅有通常大小的室，还有在水平面积及空间等不同维度上更大的室。各种形状的室集合成“群”，共同构成内部空间。

本章论述了内部空间的室群集合与外形轮廓形成的体量（volume）集合如何共同形成建筑的构成。3-1节至3-3节分析了由室群与体量形成的建筑构成与使用功能之间的关系；3-4节、3-5节主要介绍了在公共文化设施、博物馆等案例中，体量组成的外形构成；3-6节、3-7节以集合住宅为例，分析了单元重复所形成的构成。

3-1 由室群形成的建筑与用途

3-1-1 室群与体量

在第2章中提到的住宅建筑，其规模比较小，内部各室之间的关系能够直接反应在外形上，因此把“室”作为单元的构成是行之有效的。但是，本章中将讨论的各种建筑规模都相对较大，单个的室很难影响到整体的外形。同时，室的数量又很多，难以逐个讨论其相互之间的关系。对于这类建筑，要把握局部的分节与整体统合的关系就必须把室的集合作为构成的单元，而不是以单个室作为构成单元。本节所关注的“室群”就是讨论如何以室的集合构成各层的

表 3-1　室群形成的楼层种类

单位室群	非单位室群	广室	大空间
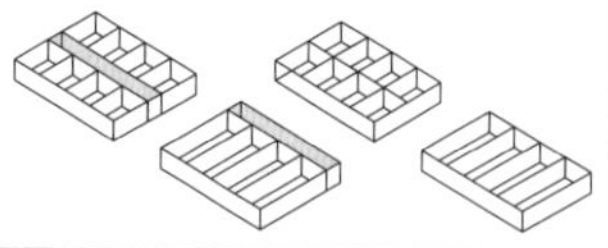	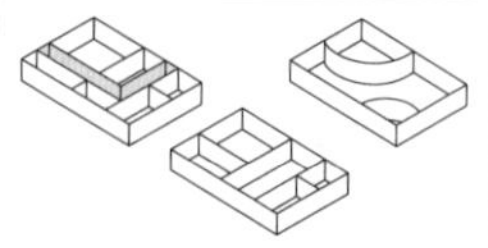	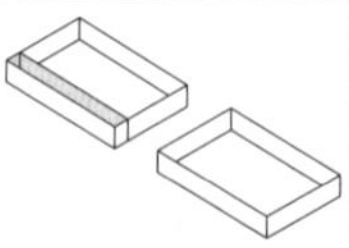	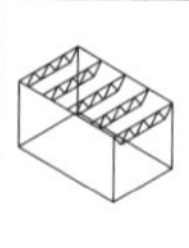

内部空间。根据构成室群的室的大小、形状、配列等差异，室群可分为以下四类（表3-1）。

“单元室群”是指以近似形状和大小的室作为单元且规则配列的楼层。相反，没有以室形成重复的单元且不规则配列的则是“非单元室群”。大致上将一个室占据整层的称作“广室”，将平面、剖面上都占比巨大的室称作“大空间”。由不同室群所组成的各个楼层配列成一整栋建筑。

室群建筑的外形构成是由建筑轮廓形成的空间集合——由“体量”[1]作为基本的空间单元，立体地配列而成（表3-2横轴）。在建筑的外形构成中，根据体量数量和大小差异会形成各种不同的构成：外形全体为单一体量的构成被称作“单体”，大小不同的体量组合被称作“附加”，几个相同规模的体量组合被称作“并列”。这些体量在水平方向上的连接被称作“邻接”，而上下的叠加组合被称作“层叠”。

在建筑内部各层中，室的配列（表3-2纵轴）和外部体量的配列（表3-2横轴）共同形成了建筑整体的形式，尤其是占据大部分内部空间的一类室群，决定着建筑的主要特征。主要的室群构成包括“单元室群类”“非单元室群类”“广室类”和“大空间类”。这种分类法体现了“构成”类型化特质[2]，

1　外观上体量的集合并非内部空间的状态问题（有很多小规模的室或者大空间），这种集合可以被称作“体块”（mass）。在建筑学上，体量（volume）和体块有很多解释和定义，本书则在概念上把构成建筑外形的集合统一称为“体量”。

2　为了说明主要的室群种类形成的主系统，各种类型被概括为“类”的概念。

表 3-2 室群建筑的构成

外形体量形成的全体形 / 室的配列		单体	复数体量·附加·邻接	复数体量·附加·层叠	复数体量·附加·邻接+层叠	复数体量·并列·邻接	复数体量·并列·层叠	复数体量·并列·邻接+层叠	常见的主要用途
		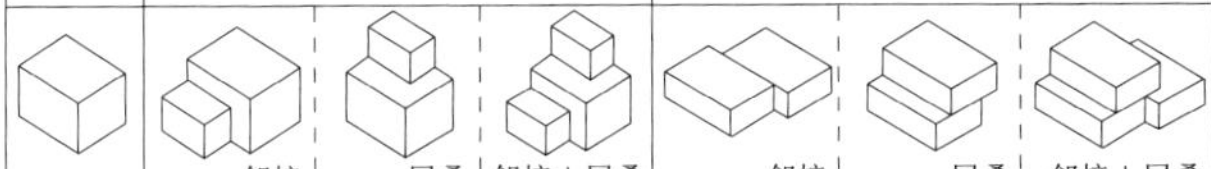	邻接	层叠	邻接+层叠	邻接	层叠	邻接+层叠	
单位室群类	· 单位室群	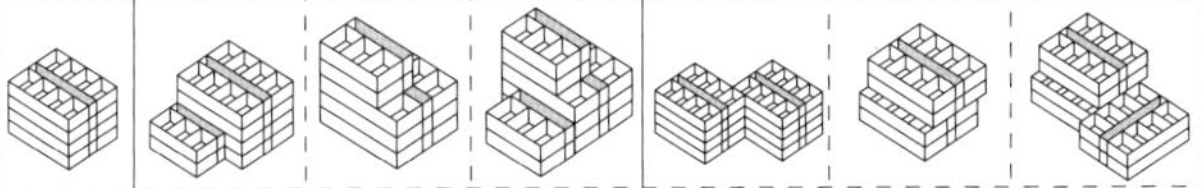							· 酒店旅馆 · 医院 · 集合住宅
	· 单位室群 +非单位室群	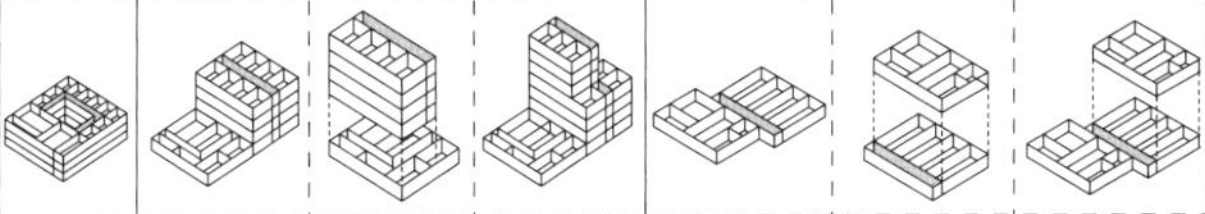							· 酒店旅馆 · 研究所 · 大学 · 学校 · 医院
	· 单位室群 +广室	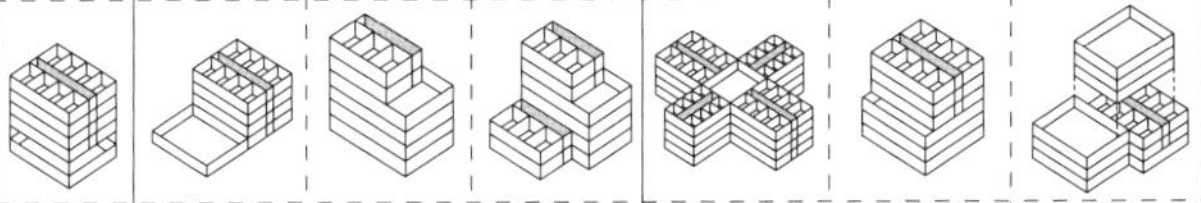							· 研究所 · 学校 · 酒店旅馆 · 商业设施
	· 单位室群 +大空间 · 单位室群 +非单位室群 +大空间	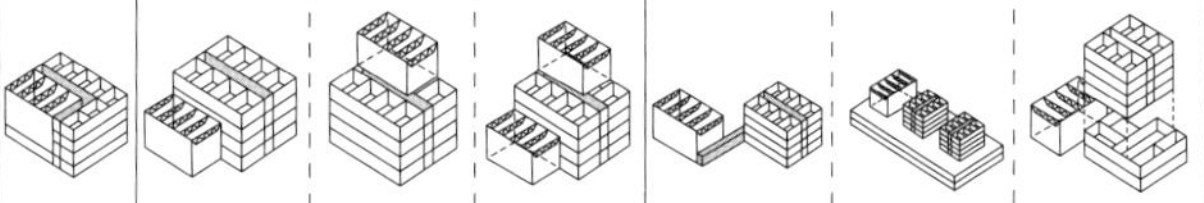							· 大学 · 学校 · 酒店旅馆 · 研究所 · 办公楼 · 厅舍
非单位室群类	· 非单位室群	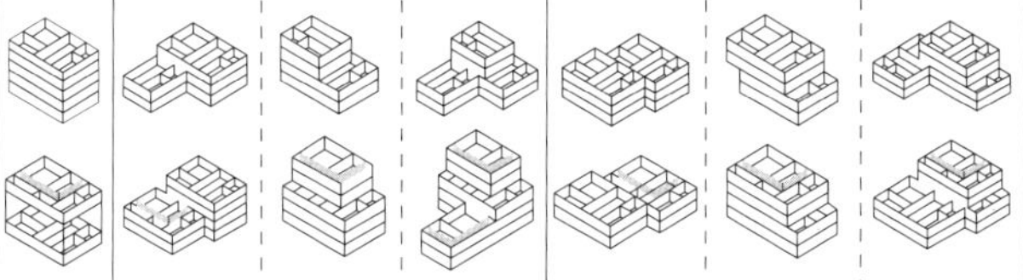							· 美术馆 · 博物馆 · 办公楼 · 厅舍 · 商业设施
广室类	· 广室 · 广室 +非单位室群 · 广室 +大空间 · 广室 +非单位室群 +大空间	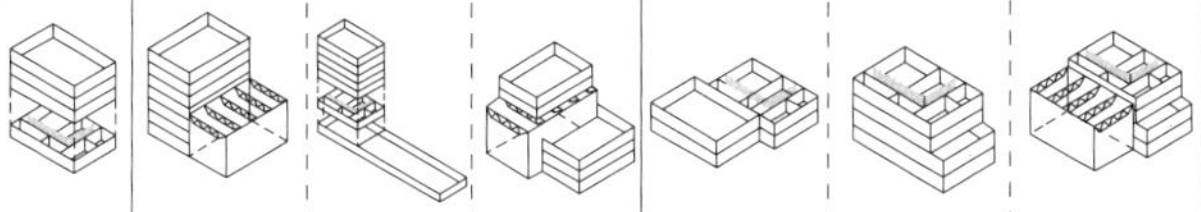							· 图书馆 · 百货店 · 办公楼 · 厅舍
大空间类	· 大空间 · 大空间+广室	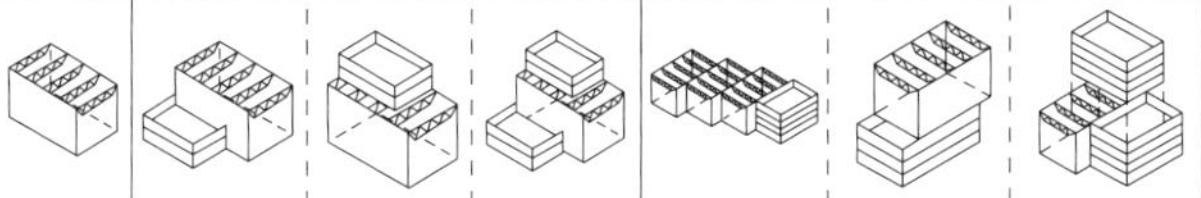							· 工厂 · 美术馆 · 博物馆 · 宗教建筑
	· 大空间 +非单位室群	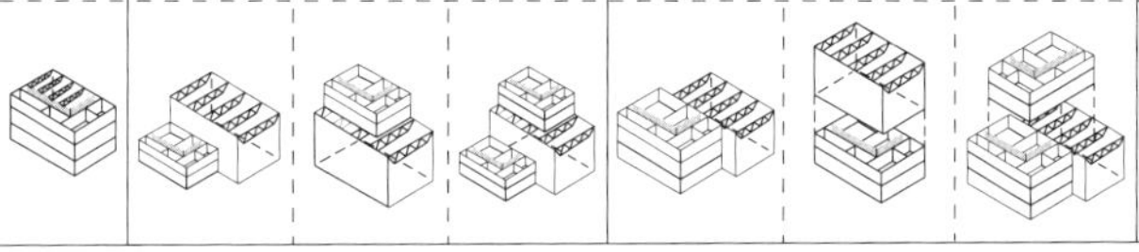							· 会馆 · 报告厅 · 体育馆 · 美术馆 · 博物馆

并以单元室群的类型、单元室群和非单元室群的组合类型作为分类的依据。

构成的类型和建筑的主要用途（使用方式）在概念上是互相独立的；但是，它们在实际中却有很强的关联。在现实社会中，构成和主要用途的常见关系体现为美术馆、体育馆、办公楼等以名称相对应的各种建筑。下文便要论述室群建筑的构成类型与各种建筑之间的关系。

3-1-2　单元室群类的建筑

单元室群类的建筑（图3-1—图3-4）有以下几种：单元室群的类型、单元室群和非单元室群组合形成的类型、单元室群和广室组合形成的类型、单元室群和大空间组合形成的类型等。

单元室群形成的类型（图3-1）大多被用于酒店旅馆、医院、集合住宅等。“马赛公寓”以相同体量作为单元室群组合成明快的集合住宅构成。除了

图 3-1　单元室群形成的类型

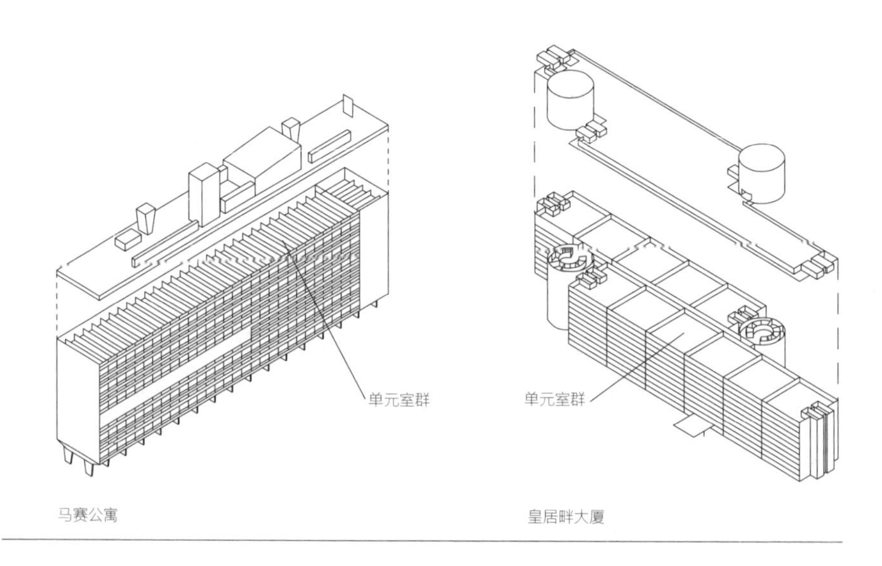

中间层的广室购物中心、屋顶的大空间体育室，建筑的大部分是居住单元形成的单元室群。“皇居畔大厦”的单元室群形成两个长体量错位邻接的构成。这个案例的单元室重复形成整体的构成，沿用了传统的办公空间模式。

单元室群+非单元室群形成的类型（图3-2）大多是用于酒店旅馆、大学・学校、医院等用途的建筑。在“不知火医院‘海之栋’”中，非单元室群的工作室、大厅、食堂和单元室群的病房层叠形成构成。各种形状的小空间配列形成非完形的整体外观。

单元室群+广室形成的类型（图3-3）的使用功能大多是研究所、学校、酒店旅馆、商业综合设施，用途多种多样。“萨克尔生物研究所”的单元室群层重复组成小体量的研究楼，和广室层重复形成的大体量邻接，共同形成研究空间的构成。这种构成，兼顾了使用上独立性和共享性的要求。

单元室群+大空间形成的类型（图3-4）的使用功能大多是大学・学校、酒店

图 3-2 单元室群 + 非单元室群形成的类型

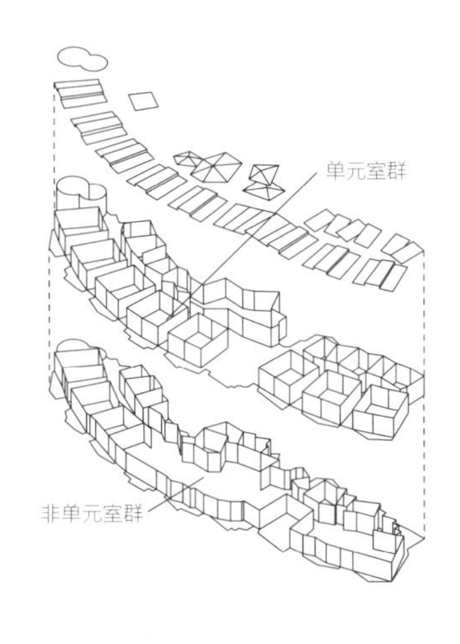

不知火医院“海之栋”

图 3-3 单元室群 + 广室形成的类型

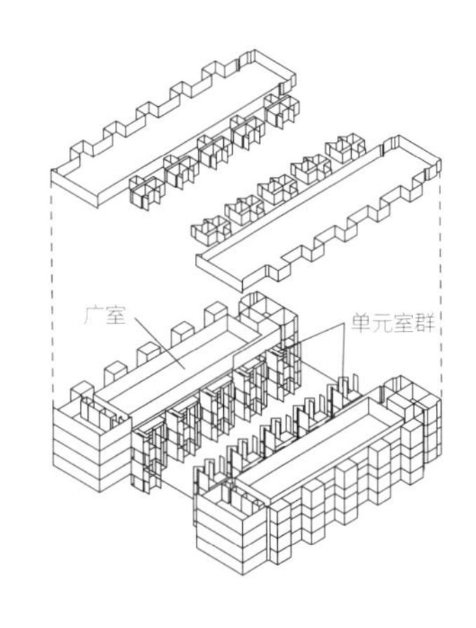

萨克尔生物研究所

图 3-4　单元室群 + 大空间形成的类型

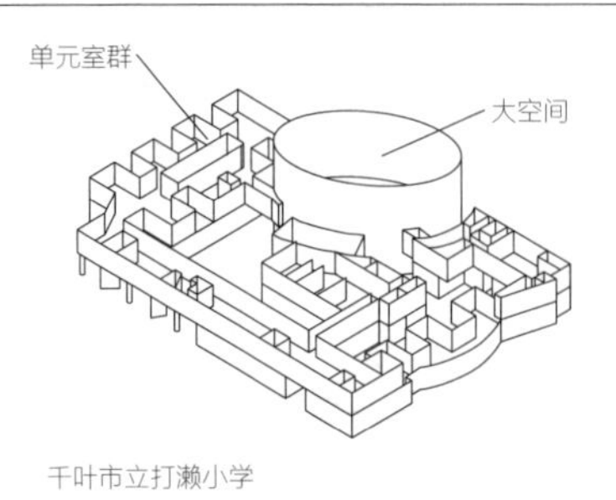

图 3-5　非单元室群形成的类型

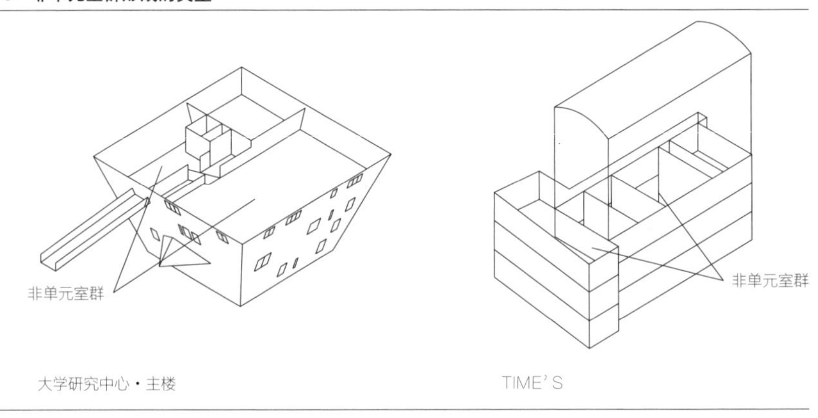

旅馆、办公楼・厅舍。在“千叶市立打濑小学”中，由教室单元室群形成的扁平体量和插入的大空间体育馆形成学校的构成。该构成通过去除多处的单元室群，形成连接周边场地的小型内院和通道。

3-1-3　非单元室群类的建筑

在非单元室群类的建筑中（图3-5），因为范围限定在只有非单元室群形成的整体构成类型，所以多适合作为美术馆・博物馆、办公楼・厅舍以及商业设施。该构成方法的特点是多样的内部空间分割能够适应不同的使用方式。

在**非单元室群**的类型中，作为内部空间的室，在不同的层高错层并互相连接。“大学研究中心·主楼”的倒锥形独立体量的内部包含了大厅、办公室、客房、食堂等功能。“TIME’S”的非单元室群包含了两个邻接的大小不同的商铺体量。在较小规模的建筑中，室的大小和配列的差异能够形成整栋建筑复杂的空间性。

3-1-4　广室类的建筑

广室类的建筑（图3-6、图3-7）有以下几种：几乎只有广室的类型，广室和非单元室群组合形成的类型，广室和大空间组合形成的类型，以及广室·非单元室群·大空间组合形成的类型。由阅览室和开架书库组合而成的图书馆，

图 3-6　广室 + 非单元室群形成的类型

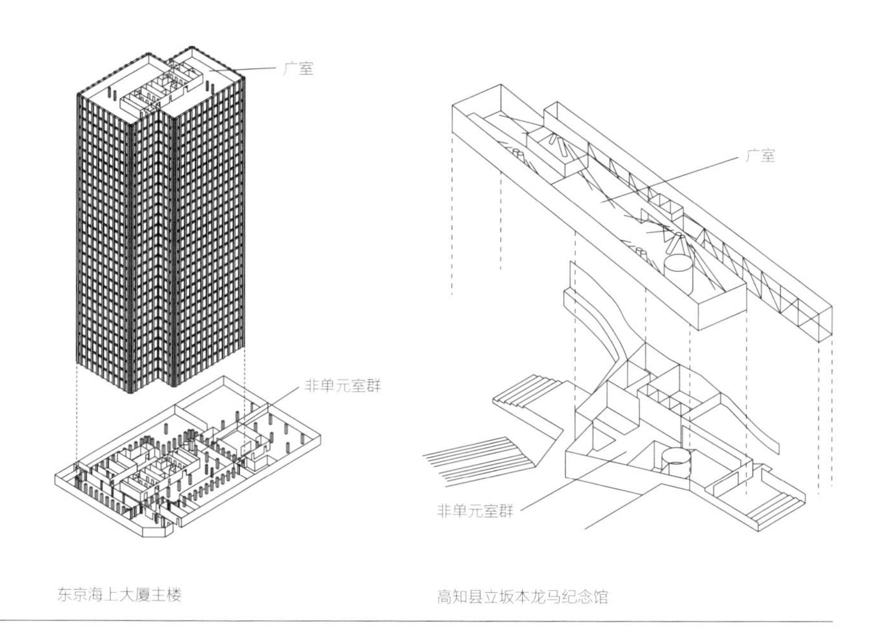

图 3-7　广室形成的类型

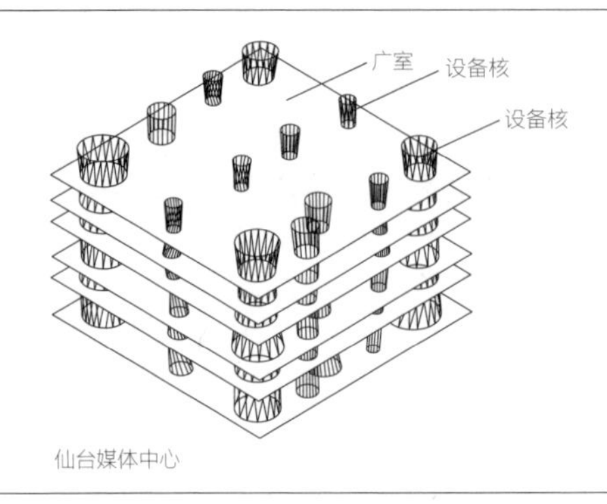

被家具和简易隔墙分隔的办公楼或百货大楼，以及可以根据展览内容改变室内分割的美术馆·博物馆等用途的建筑大多是广室类的建筑。

在**广室+非单元室群**形成的类型中（图3-6），“东京海上大厦主楼”由办公空间的广室形成的纵长体量和非单元室群的入口大厅形成的扁平体量层叠而成，是现代办公楼的典型构成。“高知县立坂本龙马纪念馆”的细长形广室和非单元室群的不规则体量层叠，内部室群的差别展现在外形构成上。

另外，“仙台媒体中心”作为**广室**形成的类型案例（图3-7），初看是和常见的办公楼相同的构成，但是其自由布置的动线核和设备核形成变化的空间，分布在各层的入口大厅、画廊、图书馆等功能区对应着复杂的计划条件。

3-1-5　大空间类的建筑

大空间类的建筑（图3-8—图3-10）有以下几种类型：几乎只有大空间的类型、大空间和广室组合形成的类型、大空间和非单元室群组合形成的类型。

大空间形成的类型（图3-8）和**大空间+广室**形成的类型（图3-9）适用于有生产线的工厂、收集和储存货物的仓库、举行礼拜仪式的宗教建筑等不需要严格的分节空间的建筑，此外，较小规模的画廊也多是这种构成。在“尼克拉仓

图 3-8 大空间形成的类型

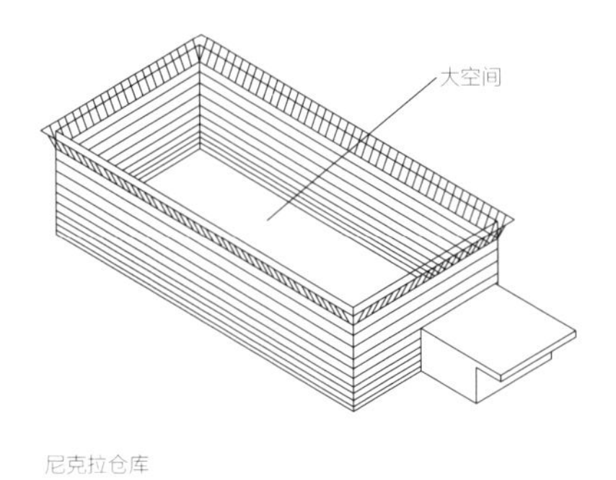

尼克拉仓库

图 3-9 大空间 + 广室形成的类型

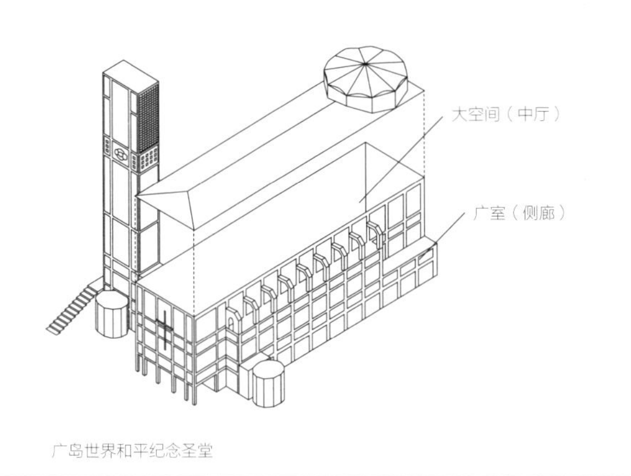

广岛世界和平纪念圣堂

库”（图3-8）的单一大空间体量构成中，外形尺寸是由内部的铁皮集装箱的大小决定的。在由大空间和广室组合而成的“广岛世界和平纪念圣堂”（图3-9）中，作为大空间的中厅和作为广室的侧廊邻接，形成类似罗马建筑中的巴西利卡形式的构成。

大空间+非单元室群形成的类型（图3-10）适用于会馆・剧场、体育馆、美术馆、博物馆等用途的建筑。在“都城市民会馆”中，由包括大厅和各种办公

图 3-10　大空间 + 非单元室群形成的类型

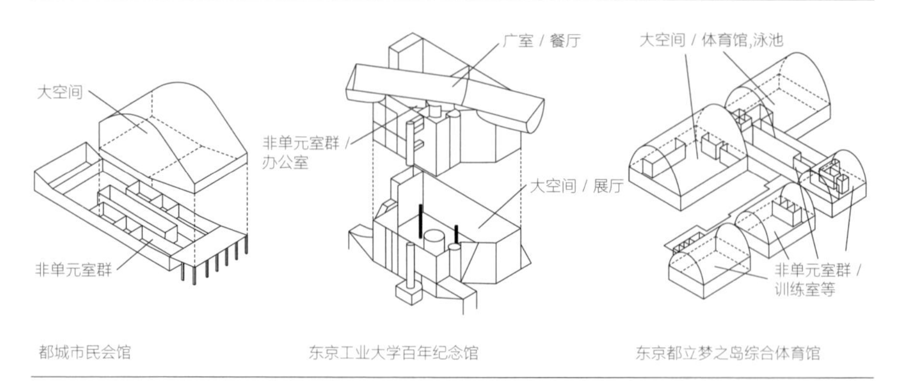

室的非单元室群与剧场大空间层叠，这种构成使得观众席位于非单元室群的上部。在“东京工业大学百年纪念馆”的构成中，餐厅广室贯穿展厅大空间和办公室等功能的非单元室群体量。“东京都立梦之岛综合体育馆”的整体构成由作为体育馆的大空间与包含泳池的训练室的非单元室群组成。相同的配列方法可以应对包含大空间的建筑的综合化和大规模化的问题。

如上所述，一定规模的建筑能够对应某种特定的用途，但同时也存在多样的使用可能性。近些年来，除了新建的建筑外，旧建筑的改造不断增多，需要我们不断思考和更新构成和用途的关系，这是寻找全新建筑的重要方式。

3-2　由动线形成的室的连接

3-2-1　动线构成的作用

建筑的“动线”是从概念上设想在建筑的室中人和物如何运动的轨迹连接线。在现实中，建筑是几个室的集合构成，并由动线整合联系成有机的组织。总之，动线形成整个建筑的秩序，控制局部和整体的关系。动线在建筑学上有重要的作用；但是以前，动线只在建筑策划中具有联系功能的作用，很少会有从建筑构成的设计视角审视动线。

该节分析在建筑动线空间中局部和整体之间的构成秩序，以及室的组合和“连接”等内容。

3-2-2　室的连接

从动线角度去思考建筑构成，首先需要将由地面、墙面、楼面等围合成的“室”作为构成的单元。“室”的分析除了动线的连续和停止外，还有“有多个出入口的通过性的室”，即第2章中讨论的“间室”。

室具有各种意匠的特征，比如有不同的形状、材料、开口和墙面比例。从室和人的尺度关系、内部/外部关系的角度看，区分顶面高度为一层还是二层以上的吹拔空间的不同竖向尺度，以及区分全部是内部空间的室还是没有屋顶和墙壁的外部空间是非常重要的（表3-3）。比如在“长野县信浓美术馆 东山魁夷馆”（图3-11）中，参观展品是动线的主要内容。除了藏品库、办公室等服务空间，在入口室（室1）、走廊（2）、休息厅（3）、展厅（4）、前室（5）、展厅（6）和走廊（7）七个间室中，一层高的2、3、5、7室和二层高的1、4、6室组合成间室的集合，形成整体的构成。

间室的排列方式形成整个建筑的动线空间。单一动线的排列、分叉出多条支线的排列、一气呵成的环状排列，以及由楼梯和电梯连接的上下排列，室的

表 3-3　间室的特征

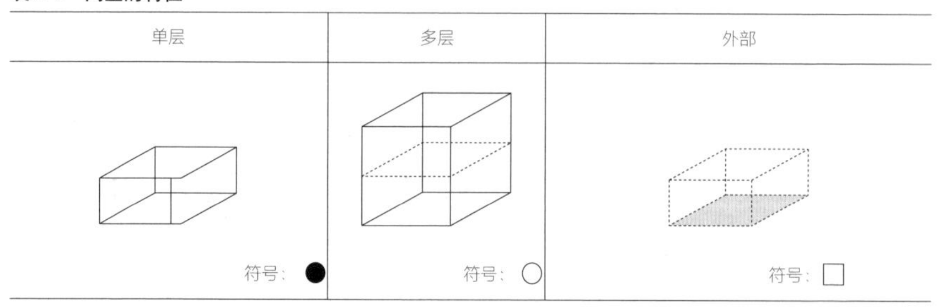

图 3-11　间室的连接形成的动线空间

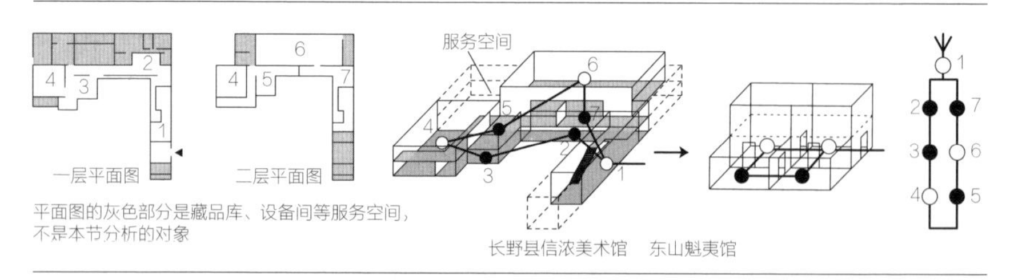

不同“连接”状态会形成不同的动线空间特征（表3-4，表3-5）。以入口为起点，建筑的间室依次连接，在此可以把各个间室符号化，表示为点，并连接标记为线（图3-11）。比如“长野县信浓美术馆 东山魁夷馆”的构成是动线连接起始的间室，入口室把两条分叉线闭合成圆环。间室的连接形成的不同构成有“一室”“线”“分叉”“圆环”“通过”，以及这几种构成的“复合”构成（表3-5）。总之，何种间室以及它们如何连接是把握动线空间的整体构成的关键。

3-2-3　动线空间的类型

间室的连接形成整个建筑的各种动线空间构成。间室的排列方式赋予各个间室以特征。表3-5 [ ] 内，比较不同建筑的动线空间，可以整理出图中的构成

表 3-4 间室的连接

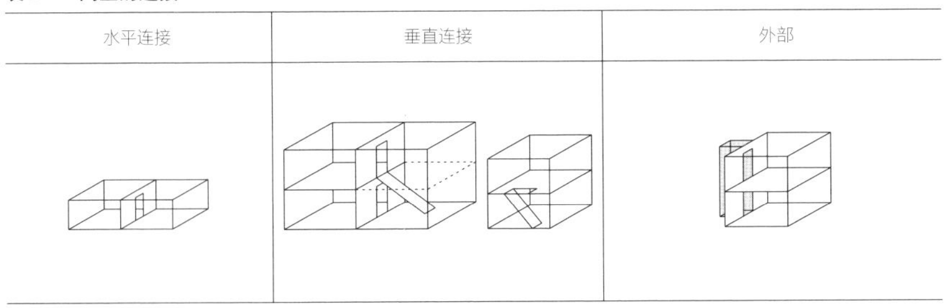

表 3-5 连接的种类和间室的相对特征

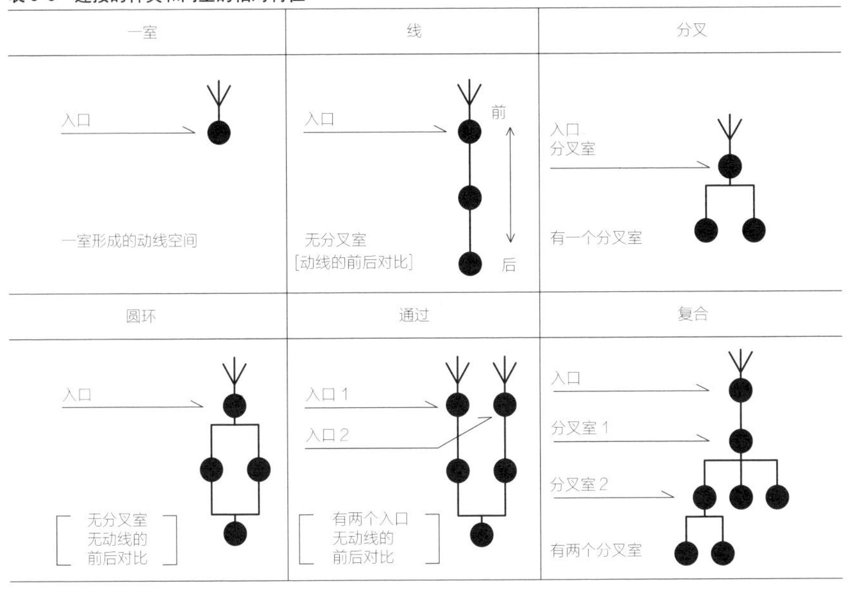

类型（图3-12—图3-18）。各个建筑中的动线空间构成被图示化。图3-19则表示类型之间的关系。

当间室的连接是“线”的类型时，不同的水平/垂直连接形成数种类型（图3-12，图3-13）。这些由“线”的连接形成的类型基本上由一个动线连接前/后

图 3-12　内部强调型

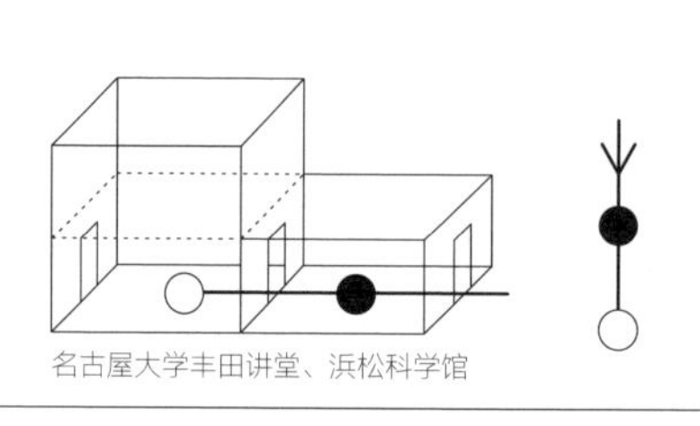

名古屋大学丰田讲堂、浜松科学馆

图 3-13　内 / 外切换型

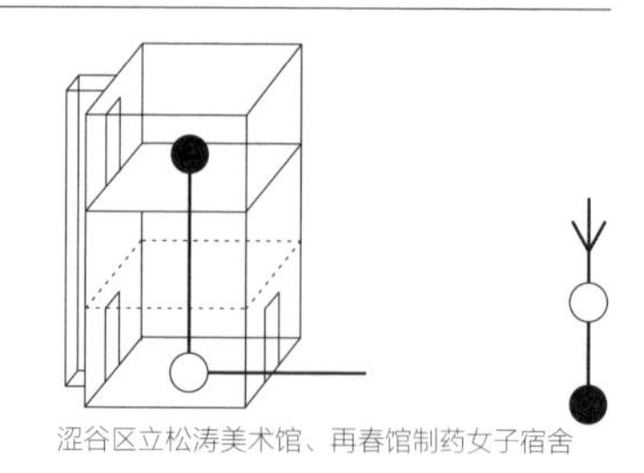

涩谷区立松涛美术馆、再春馆制药女子宿舍

图 3-14　中心强调型

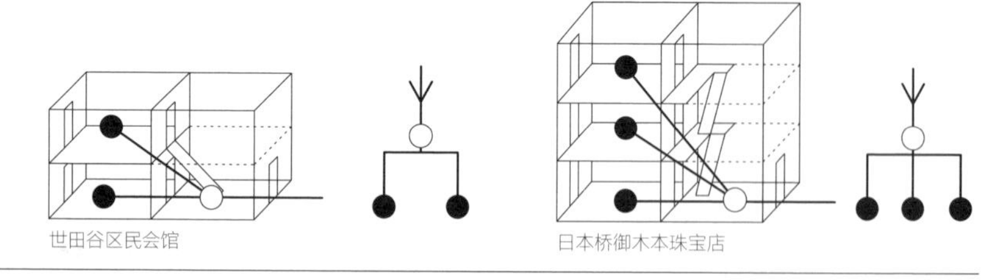

世田谷区民会馆　　日本桥御木本珠宝店

图 3-15　回游型

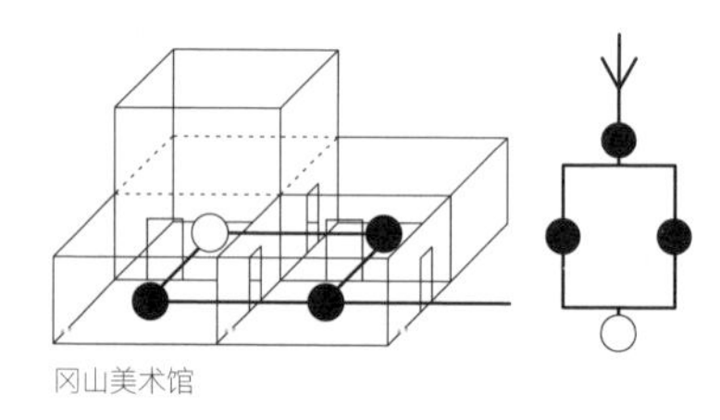

冈山美术馆

图 3-16　穿越型

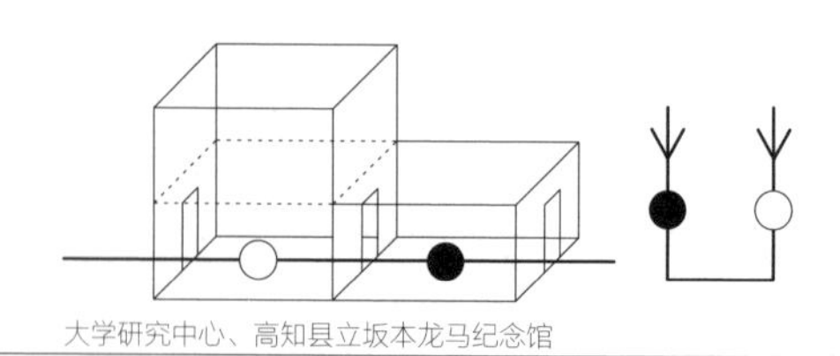

大学研究中心、高知县立坂本龙马纪念馆

图 3-17 内部强调＋中心强调型

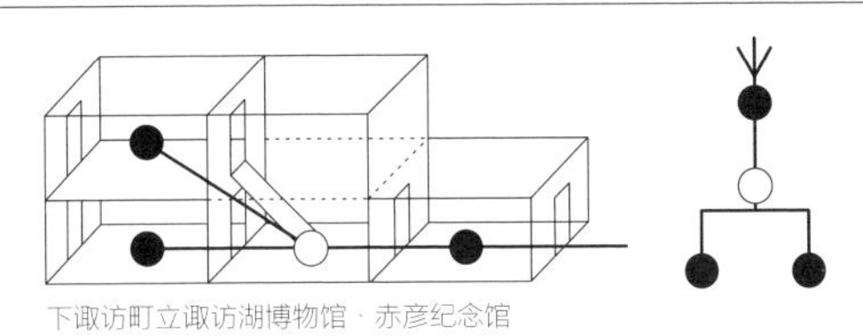

图 3-18 动线片段化型

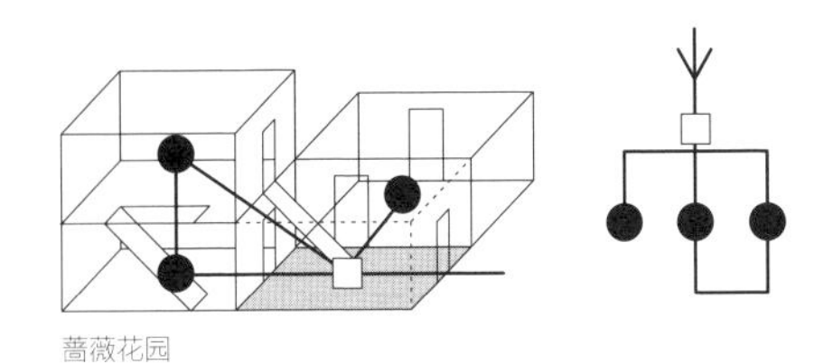

空间，间室的连接的对比形成构成。和单层间室的连接构成进行比较，很容易理解这些间室的不同特征。图3-12是**内部强调型**，单层入口室和多层间室水平连接，与外部形成距离，强调内部的独立性。图3-13是**内/外切换型**，多层入口室和单层间室在垂直方向连接，该构成的重点是强调作为动线起点的入口。

当间室的连接是“分叉”的类型时，由多层入口室分叉和多个楼层连接（图3-14）。入口室被强调为动线分叉点的间室，连接不同层动线的空间被视觉化。入口室作为分叉室的类型是**中心强调型**，内侧间室的前/后对比不明确，以分叉室节点为动线中心的统合性格则被强化。

当间室的连接是“圆环”的类型时，入口室、单层和多层间室围合成圆环状的动线（图3-15）。在没有终点的“圆环”连接类型中，多个相似的间室连接成回游性的动线空间，其中没有前后的对比和具有整合作用的分叉室。图3-15的**回游型**是多层间室只出现在入口室以外时的“圆环”类型。

不同于上述类型，当间室的连接是“通过”时，建筑具有多个入口室。该类

图 3-19　动线空间的类型关系

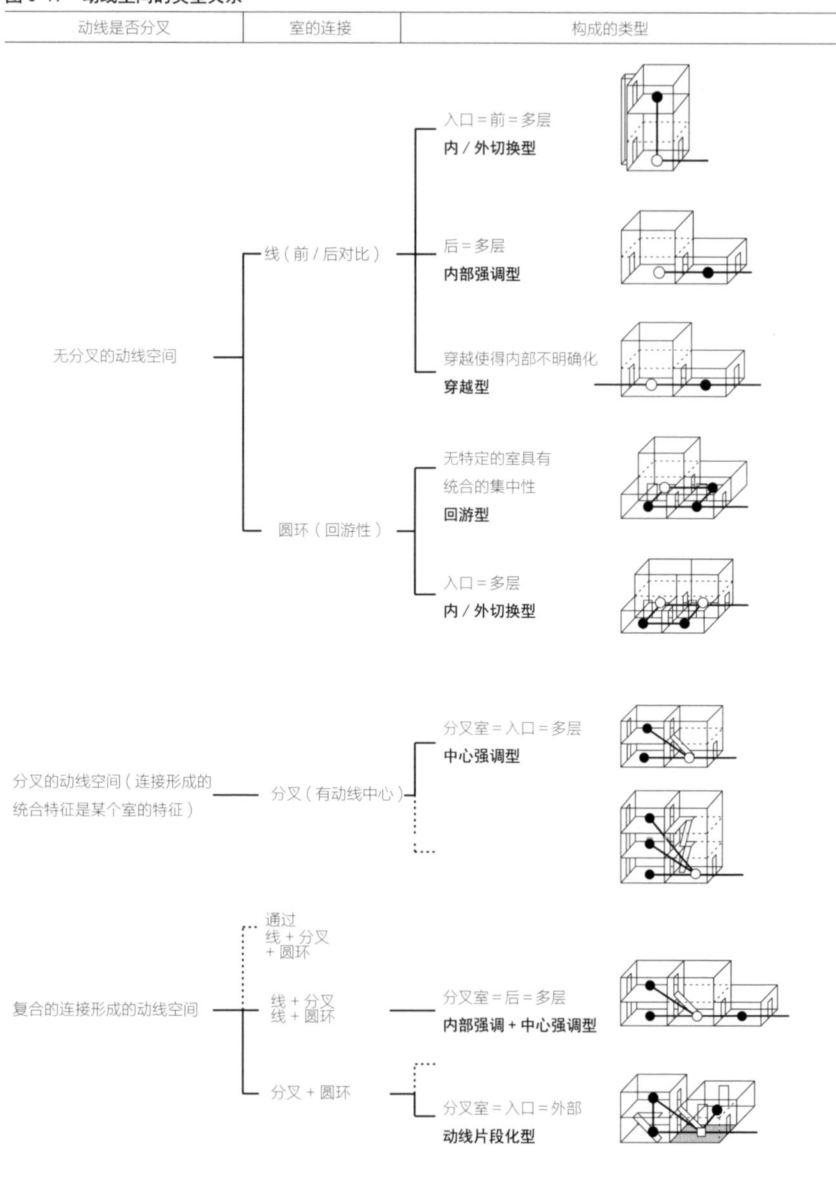

型的线性连接的两端是入口室，动线通过建筑的内部空间连接外部（图3-16）。这种**穿越型**的每个室都和外部连接，动线上没有明确的前后对比关系。

当这些间室的连接类型单独存在时，类型是比较单纯的，但是当各种构成互相组合时，类型就会变得复杂。比如图3-17的类型是图3-12的“线”连接构成和图3-14的“分叉”连接构成组合而成。当间室的连接复合成类型时，间室的不同特征就重叠在一起。线和分叉的连接构成复合成为图3-17的**内部强调+中心强调型**。

同理，图3-18是图3-14的“分叉”连接构成和图3-15的“圆环”连接构成复合而成的类型——**动线片段化型**。这种类型重叠了“分叉”和“圆环”两种构成的特征。作为动线中心的分叉室本身是外部空间，它和每个间室的连接呈现出暧昧的特征。

从较为单纯的连接到组合而成的大规模复杂连接，动线空间的构成具有多样的可能性。以连接形成的室的特征为前提，各种构成类型才得以成立（图3-19）。一般情况下是从功能性和合理性的角度分析的“动线”，在此表现出了空间变化和序列（场景的连续性）的多样性，以空间体验为基础的意匠表现得以成立。

3-3　用途的复合与体量/厅舍建筑

3-3-1　用途与室群的复合

复合各种用途供大量人群使用的、具有开放性的建筑包含各种室群，并且有各种分节和统合形成的体量构成。3-1节从室群种类的角度分析了和用途相关的不同构成类型，而本节关注在各种用途和室群组成的建筑中由体量形成的构成。为了便于比较各种构成，该节分析的对象首先是现代日本的厅舍[1]建筑。因为无论哪个厅舍，都会复合行政办公、议会、对外开放的领域等用途，从包含这些的非单元室群、广室、大空间等室群的组合中，可以探讨室群组合的局部和整体之间的构成问题。在这些厅舍建筑的构成类型中，可以分析用途和室群的复合以及体量形成的构成的差异。

第二次世界大战后，在地方自治行政制度的建立、自治体的再形成、规模扩大等背景下，日本战后建成的厅舍建筑成为地域的核心公共建筑。为了体现地域的象征性和公共性，出现了各种各样的构成试验。比如图3-20中的“清水市厅舍”，大致可以分为五个体量。几乎是正方形的、包含了内院二层高大空间的下层体量作为服务市民的办公窗口。上部的立方体体量是普通层高的单元室群、非单元室群和广室组成的简单层叠楼面，供一般办公和议会部门使用。顶部附加的拱形的大空间体量可供举行市议会。底部同时并列了消防局等小体量。厅舍建筑的体量中包含了各种特征的用途和室群形成的内部空间，并组合形成构成。下文分析的是以用途和内部空间为中心的主体，以及次一级的统合外形的体量构成。

如图3-21所示，一般的厅舍建筑主要以“行政部门”和“议会部门”作为

1　厅舍：日本的政府行政建筑。日本的地方行政区划分为都、道、府、县与市、町、村两重层级，而厅舍一般指市以上的地区行政建筑。——译者注

图 3-20　由体量形成的构成的案例

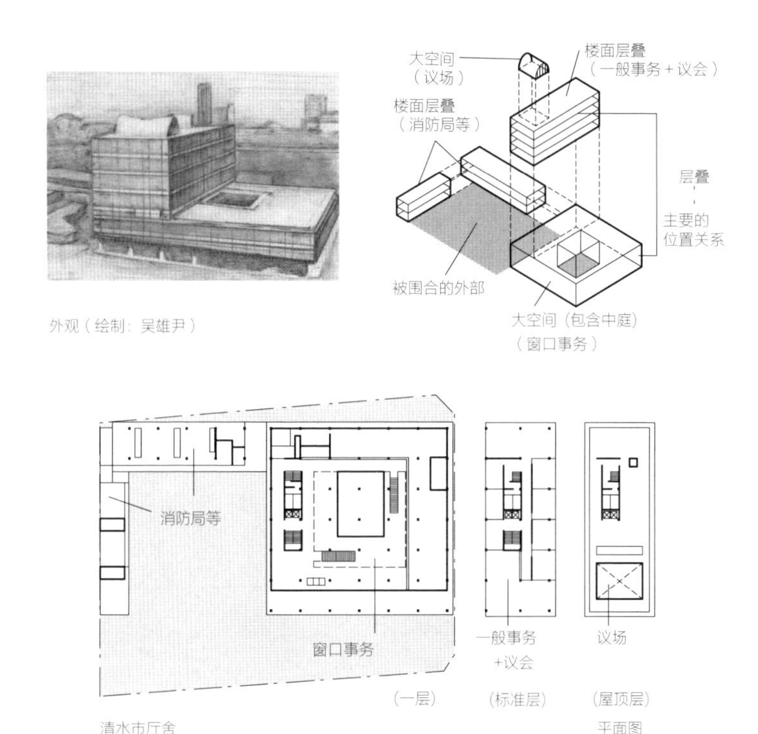

相对独立的主要职能部门。行政部门有提供居民服务的“服务窗口”包括开放的休息室和大厅等空间的“公开领域”，主要用途是以市民活动为主的。议会部门包含议会和委员会室。除此之外，楼梯、电梯、走廊等“动线通道”都是厅舍本身包含的用途。厅舍除了包含以上各种自身的用途，还附加有公会堂、市民会馆、图书馆等“公共设施”和消防局、供水局等“市政服务设施”，这些附加用途常常和厅舍一体化设计。

丰富多样的内部空间构成对应厅舍建筑的多样用途。比如以“公开领域”为中心的大面积吹拔大空间、大屋顶下的半外部大空间。除了大空间，还有单

图 3-21　厅舍的用途和种类

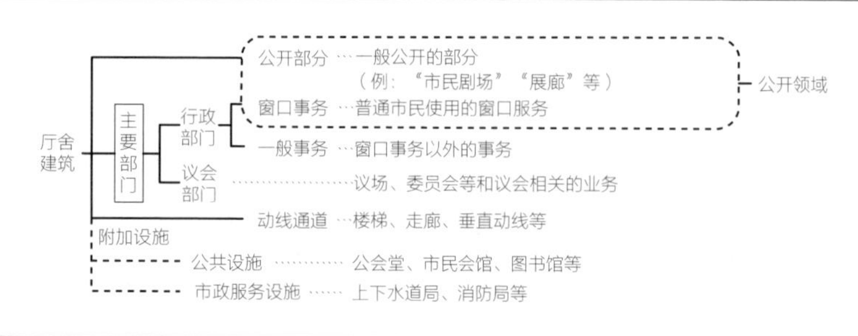

表 3-6　体量的种类

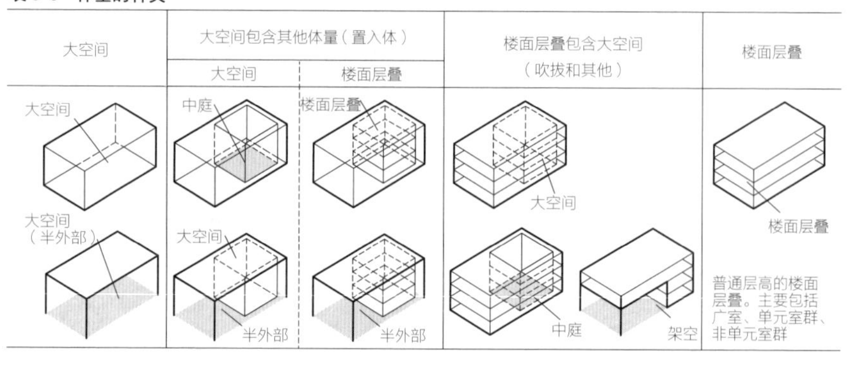

元室群、非单元室群和广室等普通层高的局部，它们共同组成了厅舍建筑的内部空间。从体量的角度分析内部空间的构成，厅舍建筑可分为表3-6的种类：由通层高的楼面层叠而成的体量，内部或者半外部包含大空间的体量，以及通过包含关系形成的数种体量的组合。另外，在图3-20的“清水市厅舍”中可看到，建筑的体量可围合形成广场。

3-3-2　体量的位置关系与形状

厅舍建筑的整体构成，有单一体量的情况，也有很多情况是数个体量的组合。与3-1节分析的体量数量和大小关系类似，厅舍建筑的体量可分为单一体量

表 3-7 体量的大小和位置关系

单体		多个体量	
		附加	并列
	层叠		
	邻接		
	分离		

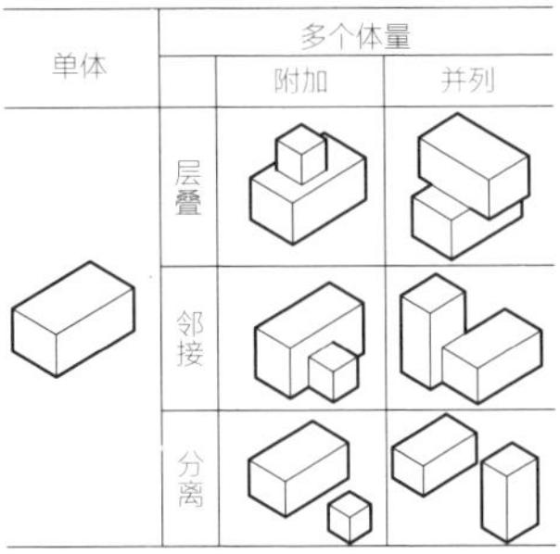

表 3-8 体量的形状等特征

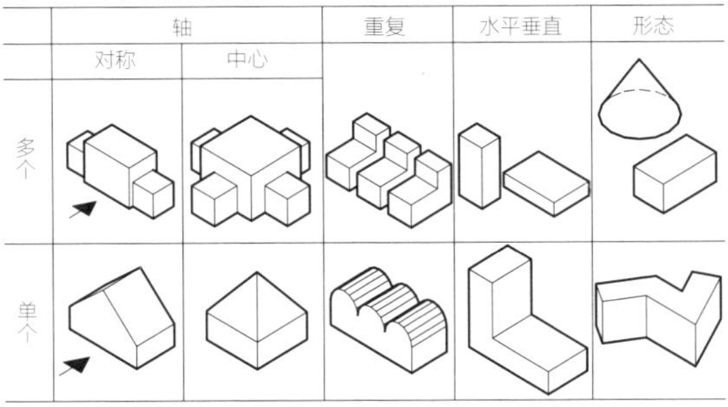

	轴		重复	水平垂直	形态
	对称	中心			
多个					
单个					

的“单体”、大体量和其他小体量组合的“附加”，以及由几乎同样大小的多个体量并置的“并列”（表3-7）。在体量的组合中，不同的位置关系也会形成整体构成的不同特征。这些位置关系有3-1节分析过的“邻接”“层叠”和体量的“分离”。当建筑由三个以上体量组成时，可以用相同的方法分析形成主要部分的大体量。厅舍建筑的特征可以从体量的形状等角度来分析（表3-8），位置关系可分为以体量为对称或作为中心的“轴”、相同形状的“反复”、比例对比形成的“水平垂直”，以及几何学的“形态”。

3-3-3 由体量形成的构成类型

构成厅舍建筑的各个体量含有不同的用途和内部空间。以不同特征的体量为基础，能够形成无数的可能性。用途、内部空间、体量的大小和位置关系等关系具有某种倾向性的特征，共同组成不同的构成类型。这些类型主要有两大特征：强调厅舍建筑整体性的体量，或者多个体量并列强调局部的属性差异。

在厅舍以主体量代表整体的构成中，最单纯的是以普通层高的楼面层叠成主体量的建筑构成，以及图3-22所示的**吹拔主体量型**，楼面层叠形成体量并且包含吹拔大空间。比如在“上越市厅舍”（图3-22）中央的吹拔大空间里，有服务窗口和市民剧场的公开空间，它是象征整个厅舍的空间。“高石市厅舍”

图 3-22　吹拔主体量型

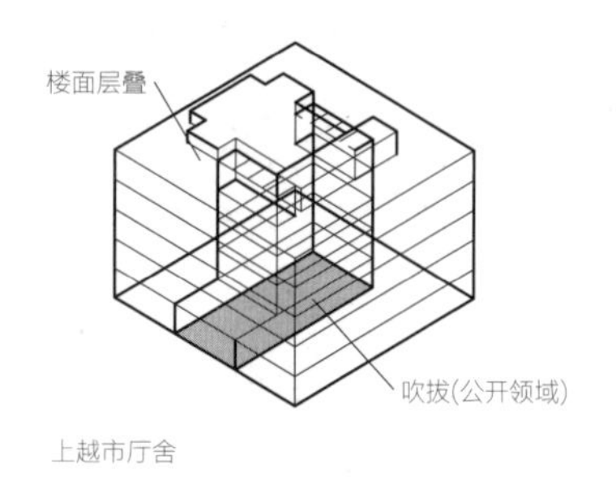

图 3-23　对称形主体量型

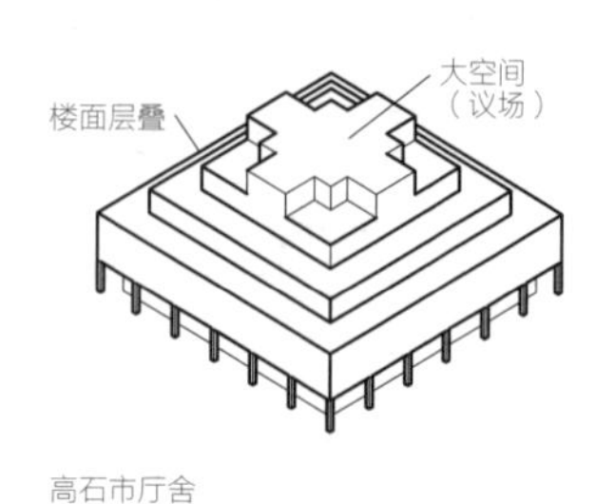

图 3-24　用途分节型

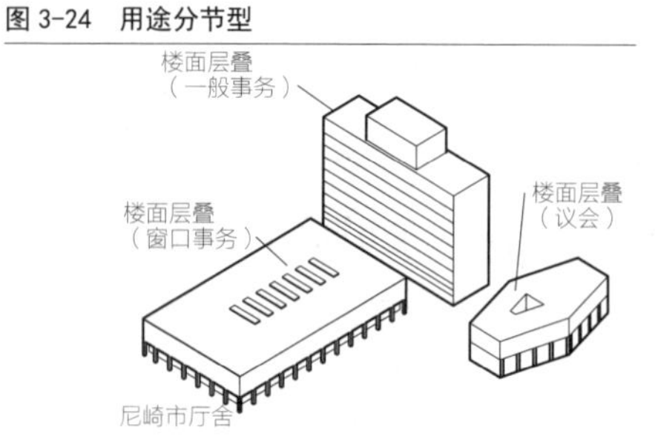

图 3-25　空间分节型

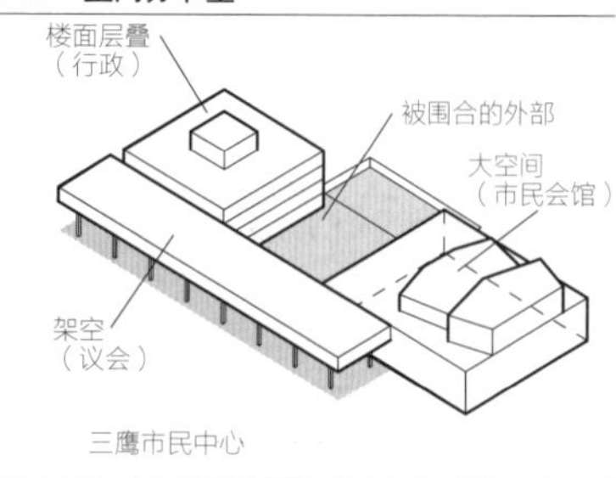

（图3-23）的构成类型是**对称形主体量型**，其议会的大空间体量置于建筑中央的顶部，用以强调整个建筑的中心对称特征。

用途分节型则与之相反。建筑根据用途分节为“行政”“议会”，或者是更加细分的“公开领域”“一般事务”“议会”等用途，多个楼面层叠的体量分离配置形成类型。其中“尼崎市厅舍”（图3-24）的“窗口事务”“一般事务”“议会”对应各个不同形态的体量并分散配置，强调外观上各种用途间的差异。

空间分节型不仅以体量的分节对应不同的用途，还对应不同的内部空间。楼面层叠的体量包含主要的事务部门，大空间体量包含窗口服务等公开领域和公共设施，这些体量互相分离。比如“三鹰市民中心”（图3-25）有包含事务

图 3-26 大空间置入体型

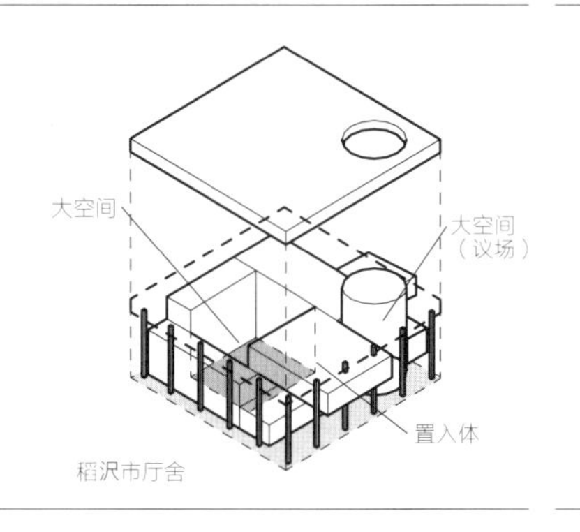

图 3-27 特定用途连接型

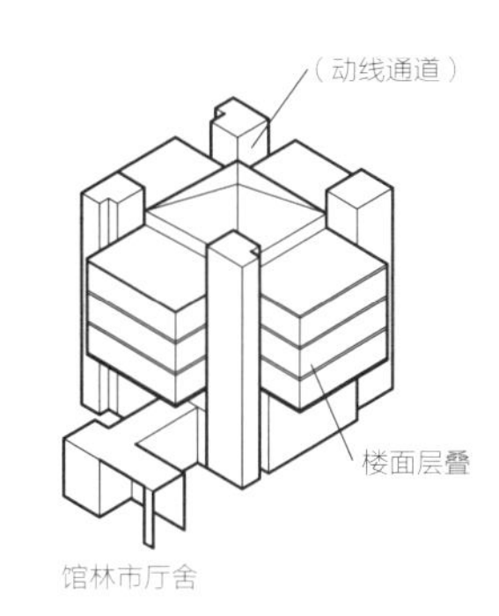

部门的楼面层叠体量、包含议会的架空半外部空间的体量、包含市民会馆的大空间体量。具有不同用途和内部空间的各个体量在外观上没有明确的分节，并且由一个广场统合构成。广场保证了建筑的整体性，同时也强调了分离体量局部的个体差别。当该类型的整体规模变大时，大多是复合用途的大型厅舍和市民会馆。

另外，在单个体量形成的小规模厅舍中，会有同时强调厅舍局部差异和整体性的**大空间置入体型**——建筑的多个小体量插入大空间和半外部的体量中。比如“稻沢市厅舍”（图3-26）的大屋顶下面是半外部广场和大空间的公开领域，还包含有多个作为一般事务、议会和议场的小体量。该构成由大空间统合被分节的各个小体量。

由不体现用途和内部空间类型差异的多个体量形成的构成类型是**特定用途连接型**。在该类型中，楼梯间和电梯等“动线空间”作为特定用途的体量，和其他体量以邻接、层叠的方式互相连接。比如“馆林市厅舍”（图3-27）的四个相同形状的体量包含楼梯、电梯等设备空间，整合联系其他的体量。该类型的特征是：外观上的相同形状的体量重复出现。

近年来，许多厅舍建筑的类型是**楼面层叠塔楼型**。在“河内长野市厅舍”

图 3-28　楼面层叠塔楼型

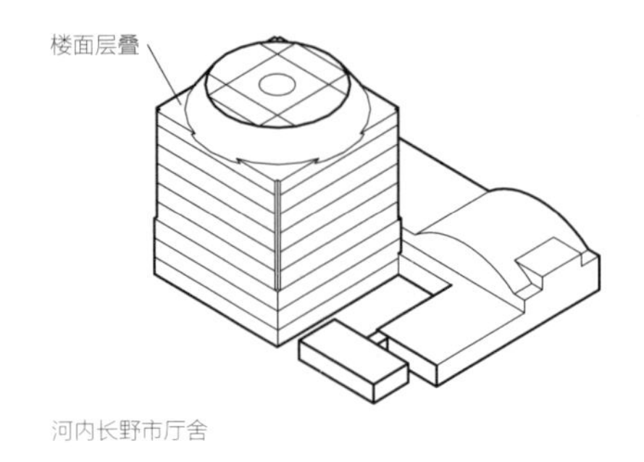

河内长野市厅舍

（图3-28）中，楼面层叠体量的塔楼和包含多样内部空间的低层部分形成水平与垂直的对比。高层部分主要有一般事务部门，以楼面层叠形成单纯的构成，其他功能则位于低层部分，两者被明确区分。该类型的各个体量互相层叠或者邻接，大多有较大规模的事务空间，呈现出办公楼化的特征。

综上所述，在以体量形成的厅舍建筑构成中，分节多样的用途和内部空间的体量作为单元统合为构成类型，强调厅舍的整体性或是局部的特殊性（图3-29）。厅舍的两种特征，可以对应用途和内部空间的体量群围绕广场等中心形成一种构成，创造出多样的公开领域构成，也可以和其他公共设施复合。用大空间包含体量群以及体量对应特定用途统合而成的构成，是同时兼具独特性和整体性的类型。还有一种构成是高层化的楼面层叠体量和多样空间化的低层部分互相对比，这是近些年大规模化的厅舍建筑的特征，缺乏前述几种类型中厅舍用途和内部空间的紧密关系。

本节的分析不限于厅舍建筑，也适用于一般性的复合用途并有多样内部空间的建筑。本节具体分析了体量如何分节用途和内部空间，如何对应某种形状的单元，以及整体的构成具有哪种主要特征。在建筑设计中，需要借此思考如何定义构成单元和由此产生的构成的可能性。

图 3-29 厅舍建筑的体量形成的类型

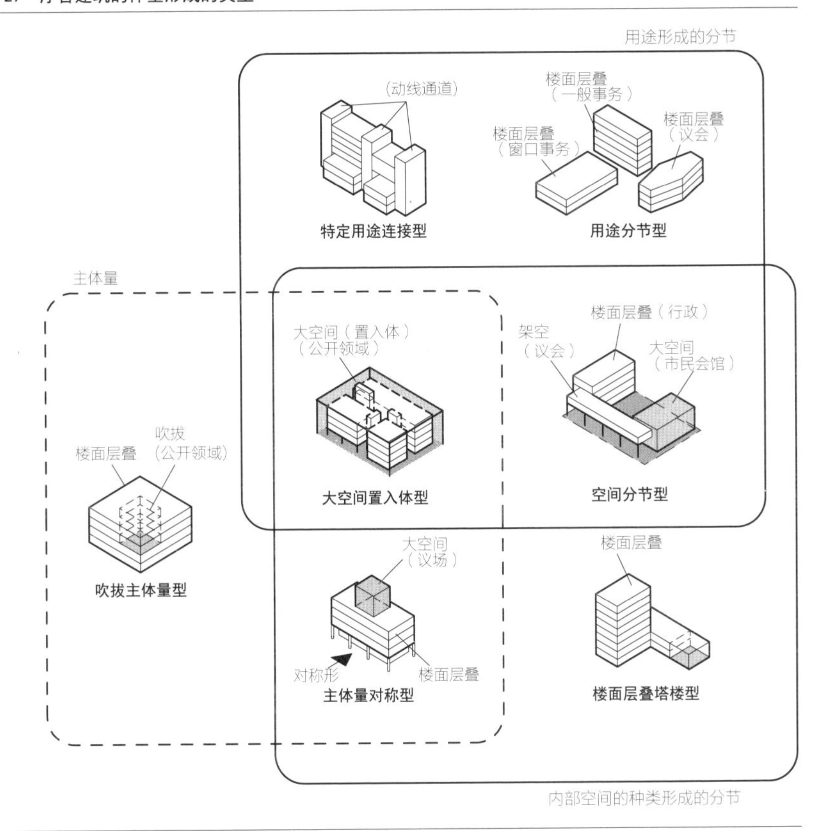

吹拔空间的作用

在大量的现代建筑中，经常会出现多层的贯通、中庭、挑空等吹拔空间。三维的大吹拔空间和建筑内的其他空间形成鲜明的对比。比如在“3-2 由动线形成的室的连续”中，高空间和低空间由动线连接，建筑的空间性特征叠加，强调空间的对比，由此产生出开放感、上升感、象征性等空间体验。总之，建筑构成并非简单机械地组合几个有特点的设计要素，而是在多个构成特征重叠时产生效果，并且强化或者弱化构成性格差异的空间操作。这种包含效果和操作更广义的形式概念在建筑构成中被称为“修辞”。

把建筑作为表现对象的建筑师会有意无意地使用带有修辞的构成。吹拔在建筑的意匠表现中具有重要作用。分析大量建筑师的设计，是为了了解修辞形成的多样可能性到底有多少。

由空间的大小关系形成的对比

建筑构成中的吹拔空间属性需要与相邻的小尺度空间对比才能成立。相互关系形成的吹拔空间构成有“楼面去除”和“置入体”两种（图1）。

“楼面去除”是把一部分层叠的楼面去除掉，犹如在几层楼面穿洞的构成。办公楼和度假酒店中的“大厅”和“中庭”等大空间就是楼面去除形成的吹拔空间。“置入体”则是大空间包含小空间，是具有box in box体量关系的构成。不论是去除部分楼面的吹拔空间（楼面去除），

图1　楼面去除和置入体

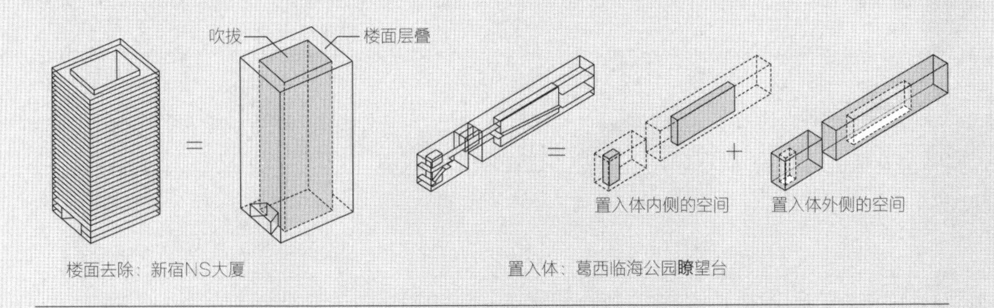

还是内部的小空间组合整体的大空间（置入体），都产生了两种不同性格的空间。这两种空间能够形成明亮空间和黑暗空间、强透明性空间和弱透明性空间的对比，赋予构成表现性的对比特征。

吹拔空间形成的修辞

在现实中，建筑的动线具有意匠作用，能够统合被分节的多个空间，形成人沿着空间运动的序列。图2的住宅中央有室外吹拔空间，是楼面去除形成的单纯构成。从动线上看，从玄关到卧室的动线顺序是楼面层叠区→吹拔空间→楼面层叠区。在该建筑中，沿着玄关→内院→卧室的顺序，楼面去除的构成形成两次对比关系。空间配列的动线以不介入楼面去除和置入体的内部，或只通过一次，或重复通过等不同的动线方式能够形成各种构成（图3）。

比如在“动线不介入的对比”（图3）中，主动线位于楼面层叠区和置入体外侧，这是只经过吹拔空间和置入体外侧的构成修辞。“抑扬对比”修辞的动线通过穿过楼

图2　二次对比关系的构成

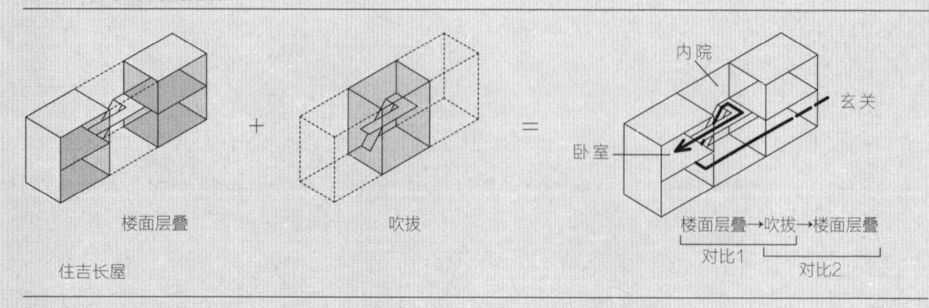

图3　吹拔空间形成的修辞

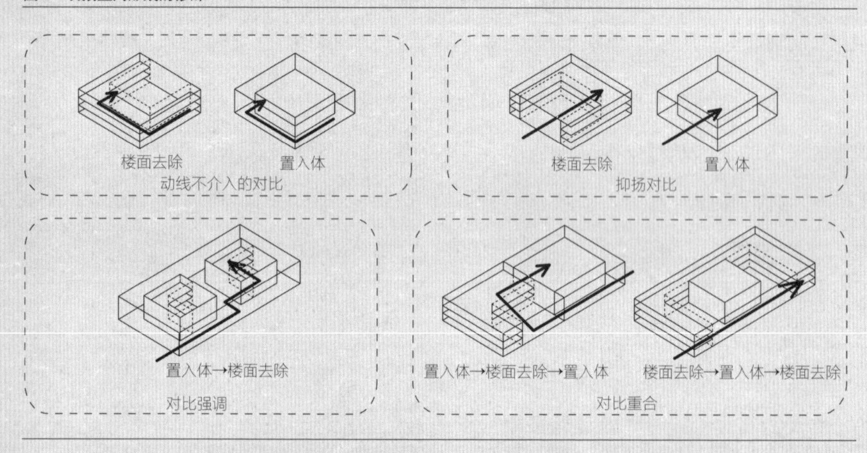

面层叠区，或置入体的内外侧，强调两种不同性格空间的对比关系。“对比重合”的修辞更为复杂，从置入体的外侧开始，经过吹拔空间和楼面层叠区进入置入体内侧，形成两次经过类似空间的对比体验。总之，在“对比重合”中可以重复体验初始通过的空间，对最后到达的空间有暗示作用，在构成上具有“伏笔”的意义。我们对于现实空间的三维视觉感知是由修辞形成的建筑空间结构构成的一部分。

3-4　由体量形成的外形构成/公共文化设施

3-4-1　公共文化设施外形中的构成

本章上述几节都是以“室群”的空间集合作为前提，从建筑内部的空间组织角度分析建筑的构成。相比这种内部空间的组织化，建筑外形展现出的构成较少受到功能的限制，在设计上有较大的自由度。通常在主入口方向的外形构成中，强烈的“正面性”（图3-30）会使建筑具有权威主义的特征，这种特征是建筑在社会中呈现出的状态，需要设计师处理和面对。

美术馆、体育馆、剧场・报告厅等是具有强烈公共性・开放性的建筑，在第二次世界大战后经济高速发展的建设需求中，它们作为主要城市设施被大量建设、普及。这些为了不同需求和活动而建造的设施通过体量形成的外形构成，成为表现阶层和制度的社会・文化价值载体。总之，公共文化设施是用途和意匠的交集——以功能用途为前提的社会空间，通过具体的建筑构成创造出意匠表现。该节以这种思考为基础，分析公共文化设施的外形构成。

图 3-30　具有强烈正面性的建筑

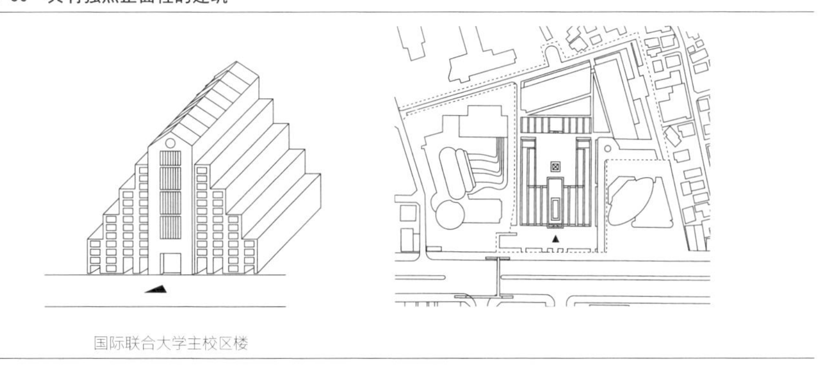

国际联合大学主校区楼

表 3-9 架构表现

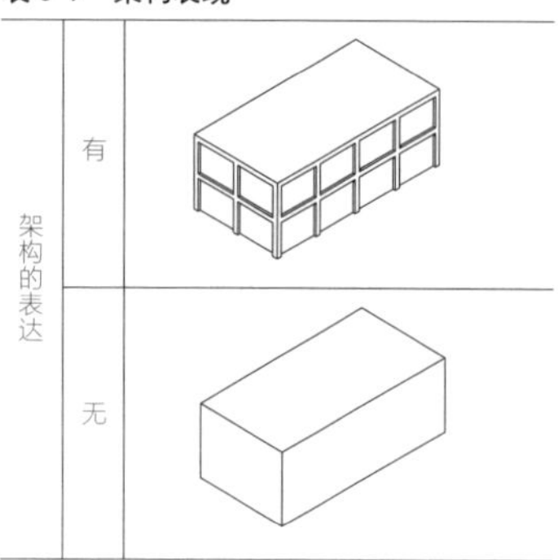

表 3-10 形态表现

立面 平面	矩形	非矩形
矩形		
非矩形		

3-4-2 体量与统辞的操作

建筑的外形构成包含了内部大小不同的室，是这些空间的集合（一般被称为“体量”）。这些体量的组合使得建筑外形具有某种组织秩序。该节不考虑各种体量内部空间的不同，而是关注外表面的梁柱等架构的表现，以及由此产生的形式，即外观的特征。建筑的整体是由具有各种不同外观特征的体量组合而成。

在体量表现中，必须要注意以下几点：由于使用功能的需求，很多公共文化设施有大空间，支撑这些大空间的梁柱等结构在外观上的表现是否是至关重要的——这是意匠的“架构表现”（表3-9）；圆锥、圆柱等特征的形状可作为外观的“形态表现”（表3-10）。总之，当较大的体量上出现架构表现和形态表现时，就会成为代表整体的主要外形表现物。因此，体量的大小关系也是需要密切关注的。体量自身的表现多种多样（图3-31）。

建筑整体是由体量组合而成的，其中体量的空间位置关系[1]有着重要的作用。比如，具有方向性的左右对称体量形成的外形构成带有权威性和象征性

1 在3-1节和3-3节中，体量群的位置关系被分为体量在水平方向上的“邻接”和上下重叠的“层叠”配列。以这种单纯的位置关系为前提，3-4节的分析内容是表达几何特征差异关系的“统辞操作”。

图 3-31 外形构成的体量种类

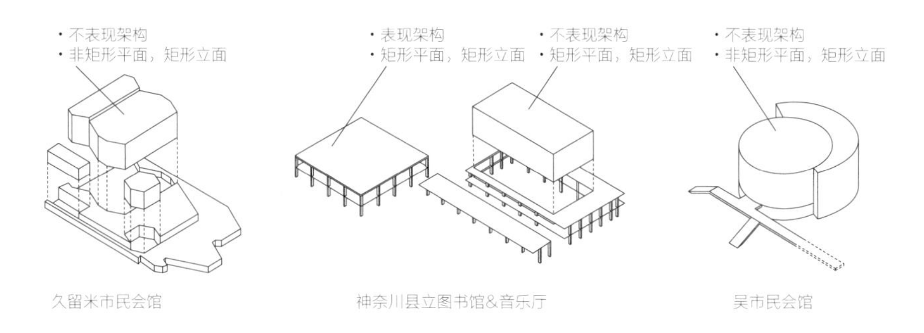

表 3-11 统辞操作

	对称性·轴线	高低	上下	前后	中心·周边	韵律	转动·错位
要素内							转动
要素间							错位

的社会特征。体量自身与体量之间的统合（尤其是几何关系）被称为“统辞关系”[1]（表3-11）。

比如在“筑波综合体育馆”中（图3-32），具有不同构成特点的各个体量以及体量间的关系形成整体的外形。

3-4-3 外形构成的类型

上述的架构、形态、统辞操作等外形构成特征都会局部体现在建筑上。一个建筑会同时重合几种特征。当某种构成在建筑上反复出现时，外形构成的类

1 在符号学中，统辞指被分节的单元如何被统合的方法。在3-4节中，统辞关系有根据几何特征分类的“对称性·轴线”和“中心·周边”等关系。在入口方向上，建筑外形构成的几何特征是很容易被辨别的，“统辞操作”由从入口方向分节把握的体量形态和配列组成。

图 3-32　由体量形成的外形构成整体形

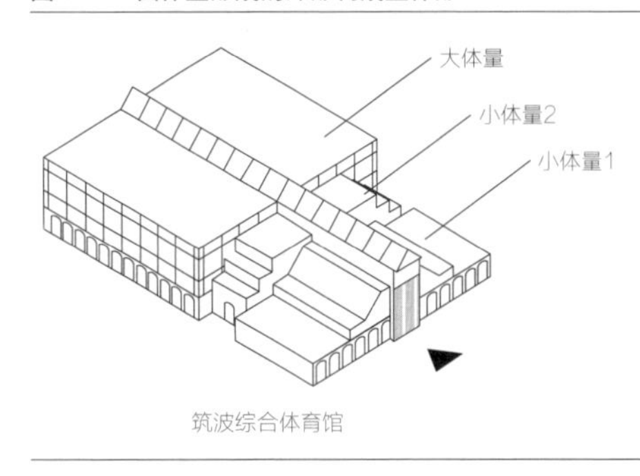

各体量的特征

小体量1	架构表现：	表现架构
	形态表现：	非矩形平面，非矩形立面
	统辞操作：	对称性 · 轴线，高低
小体量2	架构表现：	不表现架构
	形态表现：	非矩形平面，非矩形立面
	统辞操作：	对称性 · 轴线，高低
大体量	架构表现：	表现架构
	形态表现：	矩形平面，矩形立面
	统辞操作：	无

“体量之间的特征”统辞操作：对称性 · 轴线 · 前后

型便得以成立（图3-33）。

架构型的案例有“芦屋市民会馆”，大小组合的体量构成表现出梁柱架构。“日南市文化中心”的外形构成是不表现架构的**形态型**，几何体量相组合，强调出形态的中心。“石川县立美术馆”是**统辞型**的案例，它的构成特点是不表现架构，体量前后配置。以上类型是强调架构或形态或统辞操作的某一特征的外形构成。

另有外形构成的类型是在一个建筑上重合了上述几种类型的特点。“世田谷区民会馆”的大小体量表现了架构，前后的体量是由统辞操作结合而成，这种构成是**架构+统辞型**。“香川县立体育馆”的大小体量是几何形态，由“对称性 · 轴线”和“上下”的统辞操作相结合，这种构成是**形态+统辞型**。在“东京都立梦之岛综合体育馆”中，具有架构表现的半圆柱体量由“高低”和“前后”的统辞操作相结合，这种构成是**架构+形态+统辞型**。

公共文化设施的外形构成由架构、形态、统辞等特征关系组合而成，并形成各种构成的类型。当架构、形态、统辞的操作重叠增加时，外形构成会变得更为复杂。

图 3-33 外形构成的类型

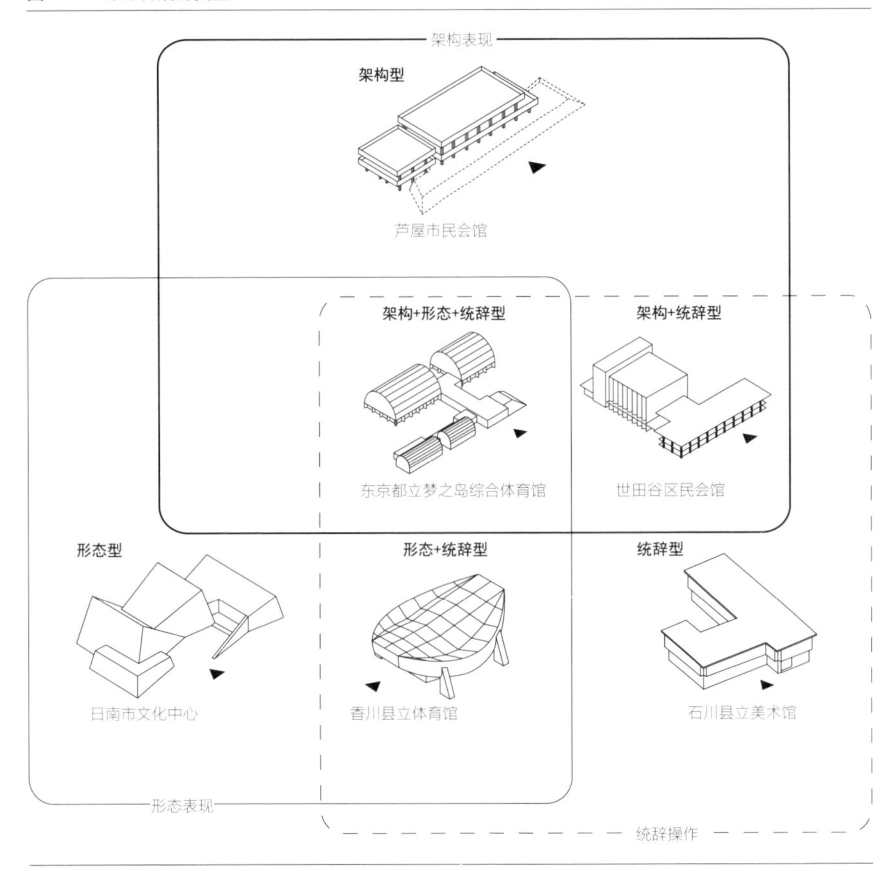

3-5　场地环境与体量/博物馆建筑

3-5-1　博物馆的场地环境

建筑被场地环境中的地形、周边建筑物、树林等要素包围；所以，在构思建筑的外形构成时，建筑和用地环境各种要素之间的构成关系是十分重要的问题。比如，当周边环境中几乎没有建筑时，具有醒目外部形态的建筑就是地标；当建筑和周围的环境连续时，前院等开放空间可以使得建筑呼应周围环境。上一节分析了公共建筑的外形构成，本节的分析则拓展到包含建筑周边要素的构成。由于以下的原因，该节主要的分析对象将是博物馆建筑[1]。

博物馆是向市民开放且有大量访客的建筑，通常位于交通便利的街道、易于到达的公园，或可以放松身心的自然森林中，丰富多样的用地环境易于展开该节的讨论。博物馆多追求可识别性和公共性的表现，根据具体的场地环境特征，可使其形态独立于周边环境，或与周边自然和街道相连续。使其具有与外部空间和周边环境相连续特征的构成超越了单体建筑，是建筑与周围要素一体化的构成关系。总之，同场地环境产生关系而形成的构成可以从建筑形状与外部空间的围合方式形成的体量构成、周围建筑群和树木等要素的方向性、地形形成的场地关系等方面来解读。

在博物馆的场地中，有街道、自然环境，以及倾斜地或高差形成的地形要素，建筑周边经常和广场、庭院、森林、建筑群等要素邻接。比如图3-34的博物馆的入口有地形高差，同时建筑被另外三个方向栽有树木的庭院围合。是否存在作为开放空间的邻接建筑的广场和庭院等要素（开放要素），以及建筑群、树林等遮挡空间的要素（遮挡要素）（表3-12），会直接影响建筑周边空

1　在博物馆建筑中，有很多种类需要特殊的设备和构成。因此本节分析的博物馆建筑去除了难以和其他馆种比较的对象，包括动物馆、植物馆、水族馆，不能称其为独立建筑作品的加建•改建项目，以及包括大范围农场区域的博物馆等。

图 3-34　博物馆的场地环境和体量形成的构成

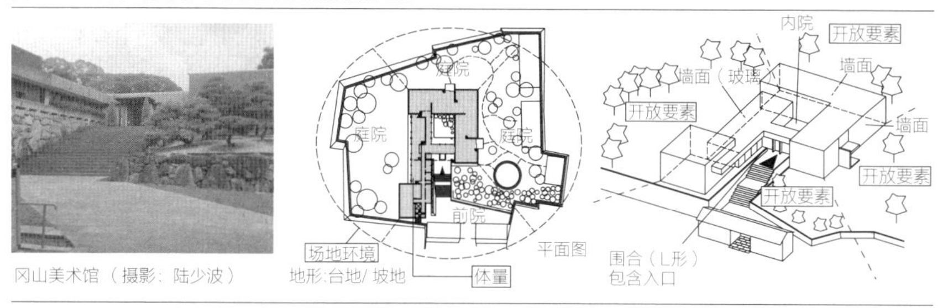

表 3-12　建筑周围的邻接要素

开放要素		遮挡要素
广等场	庭院	建物群
水面	宽道路	森林

表 3-13　场地环境中的地形

平坦地	倾斜地
博物馆主体	坡地
	台地

间的大小和方向特征。另外，建筑所在的场所是否是倾斜的地形也会影响周边空间的大小（表3-13）。建筑周边的地形要素不仅仅局限于用地内，还和其周边的地形相连续。因此，本节的场地环境不只局限于用地边界内的位置关系，还包括用地之外与建筑本身邻接的外部空间和地形。本节分析的场地环境特征的内容有：是否存在开放空间和遮挡空间，以及它们的位置关系；地形产生的空间的大小和方向性；各种场地环境要素与体量之间的关系。

3-5-2　场地环境与体量的关系

博物馆的体量被包围在四周（包括入口方向）的要素中。比如在图3-34的案例中，沿着建筑体量的外部空间划分为四个部分：前院、台阶和L形墙面围合出的入口局部，建筑北侧和西侧墙面朝向的庭院，以及南向玻璃墙面朝向的

表 3-14　外周墙面和邻接要素的组合种类和入口关系

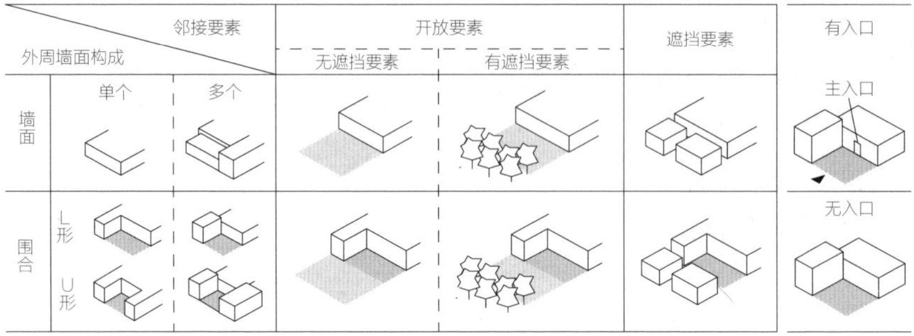

外周墙面构成 \ 邻接要素		开放要素：无遮挡要素	开放要素：有遮挡要素	遮挡要素
墙面	单个 / 多个			
围合	L形 / U形			

有入口
主入口
无入口

庭院。包围建筑周边环境的构成是由建筑外墙面朝向的邻接要素组合而成。具体而言，如表3-14所示，表格的纵轴是体量的外墙面形状，墙面形状除了完整的墙面，还有围合出外部空间的L形和U形墙面。外墙面朝向的空间是由其形状和朝向的邻接要素（开放要素和遮挡要素）组合而成（表3-14）。建筑周边的整个空间由各个方向的组合配置构成。在图3-34案例中，入口方向是“围合+开放要素”组合，其他方向是“墙面+开放要素”组合。

除了外周部分，屋顶花园、架空等在体量的上下部向外部敞开（由上下面限定）的空间，以及图3-34 案例中的庭院都是通过体量限定出外部。庭院的特殊之处在于多个体量分离时，庭院之外的体量间的外墙也会围合形成构成（分栋围合）。限定外部体量的有无，以及和上述外周空间的组合会形成不同的建筑与场地环境的空间构成（表3-15）。

上述的空间构成能够赋予体量以形态特征。图3-34案例中的几个体量以较为单纯的矩形组合成形态；但在博物馆建筑中，经常出现具有鲜明几何特征的形态、坡屋顶形态和重复出现的相同形状的体量。体量形态的有无（表3-16）会在视觉上形成建筑和场地环境间对比或融合的不同姿态。

表 3-15　限定外部的体量　　**表 3-16　体量的形态特征**

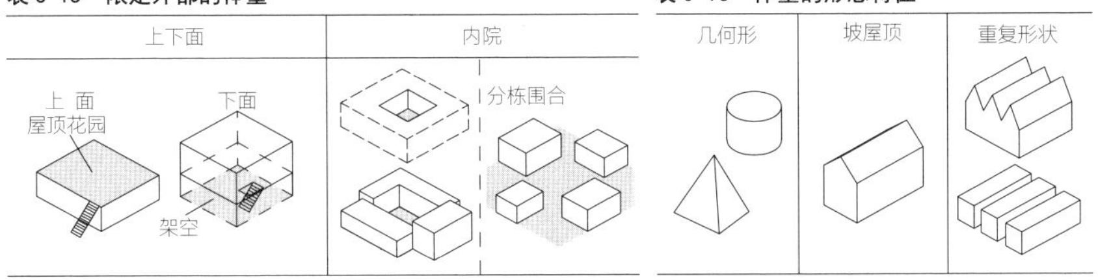

3-5-3　由场地环境与体量形成的构成类型

上文论述了包含场地环境的建筑外形构成。建筑的外墙面和邻接要素的组合，与场地环境的地形特征，有没有屋顶花园、架空空间与庭院，以及体量形态的特征等，共同形成了构成。虽然有无数种构成的可能性，但仍旧可以从中归纳出数种类型（图3-35—图3-42）。较为单纯的构成有周边没有建筑和森林等遮挡要素的平地环境，以及由周边遮挡要素包围的环境。场地环境的不同对应不同的构成，与此同时，这些构成的展开、重复和复合又会形成其他的类型（表3-17）。

首先分析的类型是**物体型**：由具有形态特征的体量构成的四周是几乎没有遮挡要素的场地环境；体量并不形成围合的外部；体量的几何形态使得建筑外观和周围外部空间形成对比。比如，“泻博物馆”（图3-35）倒圆锥形态的体量和开敞的场地环境形成明确的对比，无正面性的倒圆锥形与平坦的四周环境相对峙。

当这种物体型展开或者重复时，会形成以下两种类型：**倾斜地物体型**是具有形态特征的体量根据坡地的方向和环境要素进行配置，并向倾斜的场地开放。“球泉洞森林会馆”（图3-36）的球形屋顶体量重复连接为外形，与周边的坡地森林形成明确的对比，同时强调了面向坡地下方的正面性。**开放地物体型**，比如案例“奈义町现代美术馆”（图3-37），是在向四周开放的场地中，

图 3-35　物体型

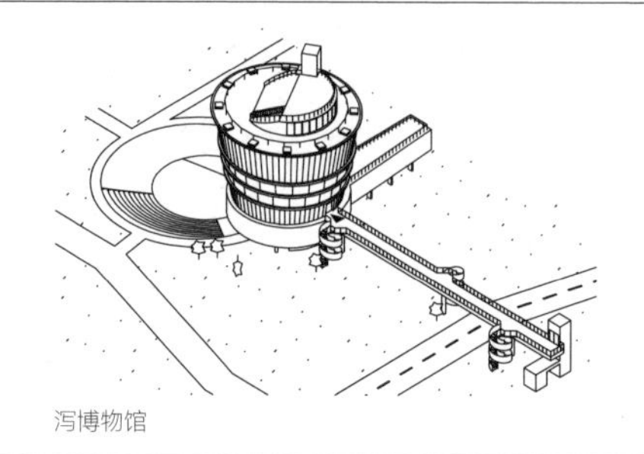

泻博物馆

由多种几何形态的体量配置形成物体型的重复构成。

另外，当周边场地是建筑群和森林等遮蔽环境时，围合成庭院的分散体量群是典型的类型（**遮挡地分栋内院型**）。比如“知弘美术馆·东京”（图3-38左），建筑位于高密度的场地环境中，多个体量紧贴周边建筑，并形成中央的庭院。该构成中的多个小体量与周边的建筑群相连续，建筑的外部空间被置入密集的街道中。“海之博物馆”置身于坡地森林中（图3-38右），其建筑分散配置形成庭院，同时重复的坡屋顶与周边森林形成视觉上的对比。

边界外部引入型的特征是在具有开放要素或者遮蔽要素的场地边界上，通过外墙面形成L形或者U形的外部围合。比如“中川摄影画廊”（图3-39）的体量中楔形的入口空间——由外部道路向体量所在的街道侧引入外部空间。围合的外部配置在开放的道路一侧，建筑体量配置在被遮挡的街道环境一侧。该类型在创造出从开放到遮挡的正面性的同时，围合的外部被引入遮挡地。**四周外部引入型**在向四周开放的平坦场地中，外墙面形成多个围合的外部。“世田谷美术馆”（图3-40）的多个被围合的外部与周边开放的外部空间相连续，折线形的外部空间被引向建筑。所谓“边界外部引入型”，就是通过多个方向的重复构成对应四周开放的场地环境。

图 3-36 倾斜地物体型

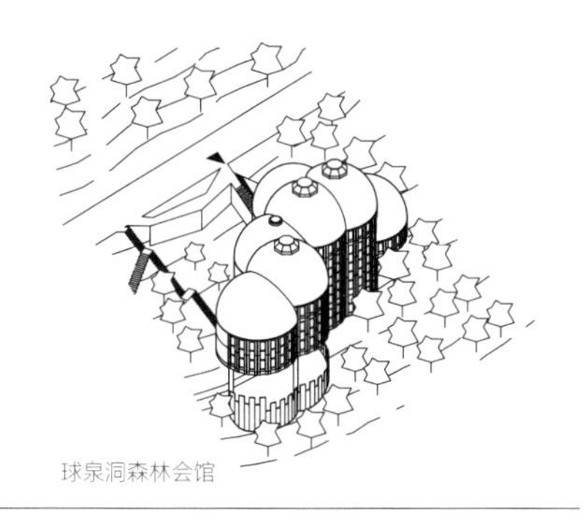

球泉洞森林会馆

图 3-37 开放地物体群型

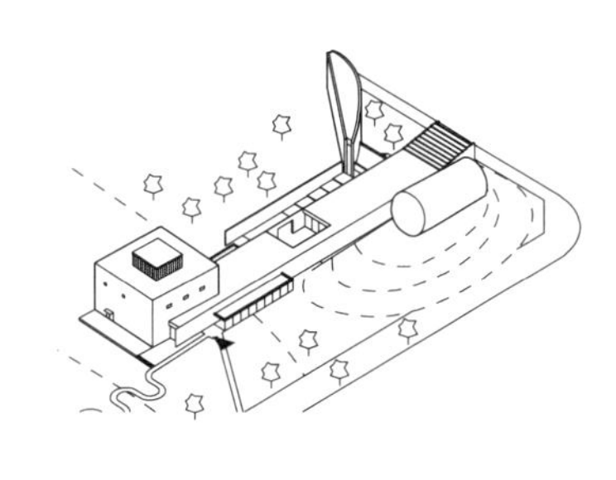

奈义町现代美术馆

图 3-38 遮挡地分栋内院型

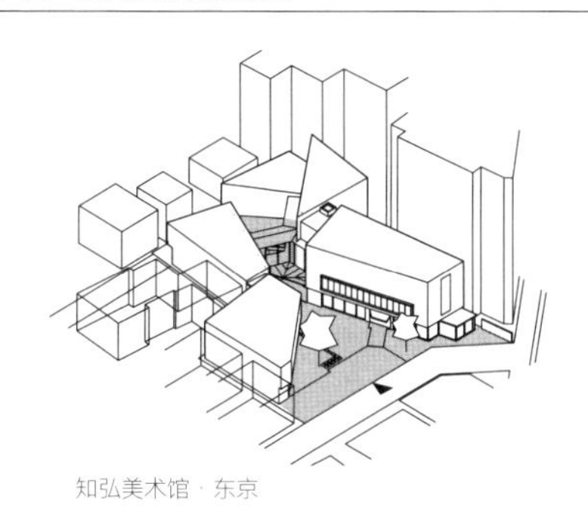

知弘美术馆 · 东京

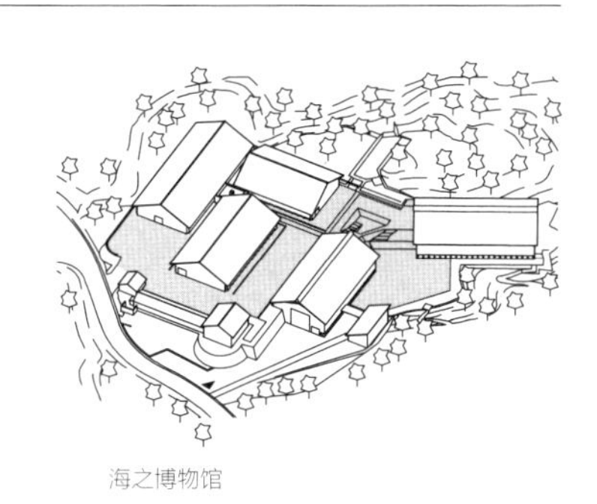

海之博物馆

图 3-39 边界外部引入型

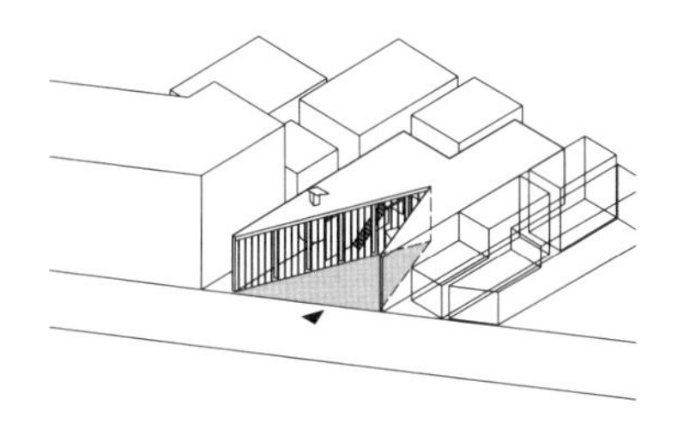

中川摄影画廊

图 3-40 四周外部引入型

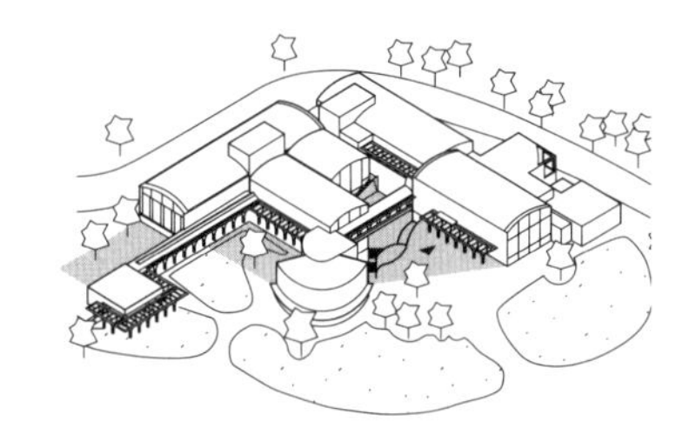

世田谷美术馆

图 3-41　倾斜地半地下型

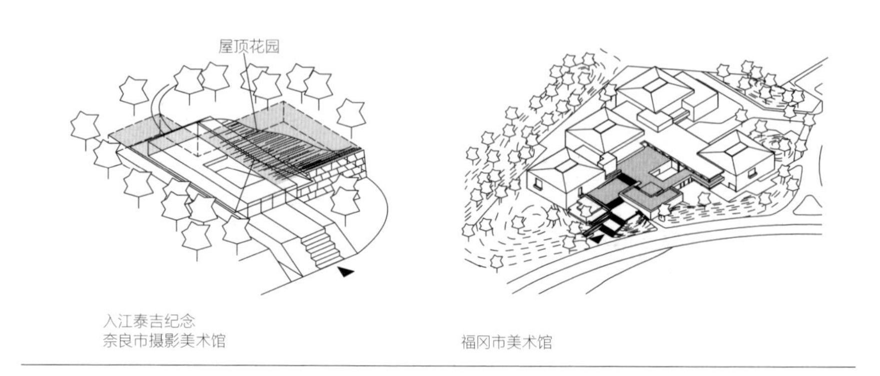

入江泰吉纪念
奈良市摄影美术馆

福冈市美术馆

图 3-42　开放地架空型

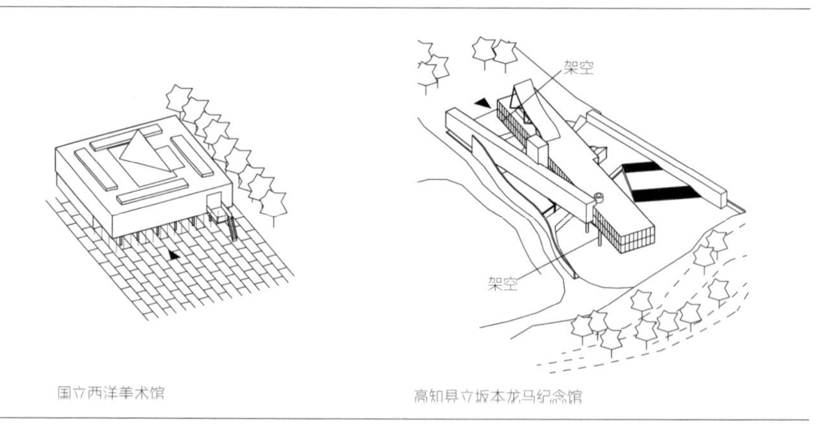

国立西洋美术馆

高知县立坂本龙马纪念馆

当场地环境是坡地时，主体量利用坡度半地下化形成的特定构成类型是**倾斜地半地下型**。屋顶作为开放的外部并包含入口大厅是常见的操作方式。比如“入江泰吉纪念奈良市摄影美术馆”（图3-41左）的主体量被半埋入地下，上部只有入口大厅的体量和开放的屋顶花园。“福冈市美术馆”（图3-41右）的屋顶上分散布置了多个小体量。该构成是“开放地物体型”和“遮挡地分栋庭院型”的复合构成。

表 3-17 由场地环境和体量形成的构成类型

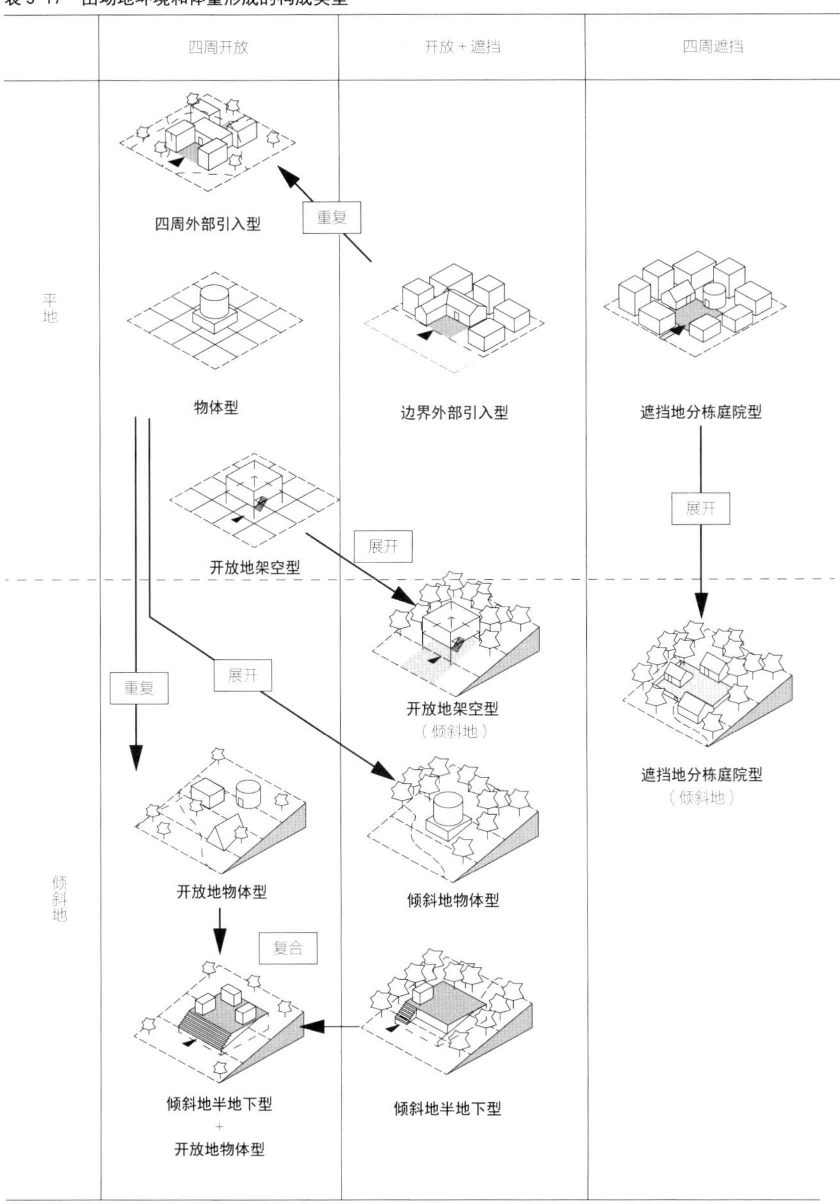

对比来说，架空等方式从地面抬起体量的构成和“物体型”一样，很少布置在周边被遮挡的场地环境中，大多都布置在向周边开敞的场地环境中（**开放地架空型**）。以“国立西洋美术馆”（图3-42左）为例，不同于几何形态的物体型，单纯的立方体体量悬浮于地面，形成突出于周边环境的特征。坡地上的案例有“高知县立坂本龙马纪念馆”（图3-42右），几个矩形体量架空漂浮，组合强调出坡地的方向性。这种类型的特点是建筑向场地环境开放，并创造出中心性或者正面性，开放的地面成为公共的广场或者入口。

上述建筑体量的配置和形态对应场地环境中空间的大小和方向性，创造出视觉效果和外部空间的连续性，它们是和场地环境一体化的构成类型。体量形成的建筑构成并非只是建筑本身，还需要思考与周边邻接的各种要素以及地形等场地环境关系，这在设计中有重要的作用。

在3-4节“由体量形成的外形构成/公共文化设施”中，以集合外形的体量作为公共文化设施外形构成的前提，我们分析了架构表现、形态表现和统辞操作。对于这些外形构成类型，需要重点关注构成的特性，有“对比”和“统辞”两个主要的方向（图1）。同时，外形构成类型中共通的性质和建筑的主要用途之间有明确的联系和时代倾向。

“对比”形成的性质有：大体量和小体量组合形成“体量大小的对比”；表达和没有表达架构的体量组合形成“有无架构表现的对比”。“统辞”产生的性质有：“体量自身的统辞”“体量关系的统合”，以及以相同形态重复形成的整体集合——“由外形形成的统合”。

对于去除装饰，并以立方体体量为信条的现代主义建筑，“对比”是主要的构成特性。一方面，有关“对称性·轴线”“中心·周边”等统辞，与其说是现代主义建筑的几何特征，不如说是在近现代建筑中就已常常出现的构成性质。外形构成中共通的特性（图1），“对比”代表了现代建筑的特性，几何学的“统辞”代表了现代之前的特性，而当代日本的公共文化建筑则是没有固定的外形表现。特别是20世纪50—60年代的建筑，体量和构成材的“对比”是主要的构成方式，而到了后现代主义时期的20世纪80年代，经常出现以体量内·体量之间的几何特征为中心的统辞操作构成。

以大小体量的“对称性·轴线”为基础形成的“上下”构成（案例：香川县立体育馆）集中出现在20世纪60—70年代；通过一个小体量连接两个大体量形成“高低”与“前后”的构成（案例：东京都立梦之岛综合体育馆）在20世纪50—80年代出现较多，而无论哪种外形构成都经常出现在体育馆建筑中。即使是相同用途的建筑，建筑的规模和复合程度等条件的不同，也会形成不同的外形构成表现。体量和架构表现中的“对比”较多出现在剧场·会馆；“对称性·轴线”和“中心·周边”形成的统辞多用于美术馆·博物馆。在公共文化设施中，剧场·会馆多建于20世纪60年代，而美术馆·博物馆多建于80年代。随着社会背景的变化，特定的建筑类型会随之出现。功能随着时代变化，并且对应了特定的构成方法，这会使人们下意识地联想到各种建筑的外形图像。

当代日本的公共文化设施的外形构成是以建筑的使用方式为前提，通过建筑构成表现意匠，并且与时代的各种需求和其他原因交织在一起。

图 1 外形构成中共通的特性

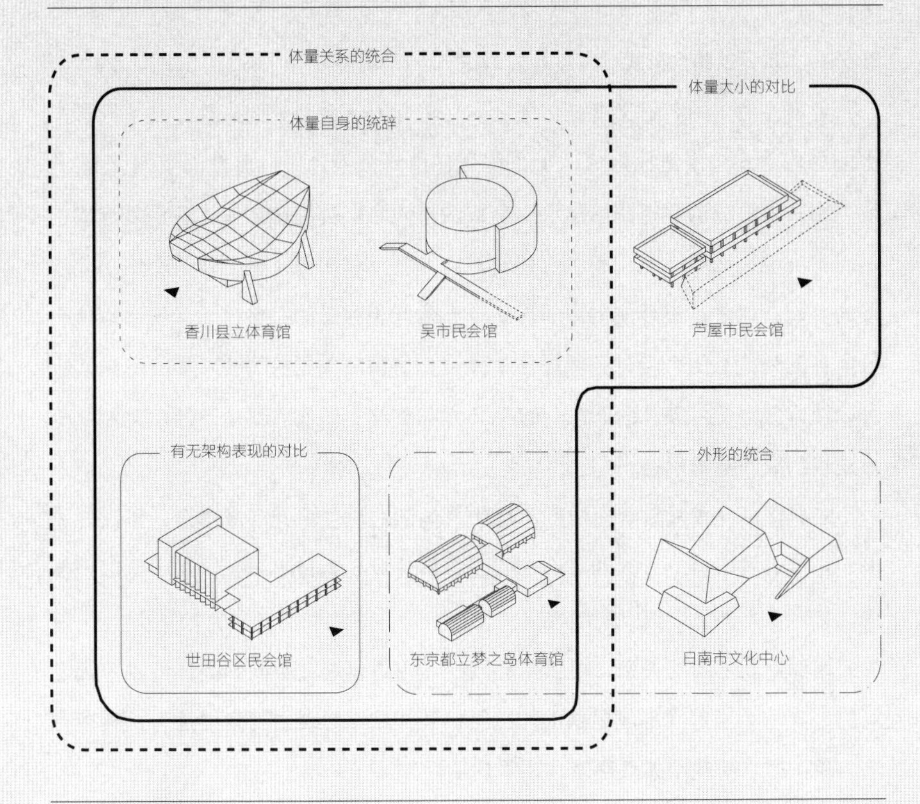

3-6　由单元重复形成的集合形式[1]／集合住宅（1）

3-6-1　单元的集合形式

集合住宅，顾名思义就是住宅（居住单元）集合而成的建筑。几乎同样大小的居住单元重复组成构成，如果把居住单元替换为室，典型的案例就是3-1节“由室群形成的建筑和用途”中分析的单元室群类建筑。在由室重复形成的单元室群类构成中，学校和医院建筑对应的教室和病房是整个建筑中由功能连接的单元；但是，集合住宅中的居住单元是互相独立的完整单元，仅用途就有很多种配列关系的可能。哪种居住单元又如何构成单元的集合（集合形式），可以决定集合住宅整体的状态，包括单元和整体、局部和整体，并由此能够分析建筑构成的基本问题。

在居住单元重复集合而成的构成中，局部的居住单元形成集合，再以此为单元形成各种组合。单元的集合形式是以居住单元为最小单元，从中可以把握局部集合、整体集合的“层级性”。

局部单元之间的关系，可以是相同的，也可以通过不同种类体现“单元之间的差异”。当差异形成局部的韵律时，整体秩序呈现出“多样性”；当单元同质单一时，建筑整体秩序表现为“均质性”。

以上述的分析作为前提，本节关注集合住宅的单元层级性和单元间的差异性所表现出来的多样性及其和均质性间的关系，系统地把握单元重复形成的建筑构成的集合形式。

1　在《建筑大辞典》（彰国社）中，“居住单元的集合形式”是“集合住宅中的居住单元的配置方式，建筑的高度可以被分类为低层、中层、高层和水平方向连续等形式，动线形式可以被分类为楼梯间型、单面走廊型、双面走廊型、集中型、复合型”。“集合形式”即居住单元被某种群组统合的构成形式。

图 3-43 单元的层级性·中间单元

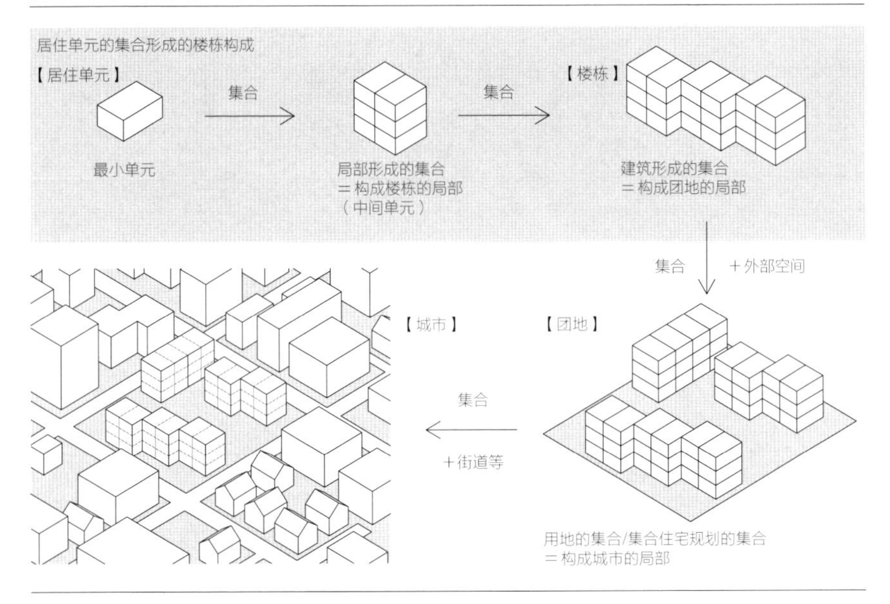

3-6-2 单元的层级性与中间单元

集合住宅的多个居住单元集合形成住宅·团地[1]。一定规模的团地在地域规划与城市规划中发挥着重要的作用。集合住宅的层级分为居住单元、单体楼栋、团地和城市空间构成（图3-43）。通过一个楼栋的体量分节和楼梯·走廊的动线连接，多个居住单元局部的集合被提取为中间单元（图3-43，图3-44）。这种中间单元是具有设计意图的，能够调节建筑的尺度，对应特定规模的动线和结构设计，易于布置多个居住单元。包括中间单元的单元根据层级关系形成集合住宅的空间构成。

1 团地：一种由政府或者企业主导建设的大规模住宅区，第二次世界大战后由“日本住宅公团”等机构大量建设，解决了战后住宅严重不足的问题。不同于传统的日本住宅，团地住宅引入了现代生活的厨房、厕所、浴室等功能。——译者注

图 3-44　中间单元

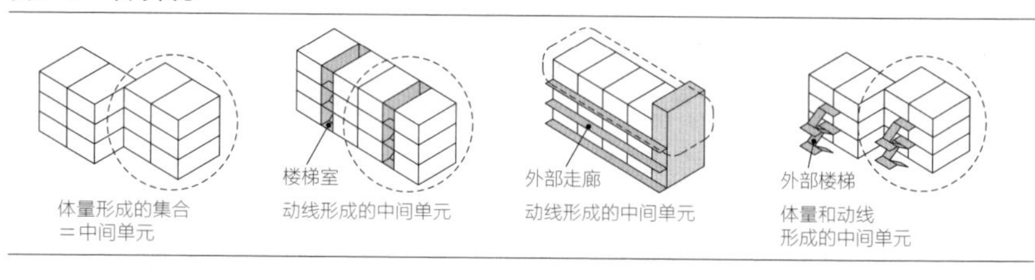

图 3-45　单元层级性的案例

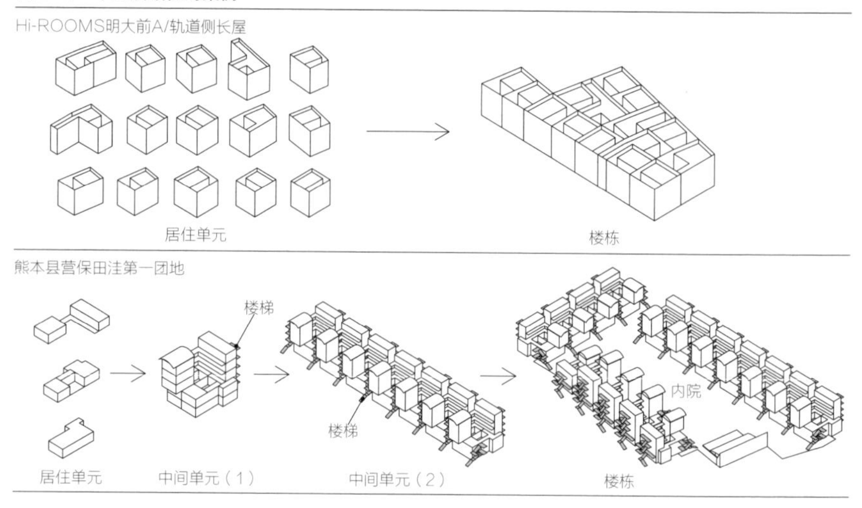

比如在图3-45“Hi-ROOMS 明大前A/轨道侧长屋”中没有中间单元，居住单元直接集合为住宅楼栋。“熊本县营保田洼第一团地”的多个居住单元与共有的楼梯层叠为中间单元（1）的集合，再通过楼梯水平连接为中间单元（2）的集合，并形成围合内院的整体。第一个住宅的层级数只有一个；第二个住宅是有三层层级的建筑，其居住单元作为第二层级的中间单元的构成。

3-6-3　单元之间的差异（多样性/均质性）

单元之间的关系，最基本的一点是其互相之间是“相同还是不同”，这种

表 3-18　单元之间的差异

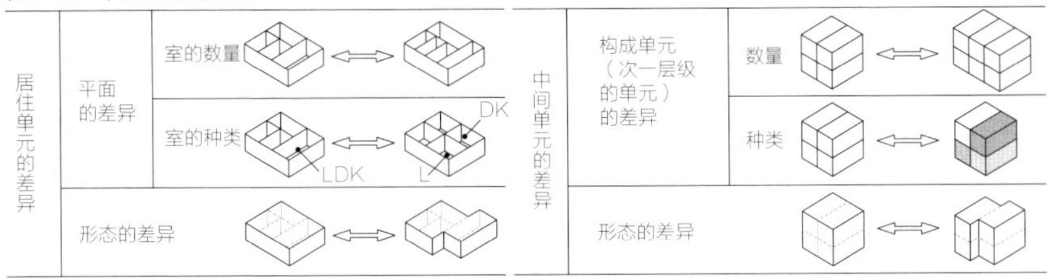

译注：L（living）指起居室，D（dining）指餐厅，K（kitchen）指厨房，是日本常用的划分住宅内部功能的方法。比如3LDK是有3间起居室、1间客厅、1间餐厅和1间厨房的住宅。该处的LDK指起居室、餐厅、厨房一体化的室，DK指餐厅和厨房一体化的室。

差异直接影响到整体的多样性/均质性的特征。

从居住单元的差异性来看，居住单元内室的数量和种类产生的平面策划，以及单元轮廓产生的不同形态都会形成单元的多样性。居住单元构成下一层级的中间单元，单元（=居住单元）的数量、种类和体量的形态都会导致中间单元的差异（表3-18）。

居住单元和中间单元间差异性关系的可能性可表示为表3-19。比如在表3-19右上的集合中，居住单元的类型要素较为均质，可以由此创造出多样的中间单元。表3-19左下居住单元的集合种类较为多样，但也可以集合为单一均质的中间单元。居住单元、中间单元的层级差异各自独立，集合形成多样性和均质性共存的构成整体。

3-6-4　由单元的层级性与差异形成的集合形式

如果同时考察单元的层级性和单元之间的差异，就可以整体把握集合住宅楼栋的单元集合形式。单元集合形式可分为以下几种典型的类型：

均质单元重复型见图3-46“稳田邮政宿舍”。该类型是一种均质的居住单元通过重复形成均质的中间单元，中间单元通过重复形成楼栋。这种集合住宅是第二次世界大战后的标准样板，楼栋由完全均质性的类型组成，重复并置后形成团地。

表 3-19　层级的多样性・均质性关系

		中间单元间的差异	
		均质（无差异）	多样（有差异）
居住单元间的差异	均质（无差异）	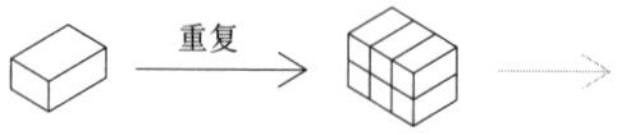 重复 只有一种居住单元形成一种中间单元，单纯的反复形成集合	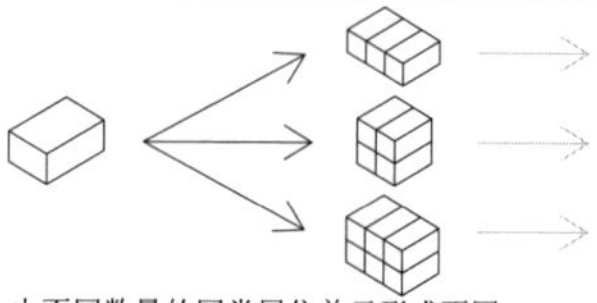 由不同数量的同类居住单元形成不同类型的中间单元
	多样（有差异）	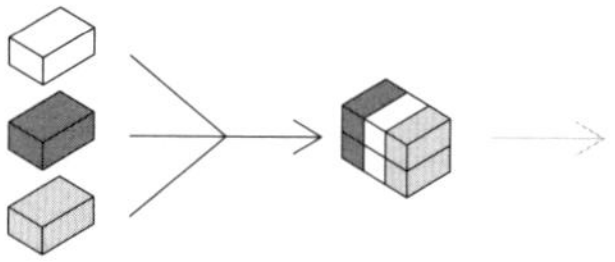 多种类型的居住单元组成一种中间单元	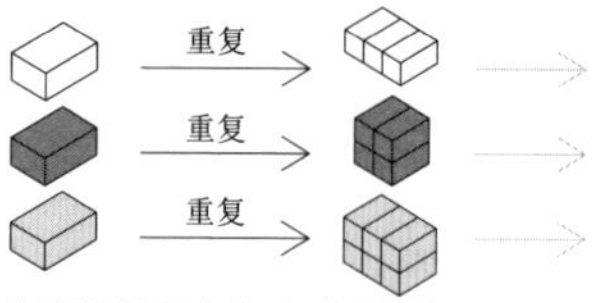 重复 重复 重复 相同类型的居住单元组成中间单元，部分中间单元是均质的集合 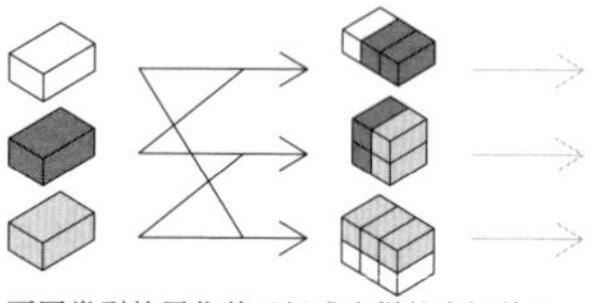 不同类型的居住单元组成多样的中间单元，形成秩序复杂的单元集合秩序

均质居住单元・规模多样型见图3-47“KPI大楼（2-3号楼）”。该类型是由相同的居住单元以不同的数量集合为不同规模的中间单元，通过两个层级的中间单元形成多样化的集合规模，其特性是居住单元的均质性和多样的单元规模（尺度）并存。**多样居住单元・一体型**见图3-48“空间体・野沢”。该类型中的多种居住单元不形成中间单元，而是直接构成楼栋。居住单元种类的多样性和单一的层级形成单纯的构成，具有强烈的整体感。上述的**均质居住单元・规模多样型**和**多样居住单元・一体型**都是在单元种类和规模（尺度）上多样性与均质性共存的构成类型。

图 3-46 均质单元重复型

单元种类的重复

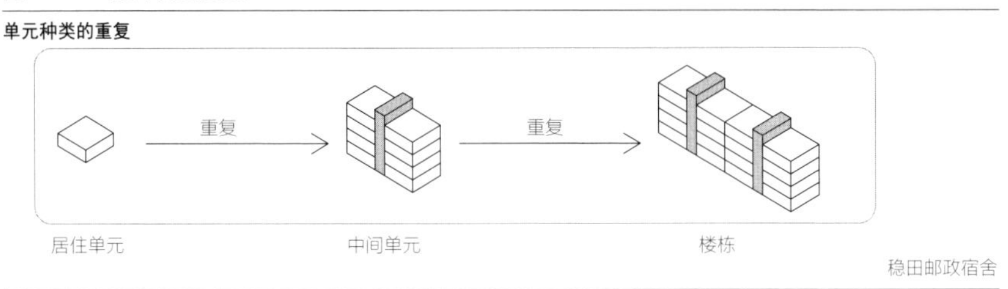

图 3-47 均质居住单元·规模多样型

单元种类的均质性 ⇔ 集合规模的多样性

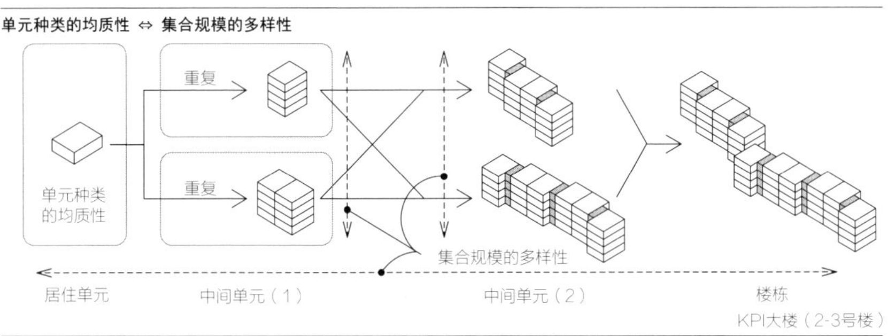

图 3-48 多样居住单元·一体型

居住单元类型的多样性 ⇔ 整体构成规模的均质性

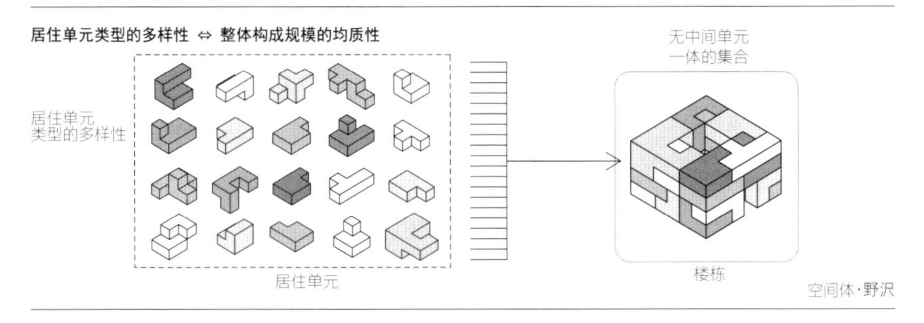

局部均质·整体多样型见图3-49“坂出市人工土地（1期工程）”。虽然有多样的居住单元，但是中间单元是由相同的居住单元组成的，均质的居住单元重复形成局部构成。每个层级的单元都是有差异的，具有局部的均质和整体的多样化共存的特性。**局部多样·整体均质型**见图3-50“茨城县营大角豆团地”。

图 3-49　局部均质・整体多样型

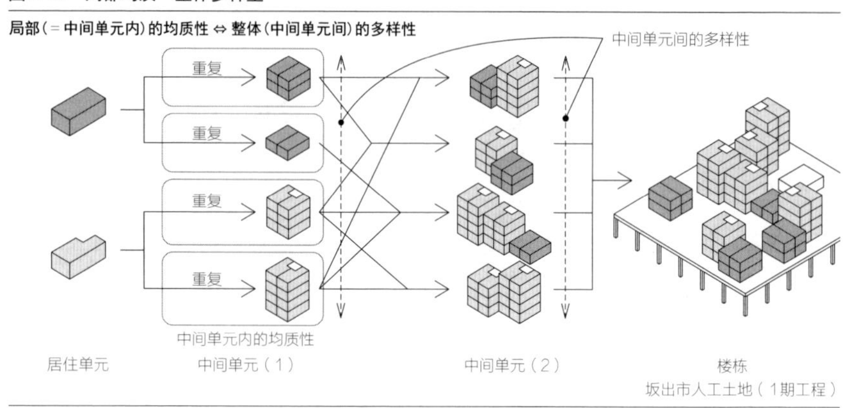

图 3-50　局部多样・整体均质型

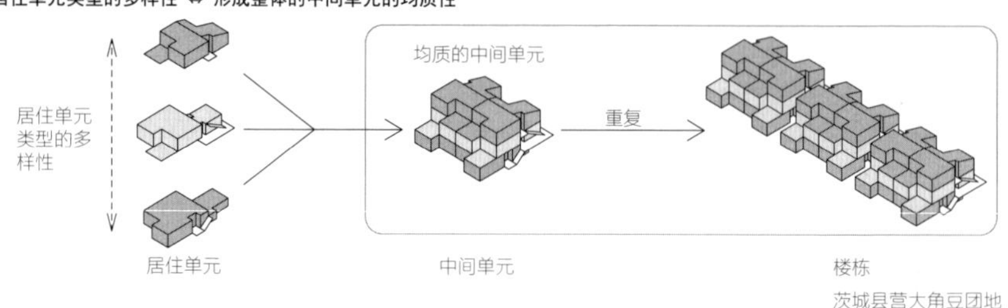

图 3-51　均质形态重复型

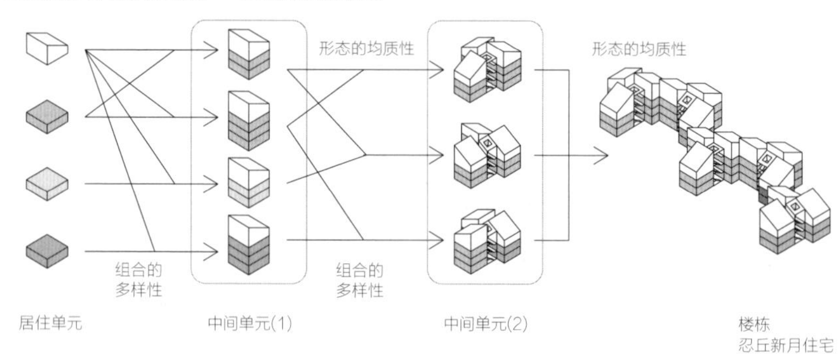

该类型居住单元的种类是多样的，但不同的居住单元只形成一种中间单元，整体的集合形式由重复的均质中间单元组成。居住单元的多样性和中间单元的均质性使得不同层级中多样性与均质性共存。在上述**局部均质·整体多样型**和**局部多样·整体均质型**两种类型中，局部和整体的多样性与均质性同时存在，而两种构成的对比关系则是相反的。

均质形态重复型见图3-51“忍丘新月住宅”。该类型中由居住单元组成不同的中间单元，并以类似的形态互相组合。在其构成中，中间单元的形态均质性和内部构成的多样性形成单元的特征，同时，视觉上的均质性和非视觉上的多样性共存。

除了只有均质单元重复的**均质单元重复型**，在其他类型中，单元的规模和种类、局部和整体，以及单元特征的表现都不同，形成了不同层面的多样性与均质性共存的集合形式。单元重复形成的构成秩序是在如何平衡单元间的差异过程中产生的多样性和同时存在的均质性共同完成的。

3-7　由单元重复形成的立面构成/集合住宅（2）

3-7-1　集合住宅的立面构成

很多集合住宅，从外立面上就能轻松辨认出是集合住宅——规则排列的小窗、重复出现在外部的阳台和露台，以及有一定间距的楼梯和走廊等要素特征会经常出现在立面上。上一节我们分析了由居住单元重复形成的构成与连接居住单元的共用部一起组成的集合住宅特征，但并未讨论窗、阳台、楼梯和走廊等要素的配列。这些要素作为立面的组成部分，是重要的意匠表现方式。立面是建筑展现在外部的整体形象，也是街道和周边环境的一部分。

本节针对集合住宅的立面构成，把开口部和扶手等要素的重复与形态集合作为分析的单元。这些分析的意义和分析空间单元重复集合为单元室群类的建筑类似，是为了拓展意匠表现的深度和广度。

3-7-2　构成立面的要素

本节之前的讨论都是把建筑的外形作为单纯的体量去分析，但是建筑的立面上还存在开口部和其他各种要素的配列问题。体量从表面上可以被分解为墙面和屋顶，即体量是由这些要素集合而成。表3-20展示了集合住宅立面中的构成要素（立面要素）。

在表3-20中所示的立面要素中，建筑要素之一的“墙面”表现为“雁行”“凹凸”，以及由竖向形状和材料的不同而形成的局部分节。“空白”“附属体量”“屋顶”“楼梯”等要素能够在立面构成上形成立体的凹凸，而“结构体”“栏杆”“开口部”等要素则是在体量的表面形成变化。

在表3-20的纵轴中，有的立面构成要素沿着体量轮廓连续布置，包括把居住单元的体量分割为几个部分；有的要素则附加在整体体量上，要素表现为局部的集合。

表 3-20 集合住宅的立面构成

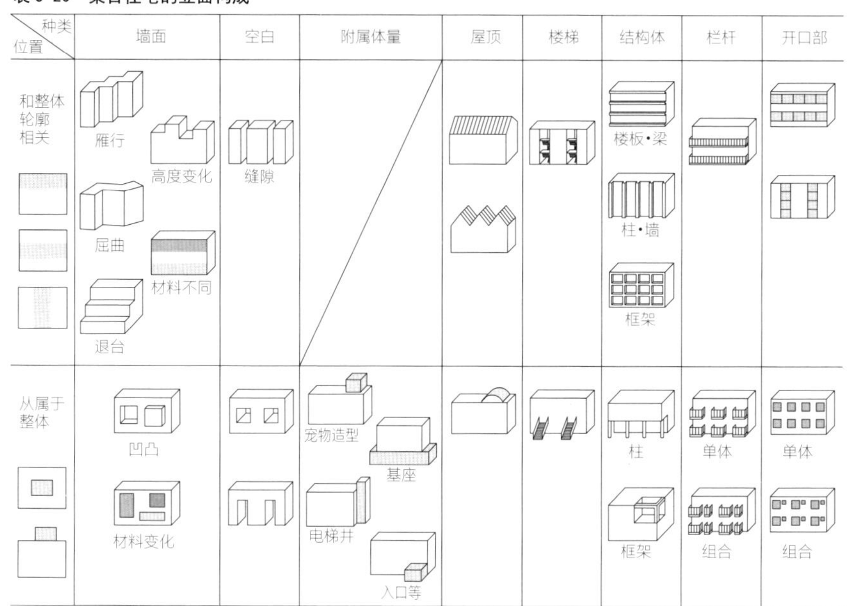

3-7-3 楼栋立面上的单元

集合住宅的立面构成可以从与居住单元内部构成的关系上进行分析，比如“上野丘集合住宅”（图3-52），雁行墙面的分节、开口部、栏杆在每个居住单元上重复出现；每层由中庭划分的左右对称两部分对应局部的居住单元集合（中间单元）；中央突出的附属体量（电梯核心筒）和对称的几何特征赋予所有居住单元集合以独特性。总之，该建筑的立面构成是以“一个居住单元、中间单元、全部居住单元”的单元层级组合而成。

在这种立面要素的配列和居住单元集合之间的对应关系（表3-21）中，当整个楼栋中只有单个立面要素时，单个要素和全部居住单元相对应；当相同的立面要素存在多个时，要素和要素的集合有规则地重复，由此对应的局部作为单元出现在立面构成上。立面构成上的单元可以和“居住单元”“中间单元”

图 3-52 立面构成中的单元

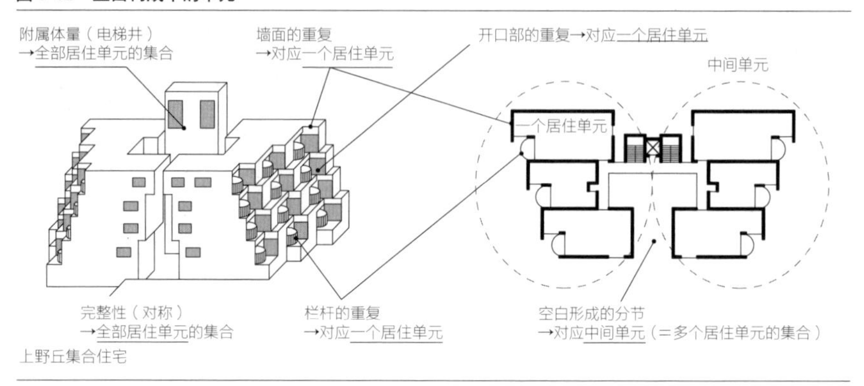

表 3-21 立面要素的配列与居住单元的对应关系

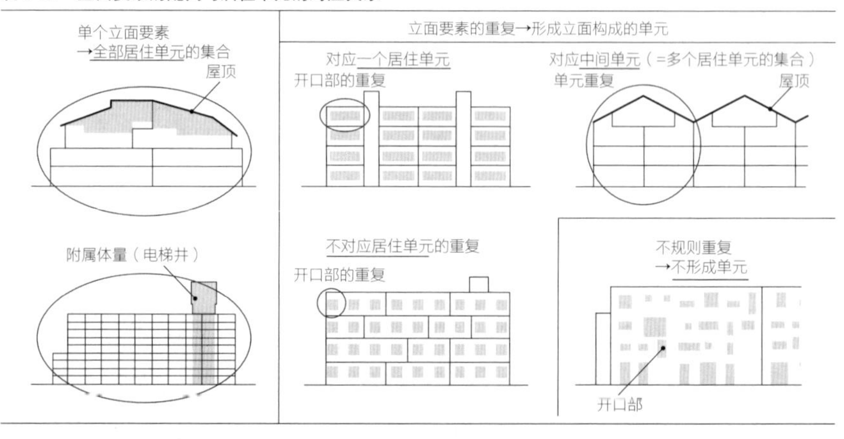

的集合相对应，也可以和居住单元的配列不对应，比如，立面单元和重复的室而不是居住单元相对应。另外，当立面要素不规则配列时，立面构成中的单元集合不会被表现。

由上述立面要素的配列形成的单元，以及由各种要素集合形成的整体形式既可以是完整的矩形形态，也可以是图3-52“上野丘集合住宅”那样对称的几何形式——全部居住单元表现为一个集合。

图 3-53 由居住单元的集合形成层级秩序的立面构成类型

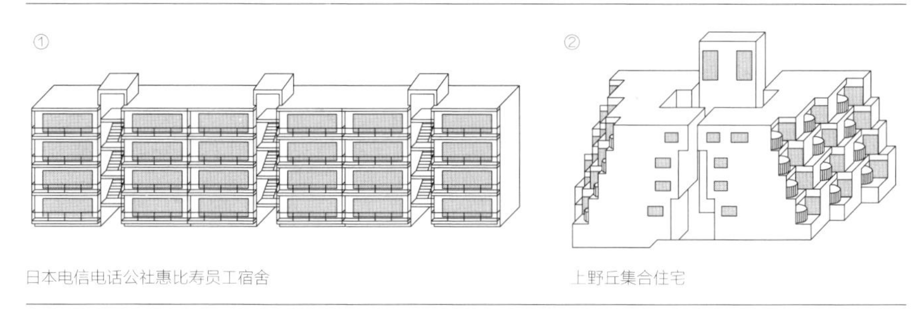

① 日本电信电话公社惠比寿员工宿舍

② 上野丘集合住宅

3-7-4 由单元表现形成的立面构成类型

在集合住宅的立面中，由立面要素的配列形成单元构成，下文将用几个建筑案例来分析几种典型的类型。

由居住单元的集合形成层级秩序的立面构成

图3-53 表示的两种类型（①，②）的单元立面对应了集合“一个居住单元，中间单元，全部居住单元”，表现出居住单元的层级性。其中类型①的案例是“日本电信电话公社惠比寿员工宿舍”，每个重复的开口部对应一个居住单元，重复的楼梯对应中间单元，这些单元共同形成整个居住单元的集合。由楼梯室型的动线形成的立面构成是经常出现在公共团地型住宅的类型。类型②的案例是“上野丘集合住宅”，其开口部的重复和墙面的凹凸出现在一个居住单元中，由空白分割的体量作为中间单元，而体量的集合构成立面，电梯井等附属体量和对称的几何学特征统合整体。总之，类型 ① 的动线形式表现，类型 ② 的体量的分节和统合，各自赋予了立面构成上居住单元集合的部分和整体的层级秩序。

图 3-54　中间单元的重复形成的立面构成类型

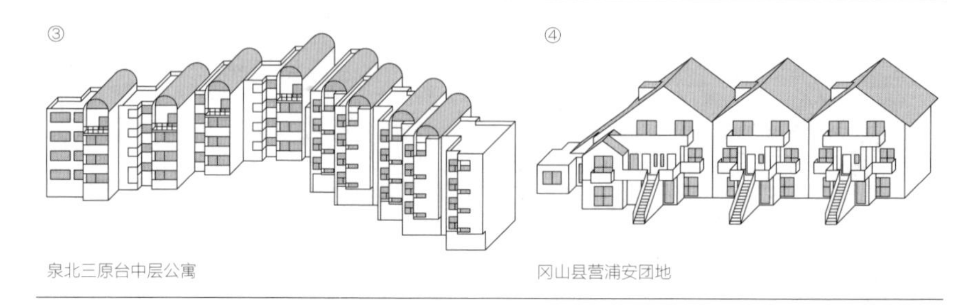

图 3-55　不与居住单元对应的重复的立面构成类型

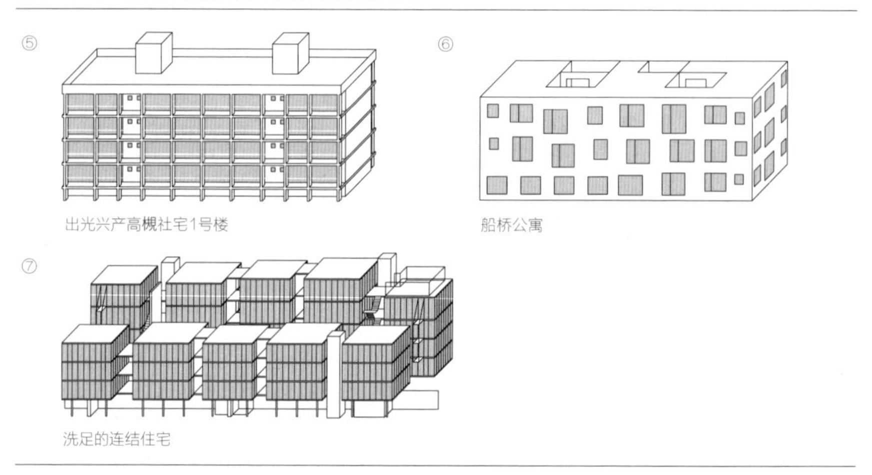

由中间单元的重复形成的立面构成

图3-54中的两种类型（③，④）不强调整体集合形成的立面要素和形态，而是强调表现局部的居住单元集合形成的中间单元。在类型③“泉北三原台中层公寓”中，每个阳台栏杆对应一个居住单元，雁行的墙面和重复的屋顶对应中间单元的集合。从雁行的居住单元平面上看，相同平面沿竖向层叠为局部居住单元的集合（中间单元），而顶部的屋顶强调了中间单元的分节。在类

图 3-56 不重复的不规则立面构成类型

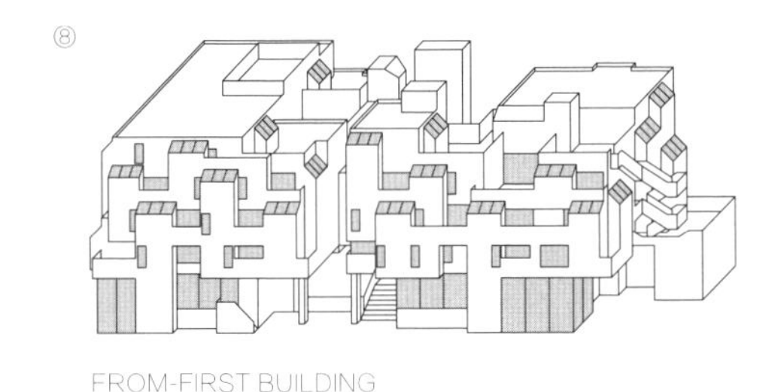

型④“冈山县营浦安团地”中，凹凸的墙面和开口部、楼梯、屋顶的组合作为由中间单元形成的立面构成。居住单元的分节不表现在外形上。各种要素组成中间单元，集合为立面构成的类型。多个居住单元组成的中间单元，由重复的屋顶整合，并列形成巨大的“家”的图像。

不与居住单元对应的重复的立面构成

图3-55表示的三种类型（⑤，⑥，⑦）的立面要素和居住单元不对应，重复形成单纯的矩形整体。类型⑤“出光兴产高槻社宅1号楼”规则的结构框架布置在最外围；类型⑥“船桥公寓”的室的开口部并列形成立面构成；类型⑦“洗足的连结住宅”的居住单元被布置在多个缝隙和由凹凸形成的分节体量单元中，居住单元的分节和体量的分节并不对应。以上无论哪种类型，都不在外观上表现居住单元和由此形成的集合，居住单元的集合是其内部的特征，由立面要素配列形成的秩序成为优先考虑的问题。立面上的物体要素单元替换了居住单元，并由此重复集合形成建筑的立面构成。

不重复的不规则立面构成

上述几种类型都有重复的要素出现在立面上，而在图3-56以案例

图 3-57　集合住宅的立面构成类型

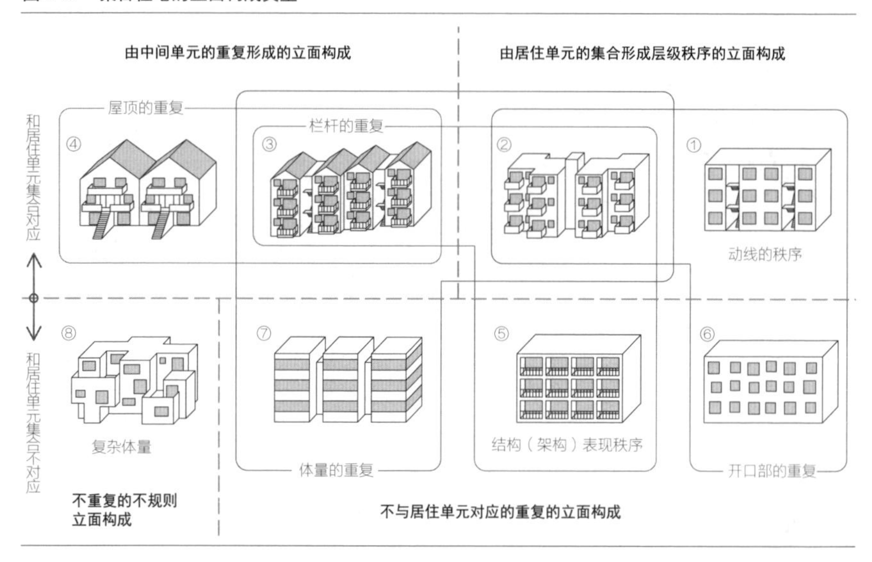

⑧“FROM-FIRST BUILDING”为代表的类型中，立面要素不规则配列，外形上没有重复的单元，由悬挑和阳台等外部空间，以及凹凸的墙面形成复杂的体量。在立面构成上，单元不被明确表现，体量被细分为琐碎的局部。

以上以①—⑧案例为代表的类型的特征可整理为图3-57。在类型⑤—⑧不对应居住单元集合的立面构成中，体量构成、由结构体的外露形成的架构表现，以及与内部空间相关的连续开口部的表现等成为建筑立面局部和整体的关系——这不仅适用于集合住宅，更是一种基本的构成方式。在集合住宅立面构成对应居住单元集合的类型中，常见的阳台要素、重复的动线共用部分，以及表现住宅图像的屋顶等会创造出集合体的群体造形和类型化的意匠表现。

在集合住宅中，居住单元由走廊和楼梯等要素互相连接，并且会借用内院等外部空间（共用空间）。这些走廊、楼梯和外部空间作为居住单元之外的空间由动线连接，限定出居住单元的同时，共同形成领域的单元。这种单元创造出居民相聚的机会，成为和人直接相关的交流中心，这是策划学关注的内容，而本文聚焦在集合住宅的构成中，重点关注由动线连接形成的单元以及单元之间的关系。

具有层级性的单元构成

很多情况下，从街道到各个居住单元的入口动线是经过用地中的前院、楼梯、走廊等空间后再细分到达各个局部，而连接居住单元的层级秩序由此形成。比如在图1“忍丘新月住宅”中，入口动线是从街道到两个被围合的前院，再通过室外楼梯分叉连接到各个居住单元。在动线上共用前院的居住单元群和共用各个楼梯的居住单元群作为两个层级（阶段）的单元重复形成构成。

整体明确的集合构成

当构成的动线没有分叉，连接的关系被简化时，整栋住宅具有强烈的整体感。比如图2“青庄”的入口动线是通过街道围合的内院直接进入各

图1 具有层级性的单元构成

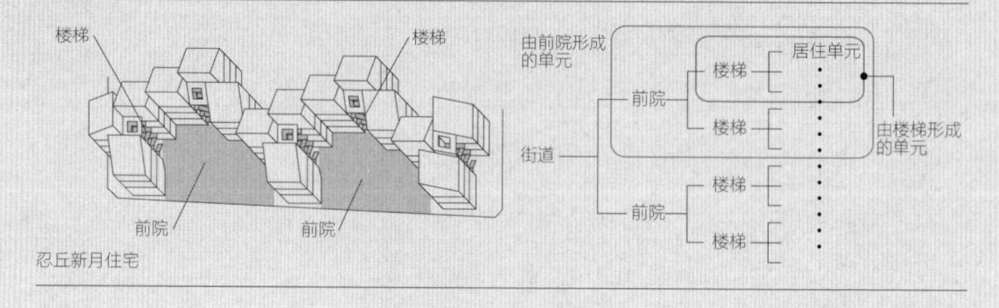

个居住单元。内院中有通往二层居住单元的专用楼梯。对外封闭的内院连接所有的居住单元，形成集合的构成。“熊本县营保田洼第一团地”的内院无法从外部进入，需要先进入居住单元才能到达内院，外部空间是所有居住单元共有的延长领域，由此形成强烈的整体集合。以上案例以外部空间为中心，形成具有强烈封闭感的整体，是把楼栋作为一个单元的构成。

不由动线形成的单元构成

上述“具有层级性的单元构成”是由动线的分叉形成的居住单元群的集合构成。与之相反，如果没有动线分叉的构成，就不会形成明确的单元，集合体的特征就会弱化。比如在图3“帕萨迪纳高台集合住宅”中，大量的走廊、楼梯、斜面形成网状的动线，到各个居住单元的入口动线又有各种

图 2　强烈的整体集合构成

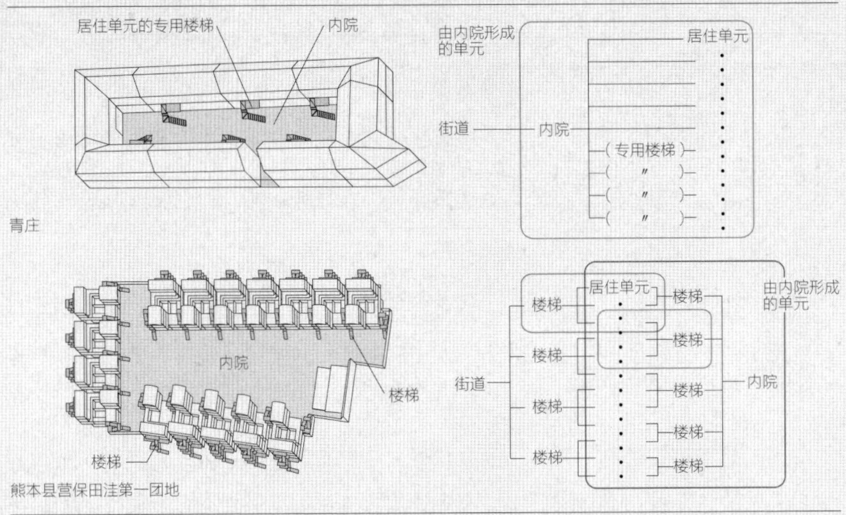

图 3　动线不形成单元的构成

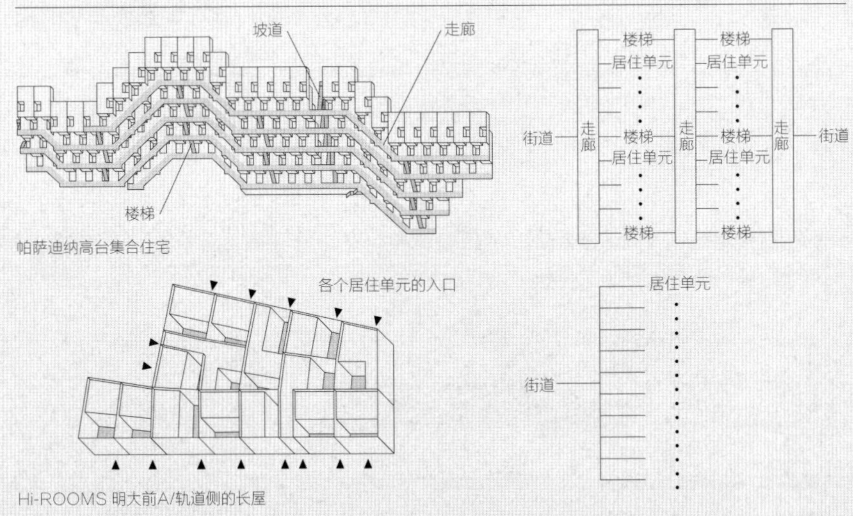

选择，居住单元不被动线限定，因而单元是暧昧化的。在“Hi-ROOMS 明大前A/轨道侧的长屋”中，所有居住单元的入口动线是从建筑的外周直接进入。这些长屋形式的居住单元没有共用的区域，各个居住单元的独立性非常高，因而是没有共用动线的集合构成。

上文分析了连接动线的单元，图1、图2中的前院、内院围合的外部空间配置形成了外部空间的集合（详见第5章）。在图2“熊本县营保田洼第一团地”中，所有的居住单元的主室的开口部都面向内院，居民的视线汇集在内院。这种让居住单元面向外部空间的方法使得其中的居民具有强烈的团体意识。3-6节和3-7节分析了楼栋构成的单元，由动线、外部构成的配置，以及由视线之间的关系形成的单元的多种特征，通过讨论单元的各个方面，可以设想出集合住宅构成的多种可能性。

4 由建筑形成的外部空间构成

上一章我们讨论的是大规模建筑中的内部与外形的构成。这些建筑大多有充足的用地，建筑周围与建筑之间的空地是外部空间（exterior space），其特征由空间自身与建筑的关系决定。外部空间构成是融合了造园和外构[1]等建筑附属部分的综合设计方法。

外部空间在动线上能够将建筑内部与街道等城市空间相连接，因而常常被认为是城市空间和建筑之间的中间领域[2]。“内”与“外”、“表”与“里”的领域概念在文化上具有共性，不仅能够用于建筑，也适用于我们的居住环境。因此，外部空间构成的意义由构成本身和领域两者的特征所决定。

在本章中，4-1节首先陈述了建筑在用地中通过配置组合形成的外部空间，即“由配置形成的外部”和附属于建筑的“建筑化的外部”两种。4-2节分析了在高密度的城市环境中，面向街道并由建筑所包含的外部。4-3节论述的则是建筑的外形与地下、坡地、地面共同形成的连续外部空间。

---

1 外构：泛指建筑主体之外的构筑物，一般包括大门、车库、围墙、挡土墙等构筑物。——译者注

2 芦原义信认为西欧城市的状态是由石砌建筑的墙壁明确区分出内外，而日本城市的状态是由木结构建筑形成了连续流动的内外空间，两者是完全相反的。日本民居出挑深远的屋檐和走廊赋予了建筑轮廓暧昧的特征，这被芦原义信定义为“中间领域”（参考文献4）。阿尔多•罗西把城市空间归纳为建筑形成的要素的集合，尝试通过非功能性分类的类型学，考察从古代到现代的西欧城市。他分析了有内院的街区式建筑、开放型建筑等，重点诠释了由具有外部空间的建筑类型形成的城市空间构成（参考文献5）。

图 4-1　由两种分节形成的外部空间

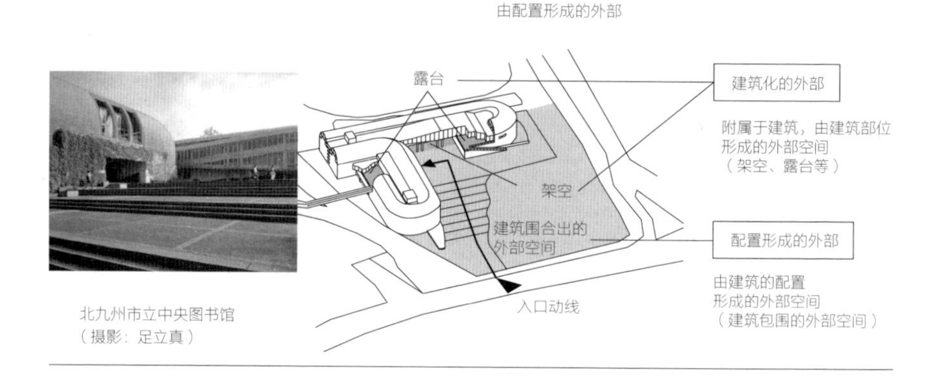

4-1　“由配置形成的外部”与“建筑化的外部”

4-1-1　两种外部

建筑配置在用地中，没有建筑的场地就是外部空间。有些外部空间被用作广场和庭院，有的则成为剩余的外部。仔细分析一栋建筑，可以发现架空和顶棚等都是由体量、墙壁、柱子等部位形成的外部空间。这些外部空间在动线上是否延伸到建筑内部，会形成不同的内外、表里的领域特征。在建筑室内外环境的影响下会衍生出若干内侧和外侧、表侧和里侧之类的社会领域概念。本章以此为前提，对外部空间的构成展开分析。

“北九州市立中央图书馆”（图4-1）的建筑沿用地的两侧配置，围合出外部空间。在本章中，这些由建筑配置分节的外部空间被称为“由配置形成的外部”。建筑入口附近的顶棚、二层阅览室出入口处的露台都附属于建筑，这些由墙壁、柱子等部位限定形成的外部空间就是“建筑化的外部”。

“由配置形成的外部”和建筑的位置关系如表4-1所示，可分为如下三种明确关系：“由配置形成的外部”“包围”建筑，两者“邻接”，以及“由配置形成的外部”被建筑所围合。内院和前院的命名，本身就和建筑的位置关系有

表 4-1 由配置形成的外部

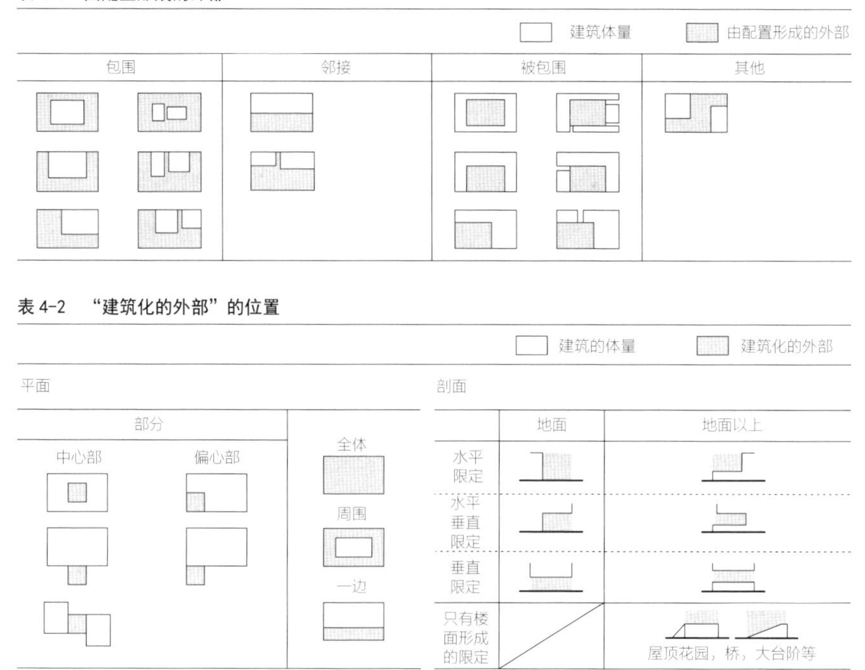

表 4-2 “建筑化的外部”的位置

关，而与庭院的大小和形态无关。同时，不同的通往建筑内部的入口位置关系也会影响“由配置形成的外部”的领域特征。

“建筑化的外部”如表4-2所示，由建筑在平面和剖面上的分节形成，同时，该场所与建筑内部的关系决定其空间特征，比如，架空的特征是位于建筑体量下方。屋顶花园、架空、露台、顶棚等外部空间都是根据位置的划分来确定特征的。

4-1-2 外部空间构成中的缓冲型与延长型

“由配置形成的外部”和“建筑化的外部”组合成外部空间构成。在各种外部空间中，被动线穿过直达建筑内部的外部用地与无动线穿过的外部用地是

图 4-2　缓冲型　　　图 4-3　延长型

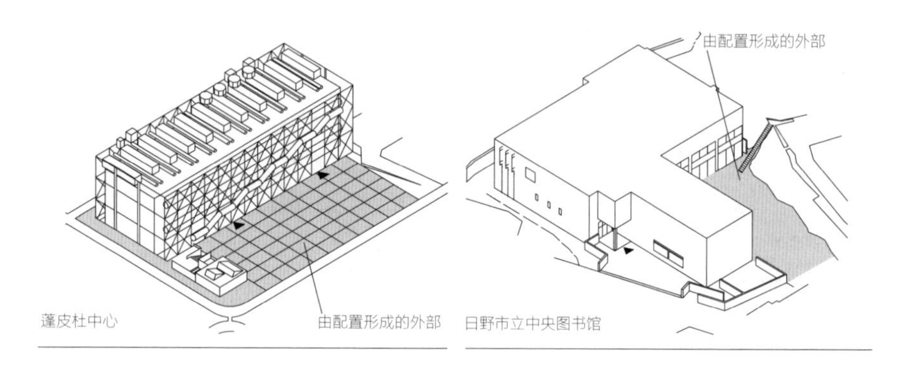

不同的。因此，单纯从“由配置形成的外部”和“建筑化的外部”两方面分析构成的特点是片面的，必须要综合外部的入口流线，才能形成完整的外部空间构成。主要的外部空间类型有以下几种：

“由配置形成的外部”的构成有两种：一种外部空间是由用地之外（敷地外）与建筑内部之间的缓冲领域构成，像“蓬皮杜中心”（图4-2）那样的入口动线在用地之外与建筑出入口之间构成“由配置形成的外部”。另外一种类似于“日野市立中央图书馆”（图4-3）那样的构成，其“由配置形成的外部”与入口动线无关，只联系内部空间，是作为建筑内部空间的延长领域。这两种构成与2-2节中所讨论的**缓冲型**和**延长型**有相似之处，是普遍应用于美术馆、图书馆等建筑中的基本类型。以**缓冲型**和**延长型**为基础，“建筑化的外部”与不同入口动线的关系会形成复杂的类型。

4-1-3　基本类型的强调和变化

基本类型的强调

“茨城县民文化中心”（图4-4）的入口构成是经由附属道路到达“由配置

图 4-4　缓冲型的强调类型

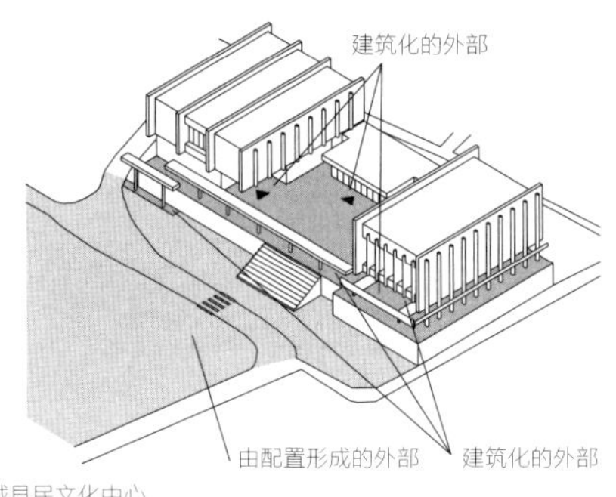

茨城县民文化中心

图 4-5　延长型的强调类型

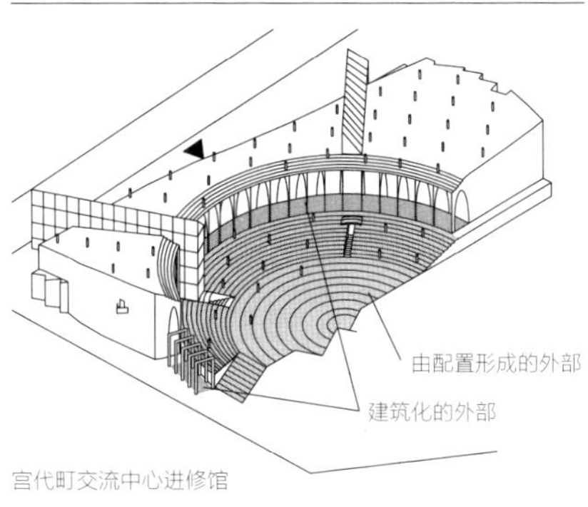

宫代町交流中心进修馆

形成的外部”——前院，再通过“建筑化的外部”——柱列门廊到达入口。入口前的“建筑化的外部”限定出由外到内的空间场所，入口外部空间作为联系用地之外和建筑内部的缓冲领域。因此，**缓冲型的强调类型**是“由配置形成的外部”与“建筑化的外部”两种构成组合而成。在“宫代町交流中心进修馆”（图4-5）中，延长型的建筑构成围合出“由配置形成的外部”，内部的延长领域通过“由配置形成的外部”和柱廊等（“建筑化的外部”）相连接，形成联系内部的不同种类空间。这种在延长领域中能够体验到各种外部空间的类型被称为**延长型的强调类型**。

上述“由配置形成的外部”和“建筑化的外部”或并列在相邻的动线上，或与入口没有直接的关联，这些外部空间更加明确地强调了整个场地中的**缓冲型**或**延长型**特征。

缓冲型与其他特征的复合

上述强调**缓冲型**的类型把入口动线空间化，从用地之外到前院、玄关入口是一个线性的动线。联系外部的方式除了“线性”还有“分叉”和“环状”两

图 4-6　附属分叉缓冲型的类型

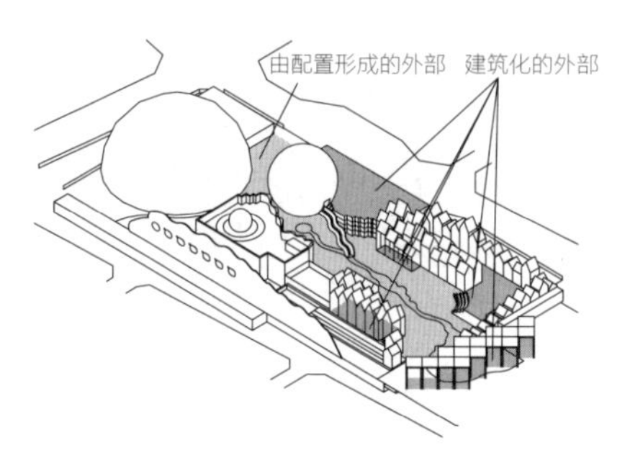

藤沢市湘南台文化中心

图 4-7　缓冲型和非入口外部并存的类型

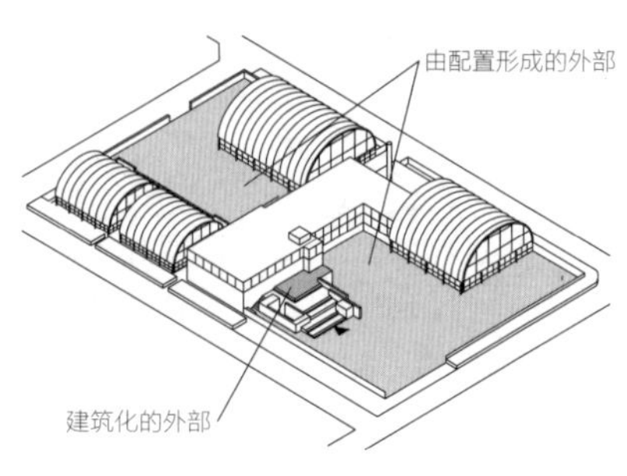

东京都立梦之岛综合体育馆

种方式，比如美术馆的室外展示与分栋布置就是典型的布局。当建筑入口有多个时，外部就被分节为几个部分，外部的特征就不仅仅是从外到内依次移动的**缓冲型**。在“藤沢市湘南台文化中心”（图4-6）中，建筑围合的“由配置形成的外部”和凉亭、屋顶平台等“建筑化的外部”都与不同的入口相连接，而联系用地之外和建筑内部的外部动线从屋顶花园开始分叉。“东京都立梦之岛综合体育馆”（图4-7）有两个“由配置形成的外部”，其中一个作为入口，另一个则不是。以上构成虽然属于**缓冲型**，但整个用地中还有其他特征的类型和**缓冲型**同时存在。

缓冲型和延长型的融合

外部空间的构成有两种类型：位于城市和建筑之间的外部（**缓冲型**），以及由建筑内部关系形成的外部（**延长型**）。大部分建筑分属于这两种类型。当**延长型**加上连接周边环境的“建筑化的外部”时，会产生更为复杂的类型。

在“香川县厅舍”（图4-8）中，直接面向街道的架空悬浮体量和背后的

图 4-8　缓冲型和延长型的融合

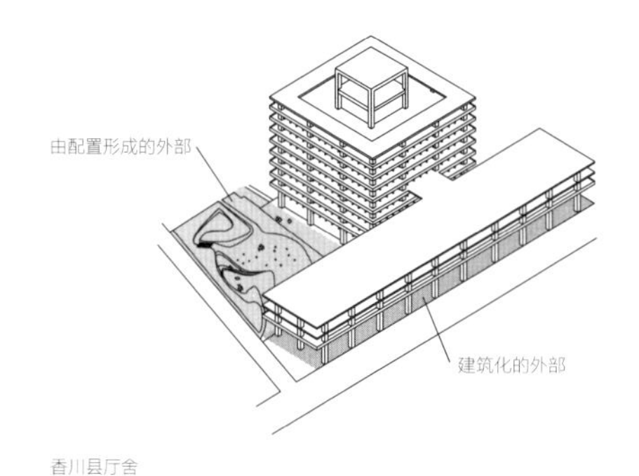

香川县厅舍

高层体量共同形成“由配置形成的外部”。内侧“由配置形成的外部”和架空的“建筑化的外部”使得动线和视线都与用地之外的街道建立了联系。这种沿街架空和后部内院连续形成的构成在公共设施上经常出现。由**缓冲型**的“建筑化的外部”连结的“由配置形成的外部”对于用地之外来说也是开放的场所，这种不完整的**延长型**是**缓冲型和延长型的融合**。

分节建筑外部空间的方式有“由配置形成的外部”和“建筑化的外部”两种，“由配置形成的外部”可分为**缓冲型**和**延长型**。根据外部的连接关系和空间特征，基本的类型可以被强化，或者变成**缓冲型**结合其他特征，以及**缓冲型和延长型融合**等类型（图4-9）。这些构成类型长期存在于日本的当代建筑中，具有公共开放属性的建筑使人们建立了对城市和对建筑“内与外”的认知，联系“内与外”的方法和对建筑部位的操作会变得固定化。因此，当有意识地活用这些原理时，有可能设想出向城市环境更加开放的外部空间提案。

图 4-9 “由配置形成的外部”和“建筑化的外部”共同形成的构成

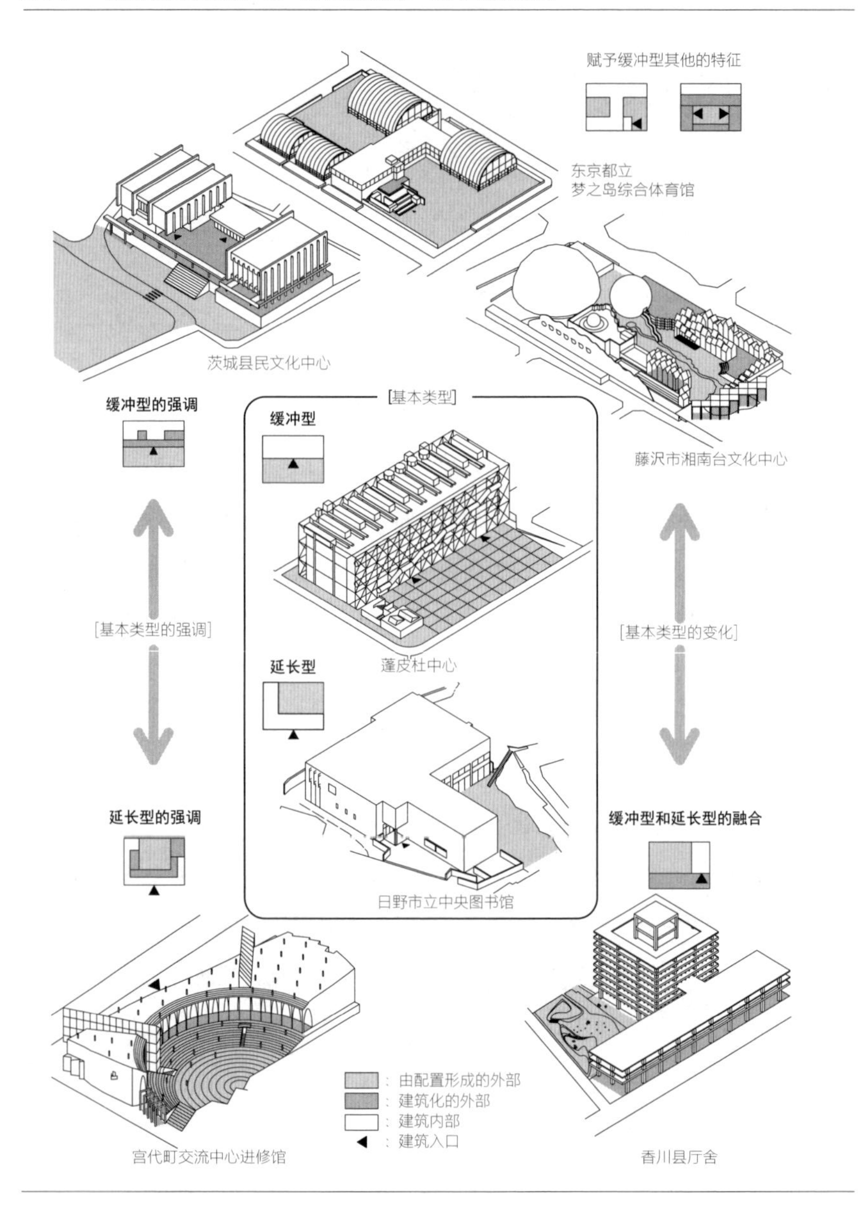

4-2 建筑包含的外部

4-2-1 街道型建筑包含的外部

在高密度的城市空间中，大量建筑通过布满用地来获得高容积率，建筑连续的墙面创造出街道的景观。这种面向街道的建筑被称为“街道型建筑”[1]。在西欧的城市中，现代主义之前的街区都是由街道型建筑组合而成，很多街道的建筑墙面和尺度都被保存下来。街道内的很多建筑设有采光和通风的内院。内院是建筑包含的外部，被称为“空白”[2]或“壁龛式”[3]的外部。除了内院，街道一侧的外部空间也有各种意匠表现。本节以街道型建筑为对象，分析“建筑包含的外部”的构成特点。

4-2-2 建筑包含的外部配列

建筑包含的外部可以认为是把建筑的一部分去除后形成的轮廓。在巴黎中心街区（图4-10）的街区中间有多个外部；“福冈银行总店”（图4-11）的立方体面向两条街道；“福冈国际住宅”（图4-12）的四个建筑外部悬浮在地面体量上，并在水平方向上连成一体。这些建筑所包含的外部使得建筑的内部与用地之外的场所间能够互相连接。“福冈银行总店”（图4-11）的广场是作为

1 “街道型建筑”是街区的一部分，建筑的墙面直接面向街道。相似的有“街区型建筑”（参考文献6）、“街区型集合住宅”等类型，这些连接街道的建筑的集合是一个街区成立的前提。在这里，建筑和街道的关系定义了街道型建筑。

2 “空白”(void) 一般有“空处”“空间”“虚空”“空洞”等的含义（根据小学馆兰登书屋《英日大辞典》）。因此，建筑的吹拔部分常常被称为“空白”（void）空间。研究建筑时，使用空白概念的有斯蒂文·霍尔研究的19世纪80年代—20世纪40年代北美网状街区的建筑类型学（参考文献7）。本书中对此定义为“solid=building，void=courtyard”——这是通过“空”对应“有”、“细”对应“密”的对比方式来定义空白。

3 “壁龛”（niche）一般指在墙面挖出的凹槽，经常在教会和寺院中被用作放置雕像的装饰空间。虽然壁龛主要被用在室内的部位，但相对于阳台和露台形成的凸出外墙的空间，在外墙上形成的凹陷部分可以被比喻为“壁龛”。

图 4-10 位于街区内侧的外部

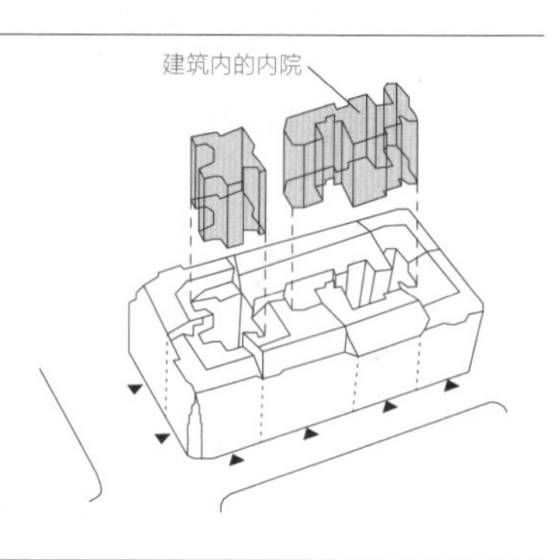

图 4-11 与街道连接的外部

福冈银行总部
（摄影：安森亮雄）

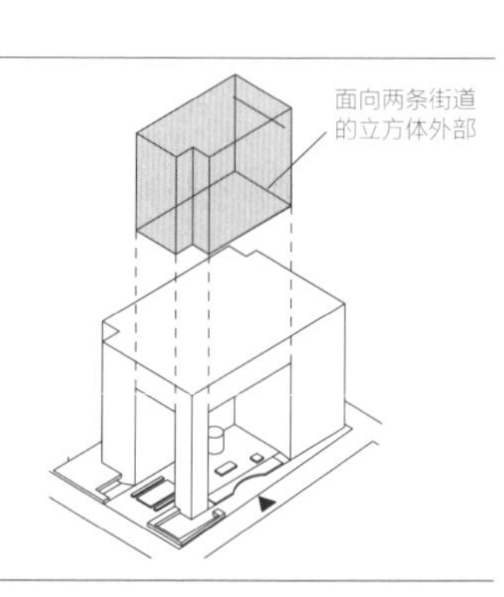

图 4-12 从地面抬起的外部

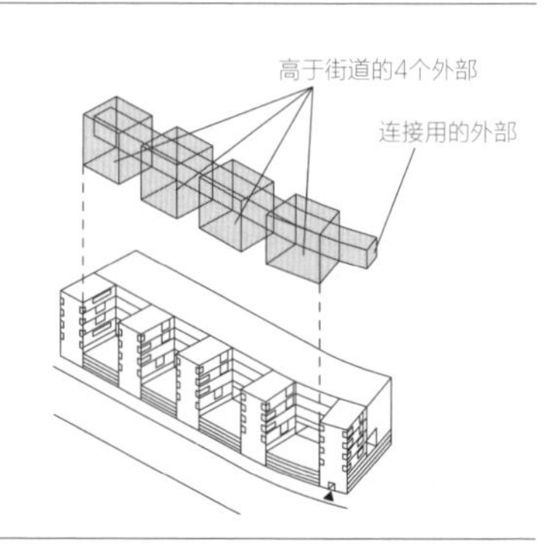

图 4-13 建筑包含的外部的集合

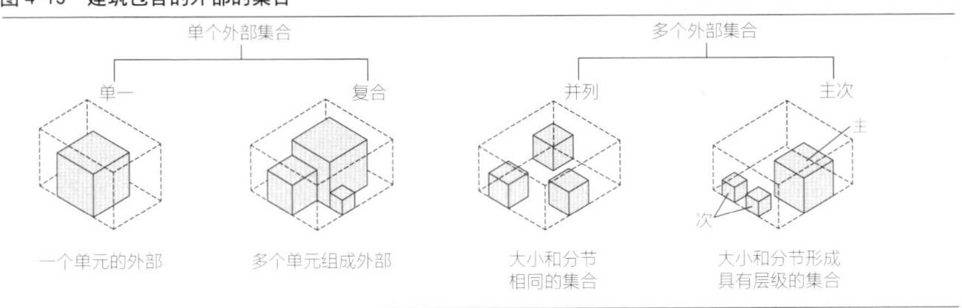

图 4-14 外部形成的形态特征

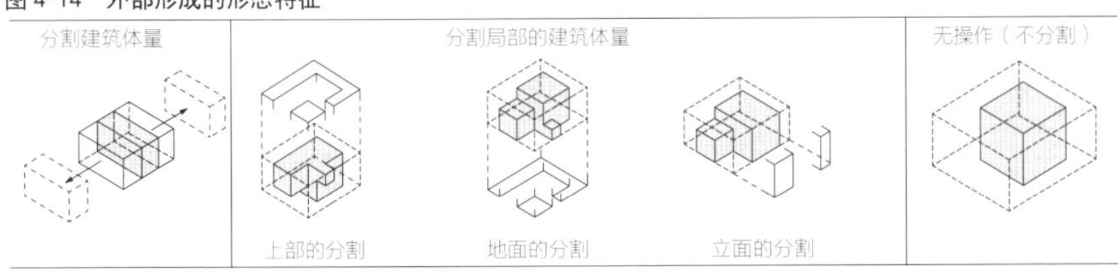

外部使用的，从周边道路能够自由地出入该广场。设置这种外部的原因有集合住宅或办公楼的使用需求、通风和采光等建筑内部的需求，以及用地在场地上的条件等。建筑包含的外部构成有两种属性：首先是不同的大小、数量、形状的配列，其次是连接建筑内部和用地之外的场所。

建筑包含的外部可以提取为以墙面和地面形成的三维空间单元，“福冈银行总店”（图4-11）的单一单元、“福冈国际住宅”（图4-12）的复合单元都是典型案例。除了该外部的类型，建筑包含的外部还有多个相应的集合（图4-13），并且可分为大小相同的排列和大小具有主次之分的排列。建筑包含的外部能够赋予建筑某种形态特征（图4-14），包括建筑体量的中央被外部贯穿、分割为两个部分，以及地面或上部被局部分割等位置关系。这些操作为建筑内部带来更多的通风和采光，并赋予建筑以外形特征。如表4-3所示，建筑包含的外部的位置由水平方向和垂直方向叠合而成。建筑包含的外部配列以外部位置的单元为基础，由集合数量和大小的关系，以及建筑被赋予的形态特征所决定。

表 4-3　外部的位置

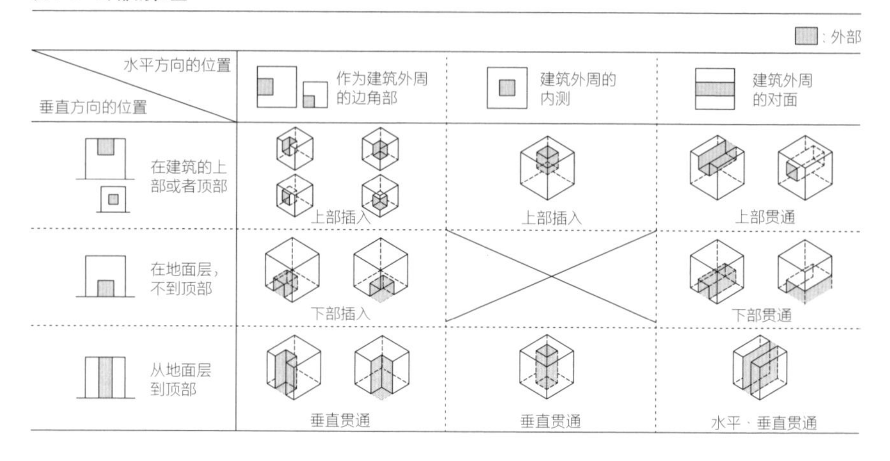

■：外部

垂直方向的位置 \ 水平方向的位置	作为建筑外周的边角部	建筑外周的内测	建筑外周的对面
在建筑的上部或者顶部	上部插入	上部插入	上部贯通
在地面层，不到顶部	下部插入		下部贯通
从地面层到顶部	垂直贯通	垂直贯通	水平・垂直贯通

4-2-3　建筑包含的外部连接

建筑包含的外部和建筑内部紧密连接，并且和用地之外的环境——街道、开放空间、相邻建筑、空地等要素在空间与动线上相连接。街道型建筑包含的外部，连接高密度环境下的城市和建筑，是具有“中间领域”[1]特征的外部空间。如表4-4所示，用地之外的街道、公园等开放空间，还有空地和庭院等场所和外部连接。当与这些场所邻接时，外部空间被延伸，和相邻场所的墙面、高架等要素同时限定出外部空间的大小。建筑内部的功能区和组织功能的部分——共用区[2]是不同的。当外部空间和建筑内部连接时，连接外部的墙面会

1　“中间领域”的定义有多种解读，可以是建筑和城市空间中内部和外部、公共和私有等相反概念之间兼具两者意义的概念（参考文献 8、9），也可以是基于局部和整体的关系，由局部集合形成的中间层级，并在某些特定的局部表现出其他局部的特征（参考文献 10）。相对而言，本节的“中间领域”指建筑用地内的建筑包含的外部，以及空间构成中有可能连接城市空间的外部空间。

2　“共用区”一般是指共用住宅和出租办公等建筑中，多个居住者和租用者共同使用的部分，包括共用的玄关、走廊、洗漱处、厕所、开水间、楼梯、电梯、电气室、机械室等部分（《建筑大辞典》第 2 版，彰国社）。因此，除去设备和机械室，上述的玄关、走廊等局部是共用区，另有某种用途的部分是功能区。

表 4-4 和外部连接的用地之外场所

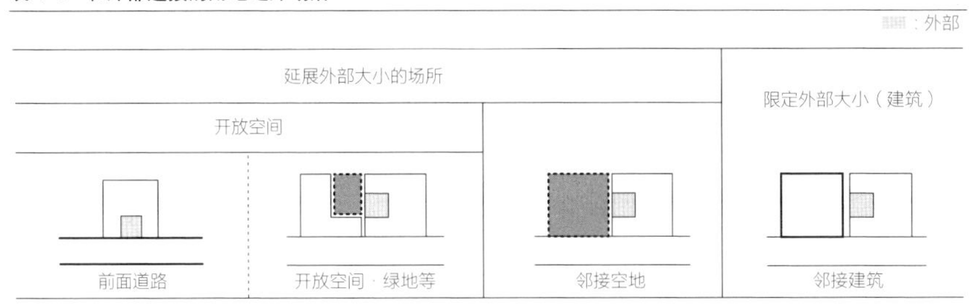

在动线和视线上产生连结关系。比如，玻璃的入口大厅和外部的动线连接的话，入口空间在视觉上会从用地之外一直连接到建筑内部。

4-2-4 建筑包含的外部类型

建筑包含的外部的配列可以归纳为集合是单个还是多个、建筑是否分割、局部是否分割等形态特征。一方面，根据街道型建筑的场地环境，建筑包含的外部本身的连接，以及与街道和其他空间的连接会产生不同的性格。以配列和连接状态为轴，能够分类街道型建筑包含的外部构成，概括为以下三种基本的类型（图4-15）。

“东京国际会议中心”（图4-16）是**通过型**的建筑，该建筑地上的外部空间把建筑分割为多个体量，这些外部空间和两个以上的街道相连接。在同属**通过型**的“幕张新城住宅11号街区”（图4-17）中，面向街道的缝隙状的小型外部连接建筑内部，并与其他外部形成大型的外部构成——这种外部并不是单纯行人通过的空间，在把街道引入用地内的同时，根据外部空间的大小与动线的集合程度，外部成为具有广场属性的场所。

末端型建筑包含的外部面向街道或开放空间，并且一端成为动线或视线的尽端。外部从街道延伸到建筑入口的类型案例有“福冈银行总部”（图4-11）和“中川摄影画廊”（图4-18）。“秋田日产综合体”（图4-19）的外部由大

图 4-15 街道型建筑包含的外部的三种类型

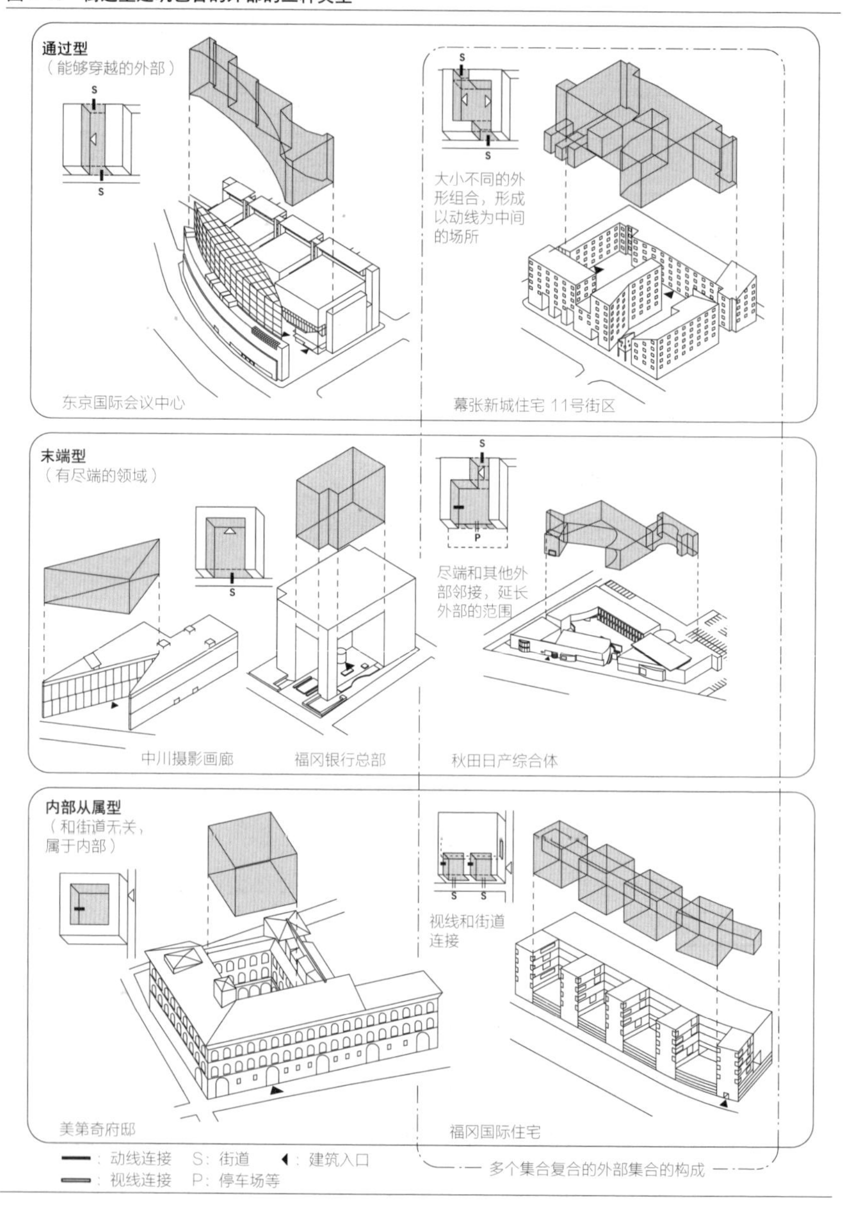

图 4-16 通过型

图 4-17 大小不同的外部复合的通过型

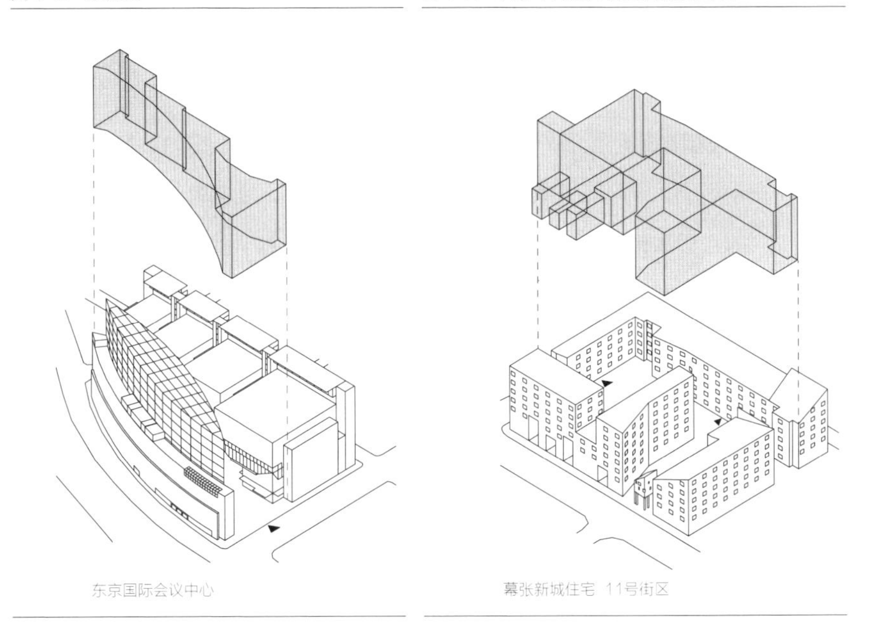

东京国际会议中心

幕张新城住宅 11号街区

图 4-18 末端型

图 4-19 和其他外部连接的末端型

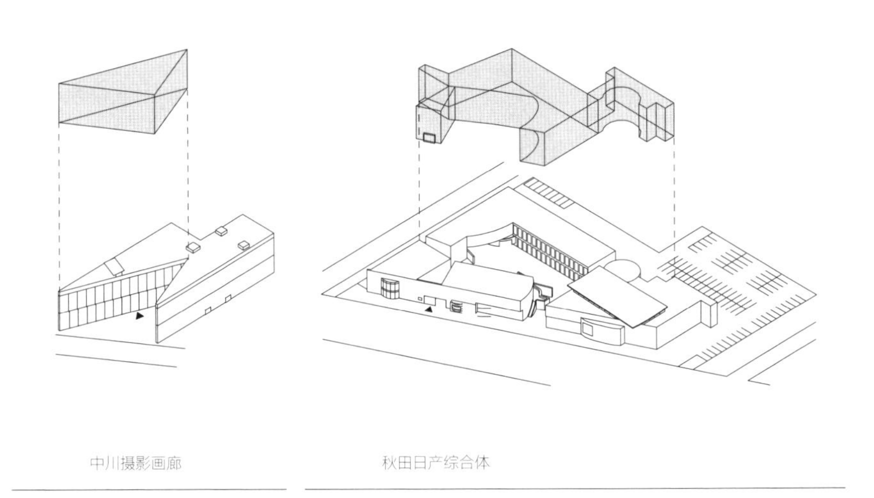

中川摄影画廊

秋田日产综合体

型中央广场和连接建筑内侧停车场的缝隙状道路复合而成，外部被分节为大小不同的部分，和内侧的其他外部空间相连接。该案例是在视觉上具有尽端效果的**末端型**。

内部从属型建筑包含的外部有用地之外不可见的内院（图4-10 巴黎中心街区），在动线上与街道不连接，只能从建筑内部进出。文艺复兴时期，意大利王公贵族的宫殿和作为住宅的府邸（图4-20 美第奇府邸）的内院也属于这种类型。佛罗伦萨、威尼斯等城市秩序井然的街道都是由该类型建筑集合而成。当代建筑“福冈国际住宅”（图4-21）的外部被布置在街道一侧的上部，在视线上和街道连接，在动线上则属于内部。集合住宅面向街道一侧的阳台和设置在高层上部的室外空间一方面是建筑功能上必要的空间，另一方面也是形成建筑外形构成要素的重要部位。

从建筑包含的外部的配列和连接的视角看，其构成的基本类型有**通过型**、**末端型**、**内部从属型**等类型。设置在地面上并在垂直方向上贯穿建筑的**通过型**和**末端型**的外部可以理解为将类似街道、广场的城市空间再现于建筑用地内。现代建筑中的**内部从属型**是把外部设置在建筑的上部，赋予建筑具有街道特征的立面。

街道型建筑是街道空间和景观形成的关键性要素。以街道为中心的城市公共空间包含了街道型建筑的外部。通过研究建筑包含的外部的集合，能够跨出用地的范畴，积极地思考创造城市空间的方法，使建筑能够更加有效地介入到城市空间的形成中。

图 4-20　内部从属型

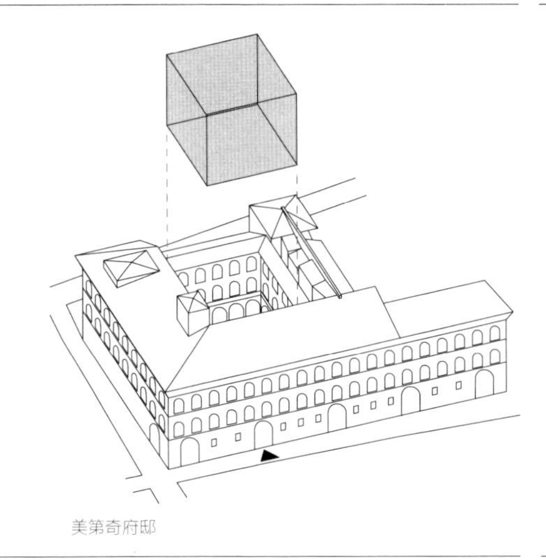

美第奇府邸

图 4-21　视线和街道连接的内部从属型

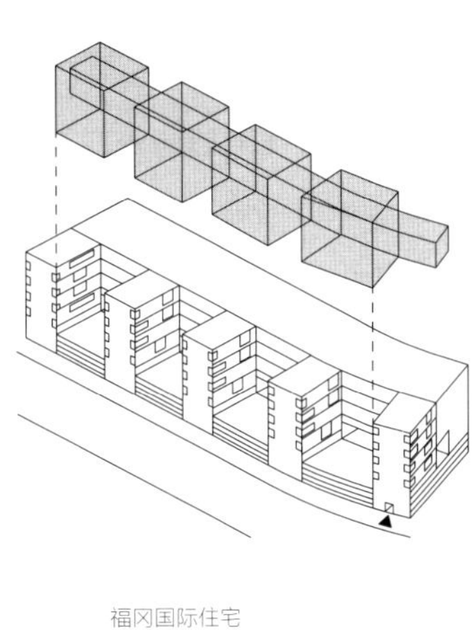

福冈国际住宅

4-3　由地形与建筑外形形成的外部

4-3-1　与地面连续的建筑

建筑所处场地的地形是设计中最基本的条件之一，关于建筑和地形的关系以及建在坡地上的建筑的设想有很多[1]。近年来，很多建筑的构成积极地表现建筑和地面的关系，比如，有地面和屋顶相连接的坡顶花园构成，也有用填方[2]把建筑大部分掩埋的构成。在设想外部空间的同时，建筑隆起时出现的地形，模糊了建筑和地面的边界，外形呈现出暧昧的状态。与地面接触形成外部空间的建筑是本节“由地形与建筑外形形成的外部”要进行分析的对象。

4-3-2　与地面连续的建筑要素

在与地面连续的建筑中，建筑的外形和地面有各种接触关系。具体而言，视觉上和地面连续的外部有建筑的屋顶、墙面等形态和配置，以填方、挖方等手段形成构成。比如“格林皮亚•三木游泳馆”（图4-22）的场地高差连接了道路和屋顶，它们通过草地、植被共同组成了屋顶花园。位于平地上的“八代市立博物馆•未来之森博物馆”（图4-23）通过入口前面的填方，把建筑的主体埋入人工的草坡中。无论哪个建筑，除了和地面连接的部分，都有天窗、体量与地面明确分割。在和地面连续的建筑中，有形态和地面连续一体的局部（连续部），也有和地面分离、被明确表现的建筑部位（分离部），两者复合形成和地面连续的外部。如图4-24所示，构成连续部和分离部的要素主要有“构成材”“体量”“填方”三种。很多连续部是供人自由出入的空间，比如“八代市立博物馆•未来之森博物馆”（图4-23）的草坡就是通往建筑入口的通道。根据建筑入口不同的位置，连续部在动线上的作用也是不同的。

1　参见“参考文献 11”等。

2　在连续部分的要素中，填方和挖方对应用地中土地不同的形成方法，在这里把两者统称为“填方”。

图 4-22 道路和屋顶连续的建筑

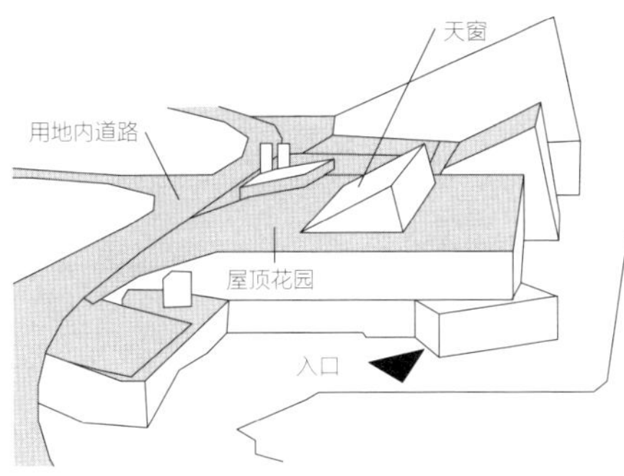

格林皮亚・三木游泳馆（绘制：吴雄尹）

图 4-23 建于填方形成的坡地上的建筑

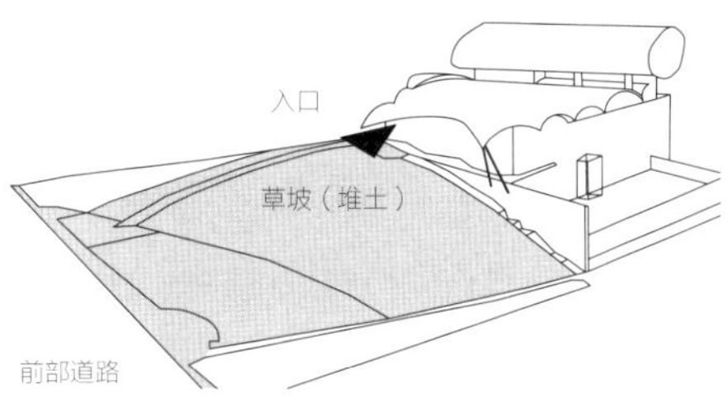

未来之森博物馆（摄影：王可可）

4-3-3 连续部的要素与形状

对于与地面连续的外部，构成上最重要的特征是连续部由怎样的要素，以何种形状与地面连续。根据连续部要素的种类和有无分离部，可以把和地面连续的外部分为以下5种：

Ⅰ：与体量形成的地面连续，有分离部；

Ⅱ：与体量形成的地面连续，无分离部；

Ⅲ：与体量、填方形成的地面连续，有分离部；

图 4-24　连续部和分离部

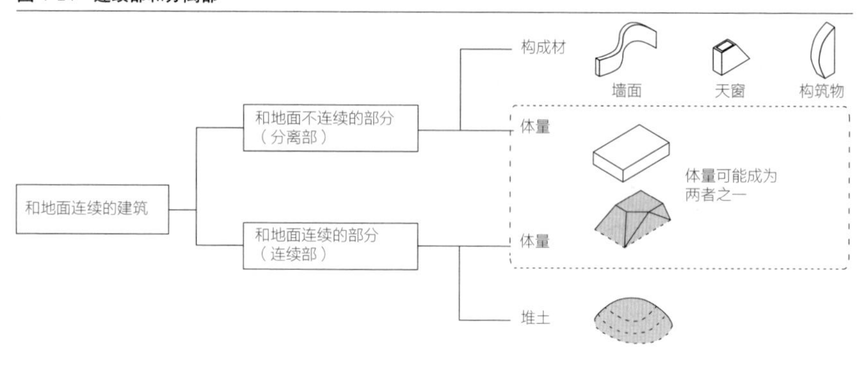

作为连接部的要素形态			
水平面	倾斜面		
	坡地状	曲面	台地状

作为连接部的要素表面材		
建筑类	外构类	自然类
混凝土 金属板 石材 · 瓷砖 木材 玻璃　等	石块 碎石 沥青 等	草地 植被 · 树木 土 水 等

Ⅳ：与体量、填方形成的地面连续，无分离部；

Ⅴ：与填方形成的地面连续（建筑全部是分离部）。

连续部的形状是从地面到建筑剖面方向的轮廓，由倾斜面或者水平面组合形成，与连续部的要素无关。连续部的形状可以只有一个倾斜面或者水平面，也可以是几种形状复合而成。当连续部的形状包含分离部的位置时，和地面连续的外部的形态与用地形状、建筑的规模、不同的用途都没有直接关联。连续部的形状和分离部的位置可以整理为表4-5。

4-3-4　由地形与建筑外形形成的外部类型

根据上述Ⅰ到Ⅴ的连续部的要素和有无分离部，表4-5列出了不同的连续部形状与分离部位置的组合，以及和地面连续的建筑所有可能的构成。这些构成由特定的要素和形状组成，根据各自的不同点和相似点，可以被限定为几种类

表 4-5 连接部的形状和分离部的位置

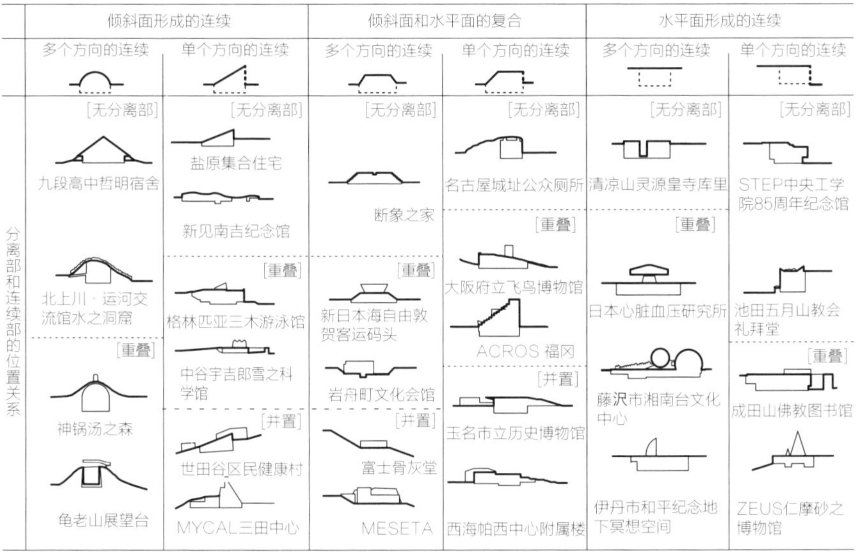

	倾斜面形成的连续		倾斜面和水平面的复合		水平面形成的连续	
	多个方向的连续	单个方向的连续	多个方向的连续	单个方向的连续	多个方向的连续	单个方向的连续
分离部和连续部的位置关系 [无分离部]	九段高中哲明宿舍 北上川·运河交流馆水之洞窟	盐原集合住宅 新见南吉纪念馆	断象之家	名古屋城址公众厕所	清凉山灵源皇寺库里	STEP中央工学院85周年纪念馆 池田五月山教会礼拜堂
[重叠]	神锅汤之森 龟老山展望台	格林匹亚三木游泳馆 中谷宇吉郎雪之科学馆	新日本海自由敦贺客运码头 岩舟町文化会馆	大阪府立飞鸟博物馆 ACROS 福冈	日本心脏血压研究所 藤沢市湘南台文化中心 伊丹市和平纪念地下冥想空间	成田山佛教图书馆 ZEUS仁摩砂之博物馆
[并置]		世田谷区民健康村 MYCAL三田中心	富士骨灰堂 MESETA	玉名市立历史博物馆 西海帕西中心附属楼		

型（图4-25）。

由体量形成的连续部，通过草地、植被、覆土等自然的材料模拟丘陵、平原、森林等自然地形；石砌的台阶和基座下面的建筑通过护坡、台阶和台地形成地形，形成土木构筑物的建筑化，自然被包含在建筑环境中。因此，连续部的构成方法可以分为“连续部=自然”和“连续部=人工和自然化的构筑物”。本节通过这两种构成方法讨论具有代表性的类型案例。

当建筑和地面连续，并且部分材料和地面一致时，地面和建筑之间的界限是暧昧的，地面和建筑的分节在外形上错位，建筑作为地面延伸部分的外形构成，这种类型可称之为**“自然地形化”**。代表此类型的案例——“别子铜山纪念馆”（图4-26）的建筑上部都是绿化，与背部的坡地连接，该建筑类型强调的是与地面分开的局部分离部。另外，“龟老山展望台”（图4-27）的体量被埋入满是植被的山中，钢结构的瞭望台突出于地面；“所沢圣地灵园礼拜堂”

图 4-25　地形和建筑外形形成的外部类型

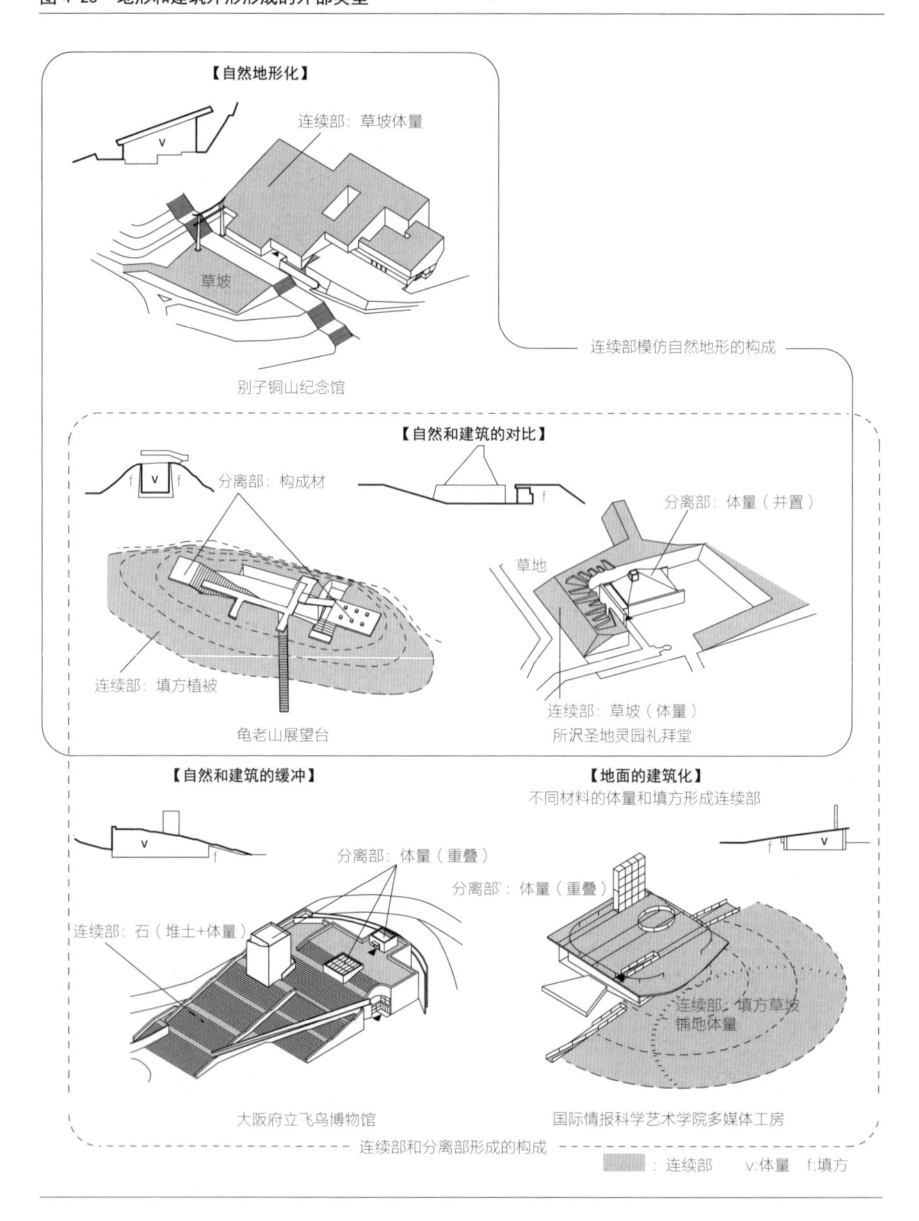

图 4-26 自然地形化

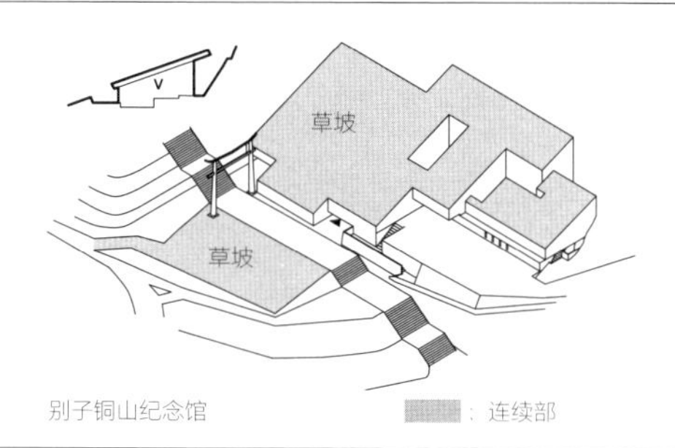

图 4-27 自然与建筑的对比（重叠）

图 4-28 自然与建筑的对比（并列）

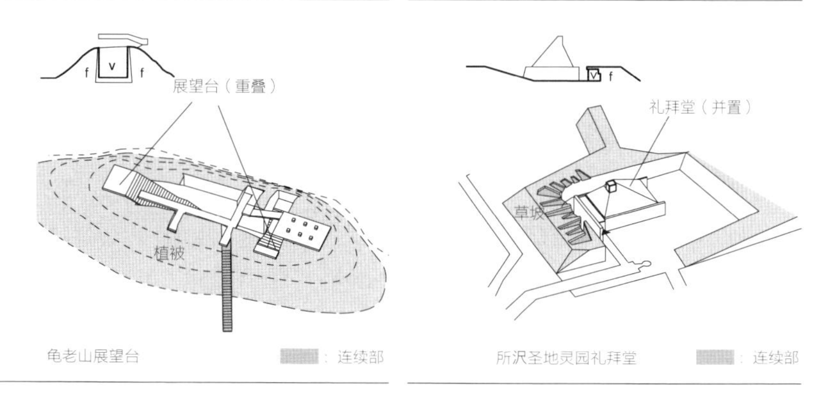

（图4-28）的U形体量由草地护坡围合，混凝土的礼拜堂布置在中间。这两个案例构成的连续部和分离部的不同形态也体现在表面材料上，它们属于**自然和建筑的对比**类型。

楼梯和挡土墙是人工和自然构筑物的建筑化构成，类似于上述的**自然地形化**类型，连续部和地面使用同样的材料，形态上却不是与地面一体化。地面和分离部互相分节，两者通过作为其他要素的连续部连接。这种在自然和建筑之间插入其他要素的类型被称为**“自然和建筑的缓冲”**（类型）。“大阪府立飞鸟博物馆”（图4-29）的草地与大规模石砌台阶相连续，顶部混凝土的立方体

图 4-29　自然与建筑的缓冲

图 4-30　地面的建筑化

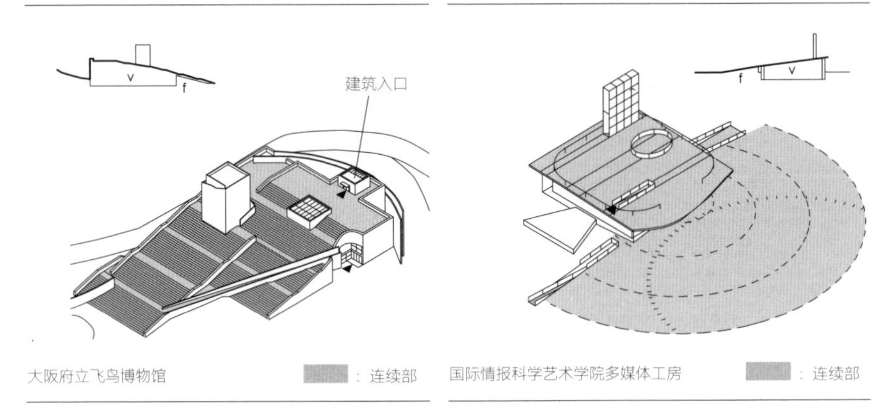

是建筑的入口。这种类型的连续部是通向建筑入口的台阶道路，访客经过线性的动线，从地面经过连续部到达分离部。与图4-2 **缓冲型**的内外空间一样，联系自然和建筑的中间场所是连续部的特征。

上述连续部模仿自然和大型构筑物，体量被埋入地面，表面材料统一，是与现存环境和谐共存的构成方法（图4-25）。与此相反，从草坡到屋顶连续的“国际情报科学艺术学院多媒体工房”（图4-30）明确表现出建筑和填方的不同。圆形草地和弯曲的方形屋顶是明显的人工构成，不参照现存的环境，把作为外部构成的设计要素——填方积极地引入建筑构成中，这种类型是**地面的建筑化**。

在与地面连续的外部构成中，延长地面的建筑外形的局部被自然化。虽然地面和建筑连接的构成方法不同于土木构筑物，但这种方法也经常被用在各种建筑上。当地面要素被纳入建筑构成的范围时，虽然不一定会从满足功能开始形成建筑的意义和图像，但是能够赋予建筑外部空间和外形构成。当建筑具有统一的图像时，其印象会被加强，有可能改变常见的使用方法和认知。我们有必要认识到建筑的外部空间也具有传达图像意义的作用。

由建筑形成的构成与建筑本身的大小和规模有关。比如内院型建筑的体量，因为在建筑的中心部设有内院（外室），用地的大小如果没有一定程度的富余是很难成立的（图1）。同样，有吹拔空间的建筑，如果建筑整体没有一定高度，把吹拔空间和大空间都包含在建筑中也是不可能的（图2）。建筑的构成不仅会一定程度地受到建筑的使用方法（用途）的限制，也会受到建筑整体规模和大小的限制。

建筑构成学在设计建筑时超越了“基本的用途与功能＝建筑类型”的框架，以建筑构成的视角更加抽象化地把握建筑。建筑的空间功能不仅仅是使用目的（用途），更是使用状态（行为）。

建筑构成和建筑的大小、规模之间的关系在怎样的视角下才能成立？本书通过住宅/建筑/城市空间的分类，把建筑和建筑的集合按照整体环境中小/中/大的尺度来区分，这也是对应着私有/公共/城市的空间特征进行的分类。各章涉及的建筑，主要从空间之间的位置关系，即空间的连接方法以及邻接/包含的位置关系去划分，同时也包括这些关系中大空间/小空间的空间大小关系。总而言之，建筑构成可以从“空间配置”和“空间分配”两个方面来思考。建筑构成包括空间尺度的相对关系的分析，但没有明确涉及建筑本身和包围建筑的环境的尺度，以及由此形成的构成关系。

图1　内院型住宅的成立条件

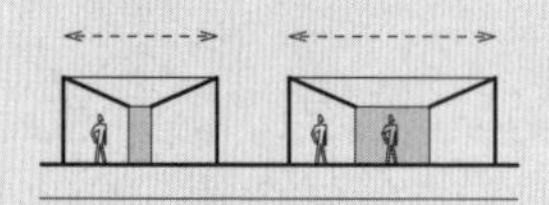

图2　吹拔空间建筑的成立条件

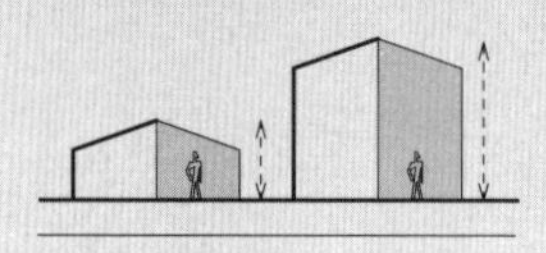

图3　建筑的比例

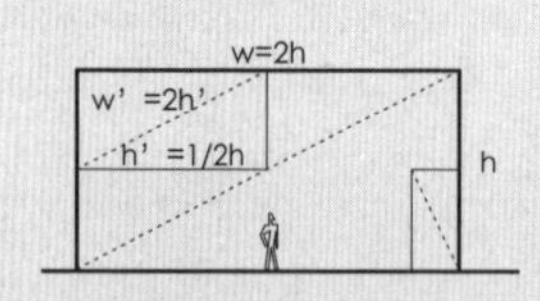

图4　黄金比 Φ（1:1.618）

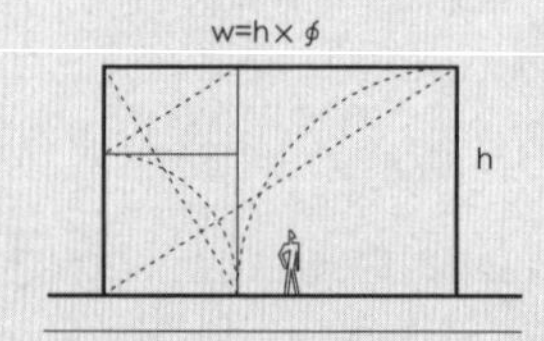

图5　尺度是与人体尺寸的相对比值？

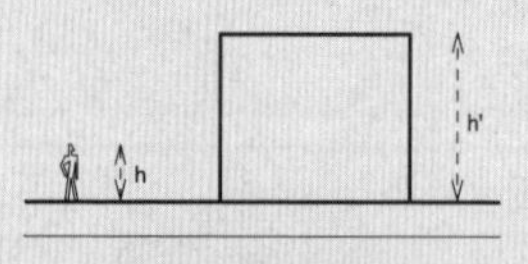

图6　尺度是（尺寸单位）？

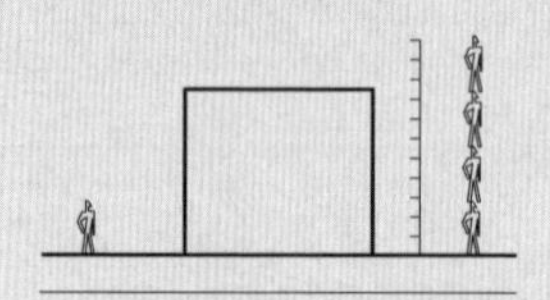

“建筑构成”（composition）是什么？本书中的“构成”指部位、室、空间和建筑自身的空间单元相互间的配置关系和分配关系。另外，由此形成的建筑构成的性格（类型）是指由空间单元的相对大小关系、对称形与向心形等拓扑形的几何形式、邻接性和多层性，以及并列和包含的空间拓扑（topology）形式的类型，也就是说，建筑构成由建筑的体量、局部和局部的组合，以及局部和整体的关系组成。

在此，我们需要讨论建筑中的“比例”（proportion）概念。“比例”通常指建筑形态和空间中局部和局部，或者局部和整体的尺度之比。比如，柱的粗细和高低之比、柱的粗细和跨距之比，或者建筑整体高度和宽度之比等。建筑的立面或者平面上的分节状态和空间的形状被数据化（图3）。最常见的被量化的比例就是黄金比例（图4）。由此看来，“构成”表现的是没有被严格量化的形态和空间的局部之间或局部和整体之间的配置和分配，它赋予了建筑更为广泛的比例上的意义。

同时，我们还需要了解“尺度”（scale）的概念。一般意义上的比例是局部之间或者局部和整体之间的比值（内部比），相较而言，尺度表达的则是一种事物和其他事物之间的比值（外部比）。对建筑来说，一般和身体尺寸相关的是尺度；但是，如果按照这样的定义，比例和尺度都是某种比较性的测量（图5）。如果比例和尺度不是被定义为“相对比值”，而是绝对（人体）比值的话，那它们就会变成与大小、重量等单纯的测量单位相同的概念（图6）。

因此，为了明确的区分“尺度”和“比例”，这里引用生物学中经常使用到的“缩放比例”概念，把尺度定义为“通过大小的变化形成比例的变形”，由此可以明确区分尺度和比例。比如，要建造和自己的住宅完全一样形状（比例）的小狗舍的话，一定是要缩小整体，而某些不适合的地方会使得比例出现问题，这就是比例的变形。反过来，建造相同形状的2倍大的建筑物时也会出现相同的问题。与几何学上的三维形态不同，保持建筑的同型（isometry）并扩大或者缩小建筑是不可行的。由于建筑的缩放形成的比例变形，一般被称为“弹性相似”（allometry）（图7、图8）。比例变形一般是由于身体、力学、结构、经济等各种层面的合理性需求产生的。

建筑设计，可以说是对于建筑的弹性相似特点的一种挑战。典型的案例诸如希腊神殿中超出人类

图7　当建筑变小时，比例会变形（同型）

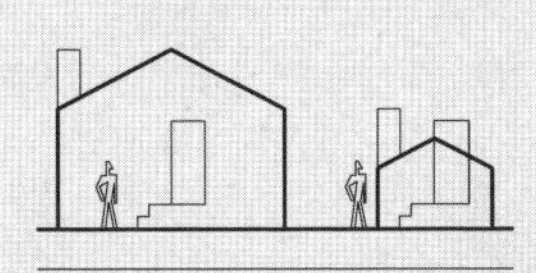

图8　当建筑变大时，比例会变形（同型）

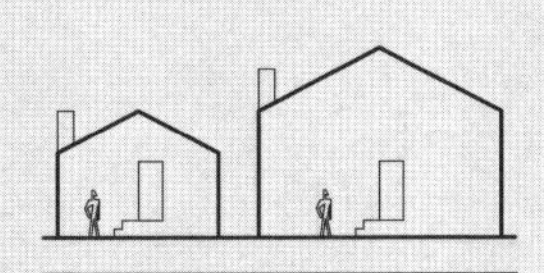

图9　希腊神庙（保持比例）

图10　哥特教堂（比例修正）

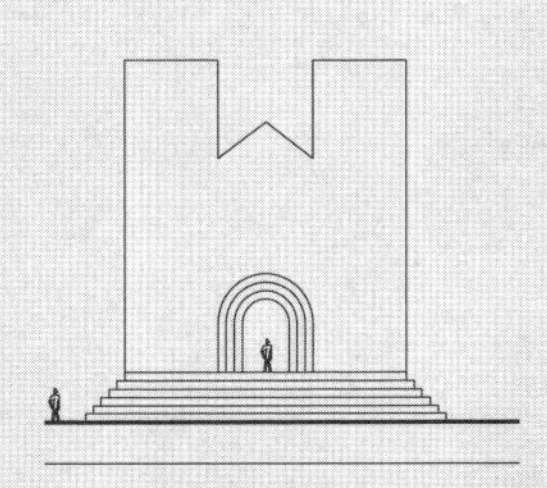

图11　佛教寺院的屋顶坡度（视觉修正）

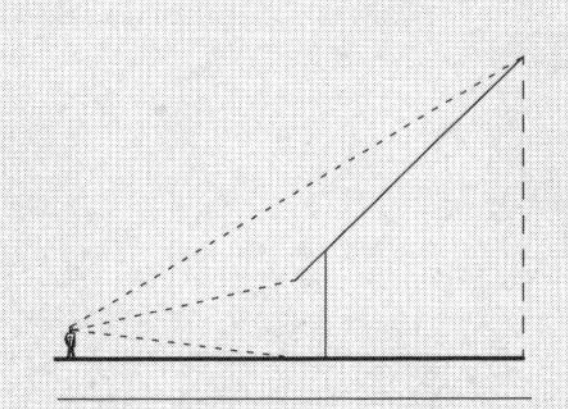

图 12　现代建筑设计中的修辞（力学的修正等）

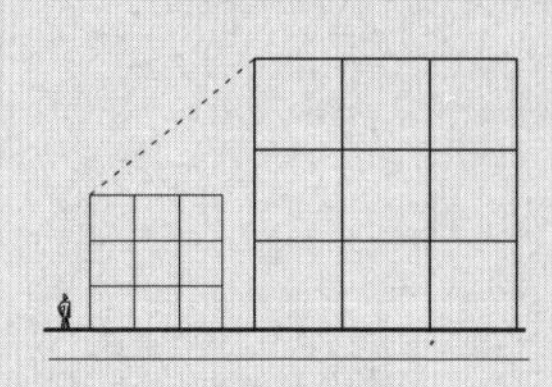

图 13　强调同型的设计

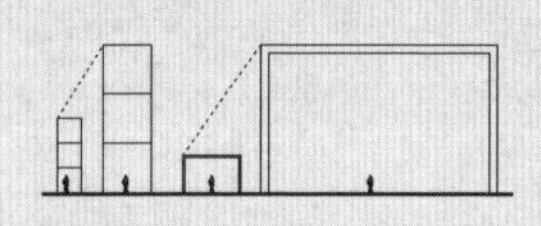

图 14　具有弹性相似的设计

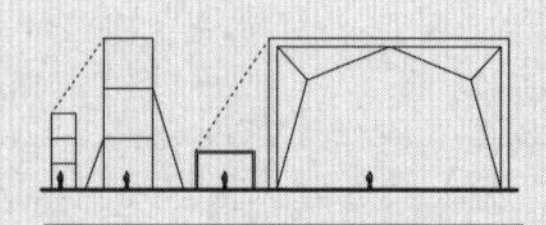

尺度的基座，哥特教堂大门附近的装饰，佛教寺院的坡屋顶，又或者在现代建筑中能看到的结构部件的极简化等（图9—图12）。在这里，为了消除因为建筑尺度变大而产生的比例变形，使用了同型的修辞方法（图13）。另外，也有直接接受建筑内在的弹性相似特征，把规模形成的比例直接表现出来的建筑。

回到关于建筑的构成和尺度关系的话题。就如本文开篇所说的，建筑被赋予的形态和空间的构成深刻影响了建筑的大小和规模。某种构成必然是在一定规模的建筑范围内才能成立，一旦超出这个界限就无法成立。一方面，为了使内院和吹拔空间能够成立，建筑的大小界限会有最小值和最大值。就像大小和规模会给建筑的比例带来变形，大小的变化会使得这样的变形（弹性相似）到达临界点。这些特点都内在于三维立体的建筑空间的构成中。另一方面，当住宅中存在的构成类型以同型修辞的方式出现在更大尺度的建筑中时，我们会发掘出新的建筑设计方法。

5 由建筑配列形成的构成

本章以“统合”（integration）的概念为中心，把建筑、用地和周边环境作为一个空间的整体来讨论。如同前几章中建筑构成的统合，为各种局部集合赋予了秩序，形成空间的整体集合。在建筑和用地中，空间的集合既能形成局部又能形成整体。同时，统合不仅局限于用地边界内，也可以包含周围的环境。总之，从统合概念形成的空间集合的角度去思考，能够跳出机械地区分建筑和用地的方法，从建筑单体和用地边界中创造出自由的环境。

本章分不同的层级来讨论空间集合的方法。首先5-1节是分析空间集合，即一栋建筑中空间集合的基本方法。5-2节则以5-1节的基本方法，讨论建筑和外部空间形成的整个用地的空间集合。最后，5-3节以上述方法扩展至用地边界之外，分析建筑和周边环境的空间集合。

5-1　由体量配列形成的统合

5-1-1　体量的集合

有各种方法把建筑划分为空间的集合。划分出的空间被称为“建筑的单元”。这些单元配列形成整个建筑，是建筑的统合形式。上一章的“统合”是由单元的配列形成的空间整体，是作为一个集合被分析的，即建筑的统合使得空间单元成为一体。在整个建筑中，空间的单元组成一个局部，局部再互相组合成一个整体。然而，本节中由统合概念产生的建筑形式是把划分建筑整体外

图 5-1　体量集合中的配列方向性

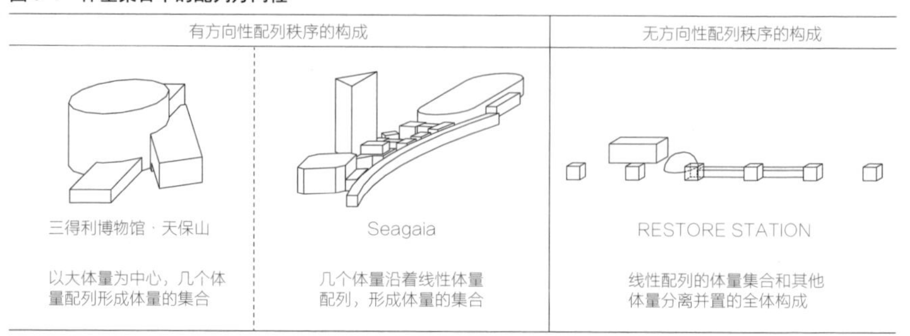

图 5-2　统合元：把配列的秩序实体化的体量

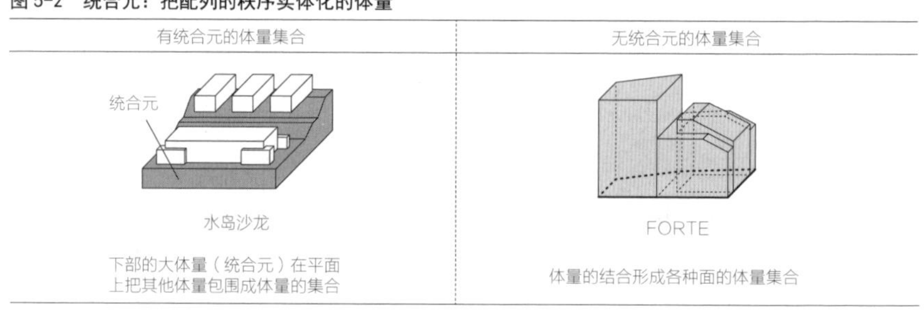

形的体量定义为基本的空间单元。

体量的配列有各种统合的方式，以哪种配列形成集合是非常重要的。通过分析不同的集合可以发现其中的秩序。在各种各样的配列秩序中，配列使得体量具有某种方向性，这种秩序使得空间体系化。比如图5-1“三得利博物馆 · 天保山”以大体量为中心，并在周边配列小体量，而在“Seagaia”中，其他体量沿着线性体量一字排开。从这些不同秩序中的空间方向性来看，前者是以点状中心配列体量的秩序，后者则是线性配列的秩序。外墙线具有从平面向外侧扩张的方向性，由此限定出的外墙面组成体量的集合，并产生秩序。通过分析决定配列秩序方向的“点”“线”“面”，可以在空间体系中整理出各种体量的集合。

表 5-1 统合元和配列的秩序形成的体量集合

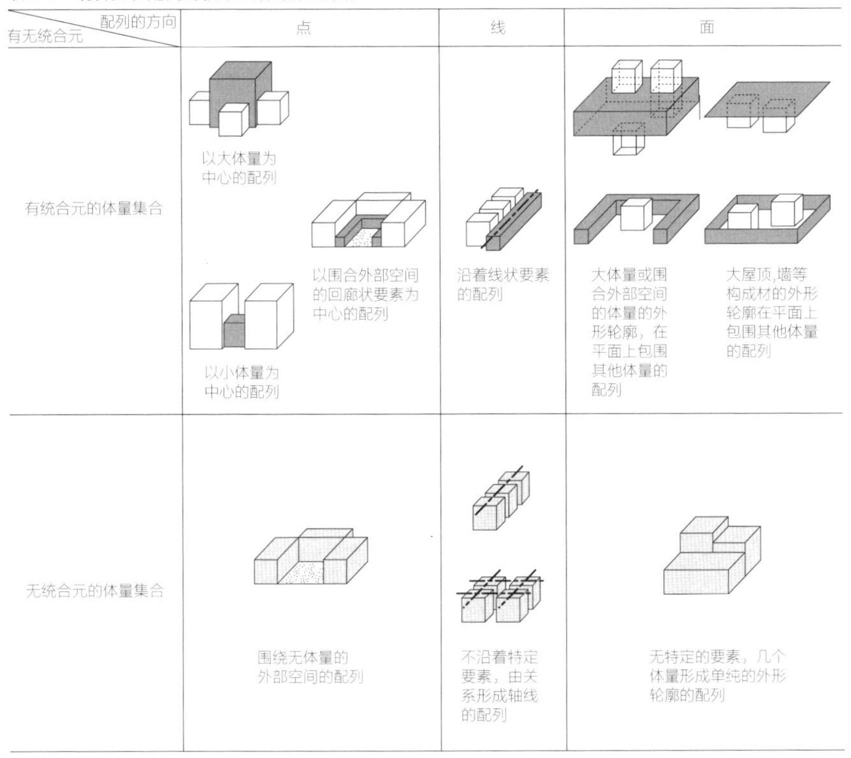

配列的方向 / 有无统合元	点	线	面
有统合元的体量集合	以大体量为中心的配列 以围合外部空间的回廊状要素为中心的配列 以小体量为中心的配列	沿着线状要素的配列	大体量或围合外部空间的体量的外形轮廓，在平面上包围其他体量的配列 大屋顶,墙等构成材的外形轮廓在平面上包围其他体量的配列
无统合元的体量集合	围绕无体量的外部空间的配列	不沿着特定要素，由关系形成轴线的配列	无特定的要素，几个体量形成单纯的外形轮廓的配列

在这些体量的集合中，某些体量代表某种集合的秩序。比如在图5-2的案例中，由面限定出的秩序形成体量的集合。左边的案例是在大体量上面布置小体量，与之相反，右边的案例则是几个体量结合成一体化的外形轮廓。比较两者，前者下部的大体量自身形成“面”，其他体量布置在“面”的上面；后者的“面”则是由各个体量的集合所形成。这些使得体量组成配列秩序的实体，被称为“统合元”。有统合元时，台地、大屋顶那样的统合元能够整合其他的体量；没有统合元时，只有体量配列形成秩序。

如表5-1所示，有没有“统合元”，以及前述不同的“点”“线”“面”

图 5-3　体量集合的案例

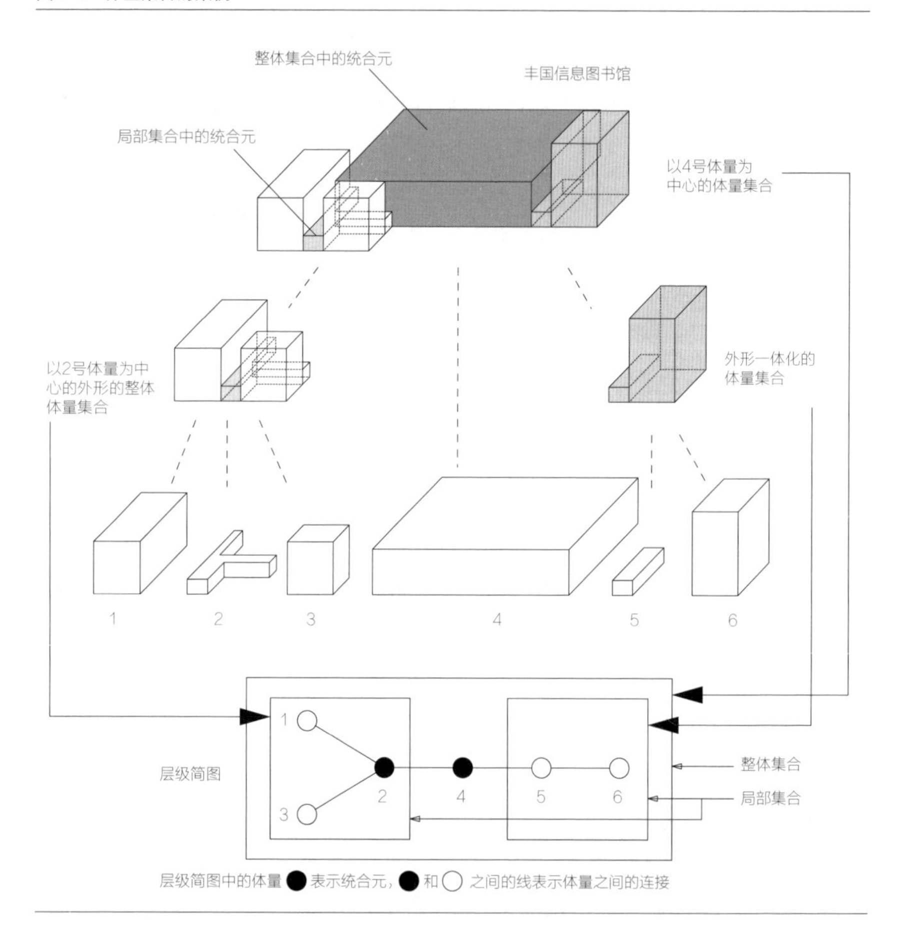

的组合秩序，会形成不同的体量集合。比如在该表中，以“点”为中心的体量集合既有以体量为中心的配列，也有以外部空间为核心的配列，这些是由有无统合元产生的丰富性。同样的，有统合元的体量集合中，统合元不仅可以是“点”，也可以是“线”，或者是“面”。通过统合元和配列的组合秩序，体量的集合蕴含着丰富多彩的形式可能性。

表 5-2　层级的种类

	形成整体的体量集合	不形成整体的体量集合
不形成局部的体量集合	I 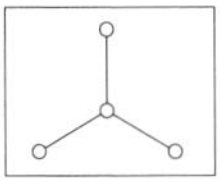	II 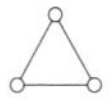
形成局部体量集合	III 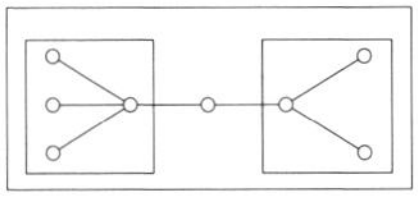	IV 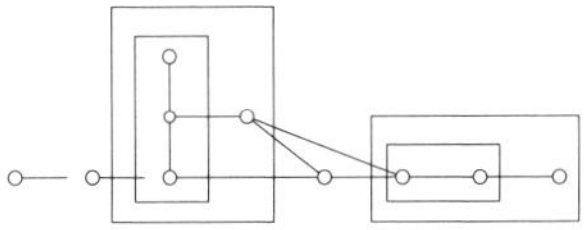

5-1-2　体量集合的层级性

上述的体量集合自身可以组成建筑的整体，这种整体的集合可以被分解为局部，比如图5-3案例的集合就可以被分解为多个局部体量。该建筑被分解出六个体量（图中1—6号），多个体量以其中的2号体量为中心形成局部体量，同时，5号和6号体量也组成另一个局部体量。然后，这两个局部体量以4号大体量为中心形成集合，组成建筑的整体。局部形成体量的集合，再组成建筑物整体，集合作为一种单元并形成层级。图5-3的层级简图展现了体量集合的范围，以及由此形成了怎样的层级。图5-3的案例是两个局部体量的集合和一个中心体量共同形成了整体的集合。这种层级关系用层级简图来表示，可以直接抽象为两个四边形（正方形）被更大的四边形（矩形）包围的图形。

层级简图可以使人了解到从局部和整体的关系中产生层级的可能性。通过这种方法，可以整理出理论上可能出现的四种类型（表5-2）：

I　建筑整体是由体量形成的一个集合，不形成局部体量的集合；

II　建筑整体只是体量的汇集；

III　形成局部体量的集合，并作为单元的上一层级集合形成建筑整体；

图 5-4　由体量的统合形成的建筑类型

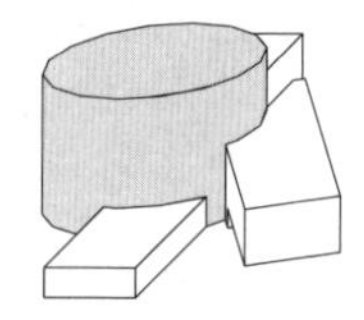

三得利博物馆 · 天保山

A
特定要素从属于其他局部的构成

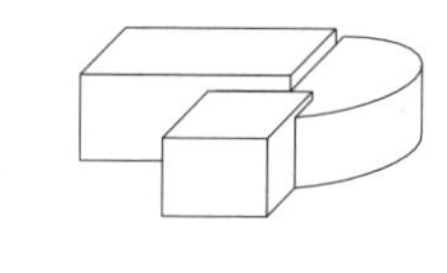

宫沢贤治原乡馆

B
有独立局部的构成

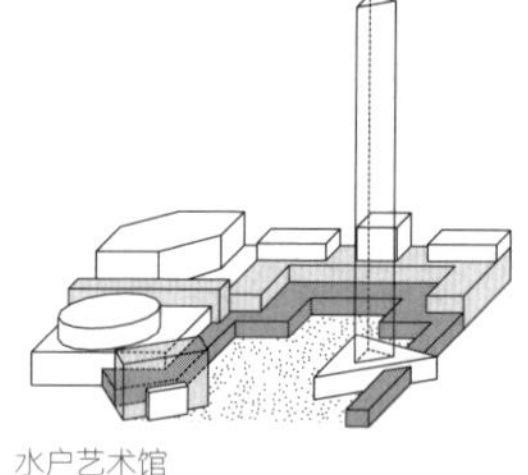

水户艺术馆

C
由统合局部集合的统合元形成的构成

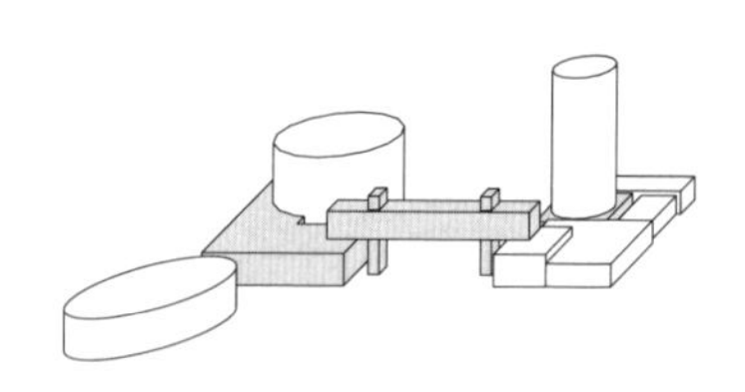

日中青年交流中心

D
由无层级的局部集合形成的构成

Ⅳ 形成部局部体量的集合，这些集合只是汇集形成建筑整体。

举例说明，即使由相同的配列秩序形成的体量集合，也会产生不同的层级：Ⅰ是建筑的整体，Ⅲ和Ⅳ则只是建筑的局部。通过了解体量集合之间产生的层级，可以将体量作为物理空间的单元，由配列的秩序形成多变的建筑整体的空间集合。

5-1-3　由体量的统合形成的建筑类型

根据上一节对层级种类，以及有没有统合元和配列方向的分析，我们可以发现体量统合能够形成的建筑类型。本节将对每个层级种类的代表性类型（图 5-4）展开分析。

案例A的构成没有层级，没有形成局部体量的集合，整体只是体量的集合

（层级种类Ⅰ），多个小体量以大体量为中心统合在一起。案例B与A相反，虽然和案例A一样都是没有主从关系的构成，但作为整体并没有形成体量的集合（层级种类Ⅱ），多个体量只是简单地分离或者汇集在一起。

案例A有统合整体的统合元，与其他的体量之间形成了“统合/被统合”的主次关系；所以，案例A的特定要素赋予了其他局部从属的特征。然而，案例B的体量之间没有从属关系，各个体量被赋予了独立性。

案例C中，局部体量的集合由统合元组成，在构成上形成层级，以局部体量的集合作为单元的统合元形成了整体的集合（层级种类Ⅲ），而环绕着外部空间的回廊将整体又统一在一起。案例D的局部是由统合元形成的体量集合（层级种类Ⅳ），但这些部分相对于整体仅仅是单纯的结合或者分离。

比较上述两者可以发现，案例D的整体构成中只有局部是由体量的集合形成，而案例C则不论是在局部还是整体上都有统合元形成的集合。在局部上是“统合”的要素对于整体就是“被统合”的要素。因此，“统合”整体的统合元被定位为从局部到整体的层级从属关系的最上层，是支配统合整体的要素，即在整体中具有重要支配作用的体量统合了整个建筑的构成。

以体量配列形成的统合概念为基础，如何组成建筑的整体是到目前为止的分析内容。本节的内容可以归纳为以下两点：

（1）将体量集合的配列秩序实体化的体量（统合元）与其他的体量形成主从关系，并组成体量的集合。

（2）体量的集合可以出现在建筑整体或者建筑的局部中。通过形成集合的范围和层级性的操作，可以产生出各种各样的整体和局部的关系，包括具有强烈独立性的体量，以及一个体量支配统合整体的关系。

如果细致地组织以上两个要点，在空间单元的体量和建筑整体之间，就可以形成多种多样的空间集合。

5-2　用地整体中的建筑统合

5-2-1　由外部空间形成的楼栋集合

5-1节分析了建筑本身的统合形式。由于本节将把分析的范围扩展到用地整体中的建筑统合，所以，主要分析的对象是分栋建筑。分栋建筑常见于有大范围用地的大学校园与美术馆中，由多个楼栋分散配置组成。楼栋之间是外部空间，连接外部空间和内部空间的桥或回廊是其典型特征。为了将建筑物自身的空间构成和外部空间密切联系在一起，这种分栋建筑通过外部空间将建筑和用地的整体统一起来，用地整体的空间集合成为重要的构成。

分栋建筑的空间构成可以被理解为以楼栋为单元的空间构成[1]。与第4章的分析相同，这些楼栋被配置在用地内，用地中楼栋占用的空间之外是外部空间。外部空间如图5-5所示有两种，一种是围绕着数个楼栋的外部空间（以下称为“围合空间”），另外一种是围合空间之外的楼栋周边的大范围外部空间（以下称为“周围空间”）。与5-1节相同，围合空间的楼栋会形成楼栋的集合[2]。从这个角度可以总结出分栋建筑的三种类型(图5-6)：全部由楼栋形成围合空间而没有周围空间的案例类型a；只有周围空间但没有围合空间的案例类型c，以及既有围合空间也有周围空间的案例类型b。

这些围合空间和周围空间会根据楼栋与用地边界的位置关系发生多种变化（图5-7，表5-3）。比如图5-8的案例中有两个围合空间，平行的楼栋只限定了两个侧面，使其成为围合空间中比较开放的空间。楼栋以分散式的构成布置在

1　这里的“楼栋”是指分散在用地中的建筑。上一节为了分析大规模建筑的构成，把从外侧划分的体量定义为“单元”。建筑的体量是相互邻接的建筑体。同样，如果从以体量为单元的角度去思考，楼栋就是体量连接形成的一个建筑集合。

2　以外部空间为中心的体量集合，如5-1节所述，是以某个“点”为中心配列的方向秩序，把体量统一的一种构成。可参考5-1-1节。

图 5-5 围合空间与周围空间

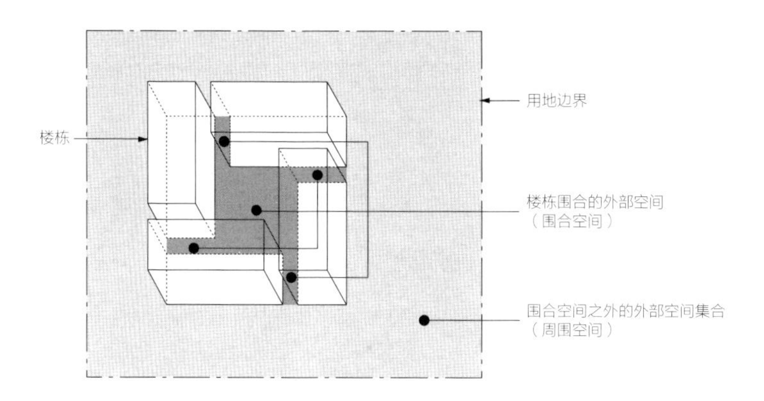

图 5-6 分栋建筑的建筑集合与外部空间的关系

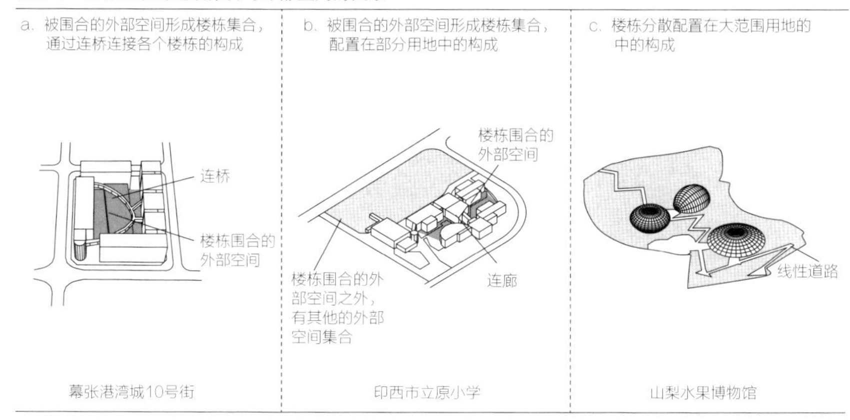

图 5-7 各种围合空间

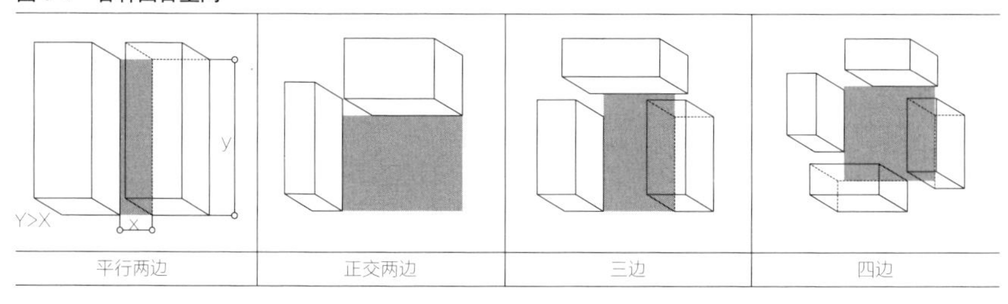

表 5-3　周围空间和楼栋、用地边界的位置关系

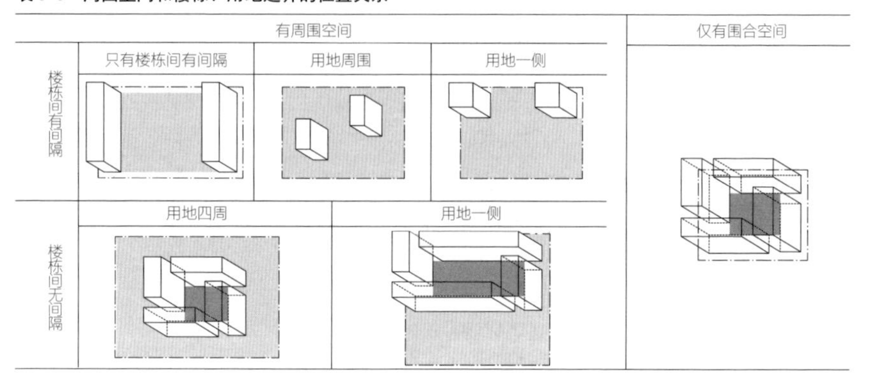

图 5-8　分栋建筑的案例

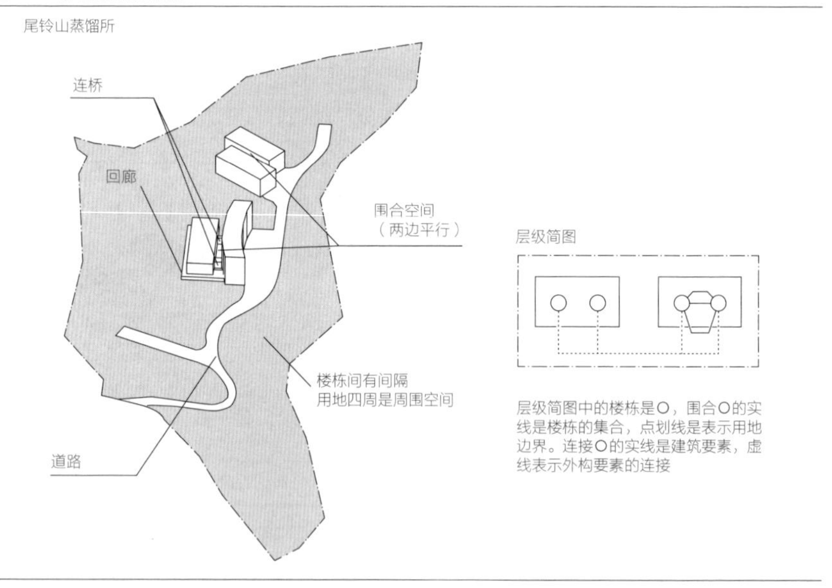

用地中，楼栋之间和用地周边的则是周围空间。

当用地中有多个围合空间时，楼栋会形成多个局部的集合。这些局部集合在空间上的关系是用地整体的构成。我们可以用与5-1节同样的层级简图来描述

图 5-9 围合空间形成的局部楼栋集合

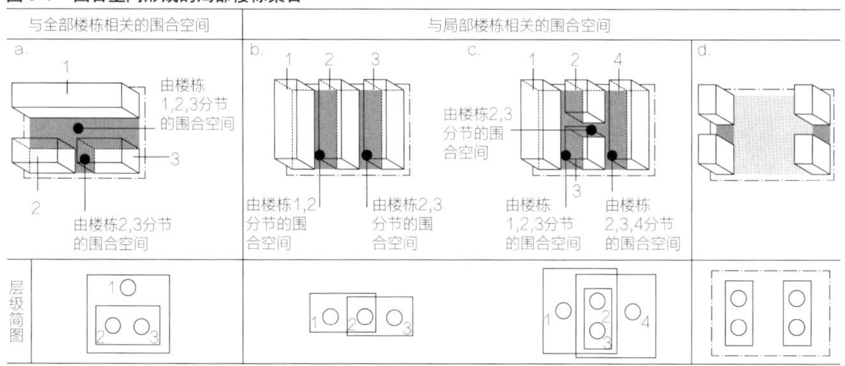

这些复杂的构成（图5-9）。在集合a中，先由小型围合空间形成局部楼栋（2和3）的集合，这个集合和楼栋1被更大的围合空间所统一。从层级简图上看，介于围合空间的楼栋的集合被层级化。相对于集合a，集合b中没有一个被所有楼栋包围的围合空间，而是形成两个围合空间的局部楼栋的集合，并通过重叠的楼栋互相联系在一起。此外，集合d中的围合空间并列的楼栋集合被周围空间所分隔。总之，当有多个围合空间时，通过操作与围合空间有关的楼栋的分布，有可能形成局部的楼栋集合互相交错的复杂整体。

5-2-2 外部空间中的楼栋连接

楼栋不仅可以通过外部空间，还可以通过连接楼栋的要素（连接要素）被集合起来。连接要素包括类似于桥和回廊的被建筑化的要素（建筑要素），以及类似于步道和广场的外构要素（外构要素）。

连接要素在用地中的分布方式能够形成不同的空间集合。如表5-4所示，由连接要素形成的集合与连接要素及其与用地内外的外部空间之间的连接关系密切相关。连接关系归纳为：连接要素只与楼栋连接的集合（表5-4右列），连接

表 5-4　连接要素形成的用地之外和用地内空间的连接

	连接要素和用地外连接		与用地内的外部空间连接	仅与楼栋连接
	只与用地之外连接	与用地内的外部空间连接		
用地一边				
用地多边				

表 5-5　连接要素形成的楼栋集合

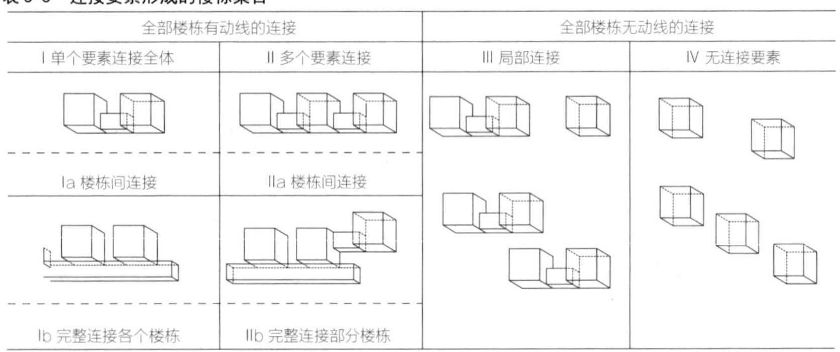

要素与用地整体形成统一的集合（表5-4中列），以及连接要素与用地边界连接、用地中形成的空间集合向用地之外开放等关系（表5-4左列）。在图5-8案例中，桥和回廊等建筑要素创造出局部楼栋的集合；道路和局部楼栋的集合、用地内的外部空间连接形成用地整体的集合，并且这种集合连接到用地之外的外部，即连接要素的操作方法可以被扩展到空间集合的用地之外。通过调整连接要素连接的楼栋数量，可以决定使其成为整体还是局部的集合（表5-5），也就是说，当操作用地整体中的楼栋集合的分布方式时，空间集合的变化会更加丰富。

图 5-10 用地整体的建筑统合类型

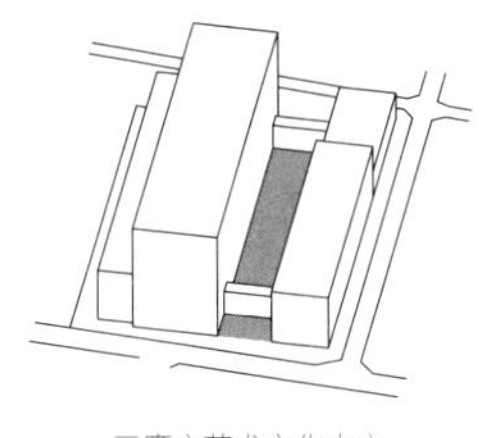

三鹰市艺术文化中心

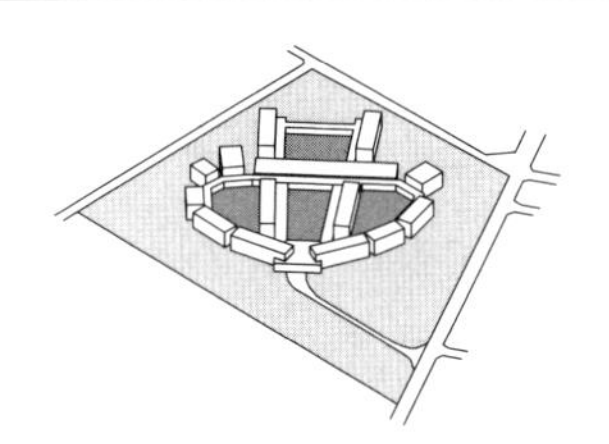
熊本县立农业大学学生宿舍

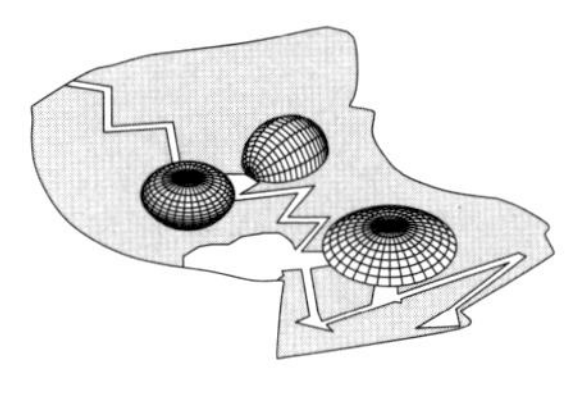
山梨水果博物馆

A
围合空间统合建筑和用地整体，
与用地外部连接，
是非完结性的构成

B
围合空间形成的集合连接建筑整体，与作为用地外部的周围空间互相独立，是完结性的构成

C
连接要素统合建筑和用地整体，与用地外部连接，
是非完结性的构成

5-2-3 用地整体中的建筑统合类型

通过上文对用地整体中的建筑的分析，可以归纳出分栋建筑的类型，而其中楼栋集合在用地中分布的状态需要通过代表性的案例来说明（图5-10）。

在图5-10的案例A中，楼栋夹出的围合空间使得作为广场的围合空间穿越用地，同时连接着两侧的楼栋。所有的楼栋都面向围合空间，建筑整体由围合空间统合在一起，即连接所有楼栋的广场作为围合空间统合了建筑整体。

相对而言，案例C只有周围空间，而横穿整个用地并连接楼栋的道路要素起到了统一的作用。和案例A一样，连接要素将整个建筑统合的同时，用地中最大的周围空间分隔了楼栋并将之打散，形成了具有独立性的构成。

在案例B中，有占据了整个用地边界的周围空间，以及数个被围合空间。这些围合空间由局部楼栋的集合连接，即通过连接要素形成了局部楼栋的集合。案例A和案例C没有统合建筑整体的要素，只有局部集合联系形成的整体；但是，案例B在与用地整体的关系上，有支配用地的周围空间，楼栋被配置在其间，并通过围合空间形成了楼栋的集合。换言之，案例B由周围空间形成了和用地之外的环境没有关系的完整的建筑整体，而在案例A和C中，统合楼栋的要素在关联了整体用地的同时与用地之外部相关联，所以，这两个建筑整体和用地整体间是非完结性的构成。

本节通过楼栋和外部空间的统合，分析了用地整体是如何被构成的问题。本节的内容可以归纳为以下三个要点：

（1）外部空间围绕楼栋形成集合。当外部空间覆盖整个用地时，整体用地就被统一起来。反之，当用地中只有局部是外部空间时，以局部楼栋的集合为单元的楼栋和外部空间的群组会共同组成用地整体。

（2）当楼栋周围有大范围没有被楼栋环绕的外部空间时，楼栋和楼栋集合具有独立性。

（3）由道路等连接要素连接在一起的楼栋与用地内的外部空间的连接方法可以限定出楼栋集合在用地中的分布状态。通过组织楼栋的连接要素和用地之外部的连接方法，可以使楼栋的集合与用地之外的环境没有关系，即创造出完结性的构成，也可以与用地之外的环境相连接，从而形成非完结性的构成。楼栋的集合赋予了面向用地之外环境的某种特征。

当我们同时操作这三个要点时，建筑和外部空间的集合形成的范围可以在用地的局部到整体间自由组织，由此能够创造出将集合向用地之外积极延伸的关系。

5-3　周边环境与建筑的统合

5-3-1　建筑与周边环境的集合

上一节分析了一块用地中的空间集合。通过空间单元的配列，可以形成从局部到整体用地的各种规模的空间集合。在各节最后总结的内容，就是本章讨论的“统合”概念的特征。同时，完全相同的思考方法也能够创造出超越用地边界的城市环境的集合。本节作为本章的总结，将分析建筑和周围环境形成的环境集合。

城市空间是建筑、广场、街道以及其他各种要素的集合。城市空间中的建筑不仅在用地中形成独立的组合，而且和周围的城市要素相互邻接。因此，对于城市中的建筑来说，与周边建筑共同形成城市环境集合的可能性是一直存在的[1]。在相邻用地上建造的建筑（相邻地建筑）可以和位于用地内的建筑（用地建筑）形成不同的存在状态，一些典型的案例见图5-11。

用地建筑和相邻地建筑的墙面统一形成沿着街道连续的界面（图5-11a）；

建筑的体量和相邻地建筑围合形成外部空间（图5-11b）；

建筑和相邻地建筑高度统一，与周边环境相类似（图5-11c）。

在本节中，不分析用地作为单元的独立性，而是以超越用地边界的视角来思考建筑统合的形式的问题。

5-3-2　用地内的体量集合

在城市中建造的建筑特征是体量在用地内的配列以及与相邻地建筑的配列关系。首先，可以用至上一节为止的所有方法来分析用地内的构成。从体量的

1　有很多关于城市中的建筑的研究。比如在《城市建筑学》（大龙堂书店）中，城市是通过大量单个建筑的集合而形成的一个连续构筑物，城市被比喻为一个建筑。该书的主要观点是以西欧的历史建筑和城市案例来揭示出建筑与城市之间相互依存的密切关系。

图 5-11　城市中的建筑与周边环境的集合

a.

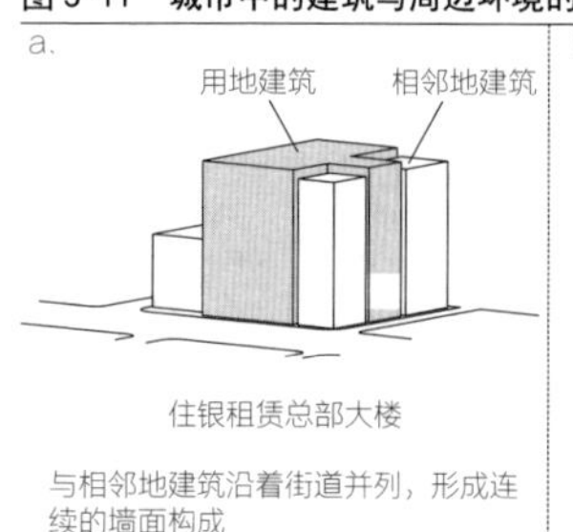

住银租赁总部大楼

与相邻地建筑沿着街道并列，形成连续的墙面构成

b.

茨城县营长町公寓

用地的体量和相邻地建筑共同围合外部空间的集合构成

c.

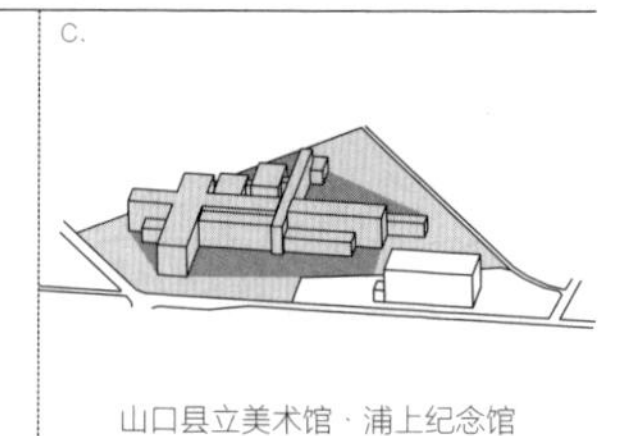

山口县立美术馆 · 浦上纪念馆

高度和相邻地建筑相同，平面和周边建筑类似的构成

表 5-6　外形的集合

无分节			
有分节	外形一体		
	外形分节	部分建筑是整体的外形	
		无局部是一体的外形	

图 5-12　与周边环境的集合的案例

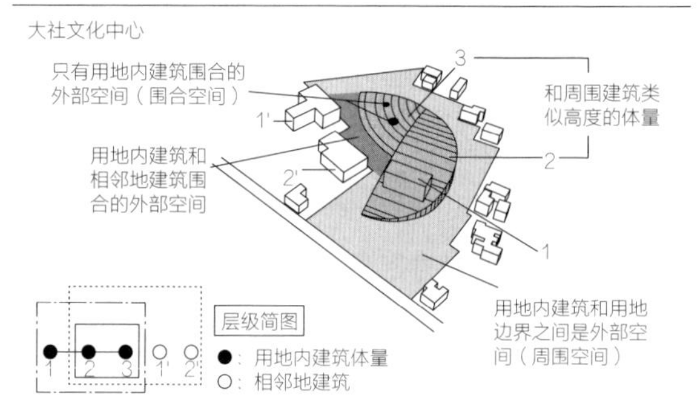

配列来看，建筑外形的整体特征是非常重要的（表5-6），包括一个体量是建筑的整体（不分节）、几个体量作为外形一体化的配列（外形一体），以及各个体量轮廓互相明确独立的配列（外形分节）等。比如图5-12的建筑整体是由三个体量组成，其中两个体量（2和3）的外形组成一体化的墙面，形成局部的集合。

接下来，我们探讨由体量的配列形成的用地内的外部空间。由于体量不同的组织方式而使得外部特征有所不同，如上一节所述，用地内的外部空间被划分为由体量围成的外部空间（围合空间），以及用地边界和体量之间的外部空间（周围空间）。

表 5-7　围合空间形成的体量集合　　**表 5-8　周围空间和周边环境的关系**

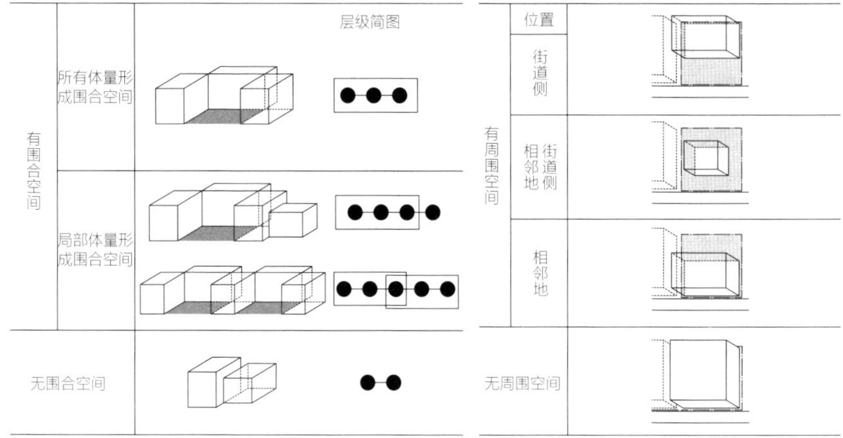

其中，形成围合空间的体量通过空间的围合形成集合。比如，在图5-11的案例b中，由构成建筑的所有体量形成围合空间，即形成空间的集合。在图5-12案例中，建筑的一部分体量组成围合空间，不形成集合。它们差异的关键在于：由围合空间形成的体量集合的范围是建筑的整体还是局部（表5-7）。

周围空间创造出用地本身和邻接用地的关系。比如，图5-12的案例在街道、相邻地和建筑之间形成周围空间，使得建筑独立于周边环境。当关注周围空间和用地边界邻接的街道，或者相邻地的某一局部的不同特征时，通过建筑和周围环境的位置关系可以形成整体用地的构成（表5-8）。

5-3-3　与相邻地建筑的集合

本节分析的是用地内建筑和相邻地建筑的配列。用地内建筑和相邻地建筑的集合与用地内的构成一样，是由外形的一体性及其围合空间共同形成的（图5-13）。比如图5-12的围合空间是由用地的体量（2和3）及相邻地建筑体量（1’和2’）组成的，即用地内的建筑和相邻地建筑通过这个围合空间创建出超越用地边界的空间集合。

在此，分析用地内建筑的整体或者局部是否与相邻地建筑的集合相关联是一种可以影响建筑周边环境的方法，也就是说，不同特征的方法会形成是建筑整体属于周边环境，还是只有局部属于周边环境。比如，相对于图5-11案例 b 中所有体量都属于和相邻地建筑共同组成的集合，图5-12的案例则只有用地内建筑的一部分体量属于相邻地建筑的集合。后者从属于周边环境的体量和从周边环境中独立出来的体量共同组成了建筑整体。根据这些建筑和周边环境的关系，可以整理出表5-9，其中，Ⅰ和Ⅱ是建筑整体从属于相邻地建筑的集合，Ⅲa则是建筑的局部从属于相邻地建筑的集合。

5-3-4　由周边环境的集合形成的建筑类型

到目前为止的分析集中在用地内的构成与相邻地建筑的关系上，通过对建筑和周边环境的集合的分析，可以发现不同的建筑类型，其中代表性的案例有以下几种（图5-14）。

图5-14案例A的外形作为一体的体量群，与邻接建筑共同沿着街道形成墙面。相对而言，案例B由围合空间形成的体量集合占据了整个用地，不形成和相邻地的集合。同样，案例C也是由大小混合的体量形成围合空间，体量集合占据了整个用地，只有沿着相邻地边界的体量和相邻地建筑共同围合成相邻地的外部空间集合。案例A因为被统合的建筑整体属于周边建筑的集合，被统合的建筑因此与周边集合共同组成单元。在案例C中，只有被统合于建筑物整体的体量的一部分和周边的集合形成关系，即建筑集合和用地内外一起与周边形成集合，创造出连续的环境。相较而言，案例B的建筑统合脱离于周边环境中的建筑，具有独立的特性。

与案例C类似的建筑（图5-14案例D和E）通过围合空间形成建筑和周边空

图 5-13 与相邻地建筑的配列形成的集合

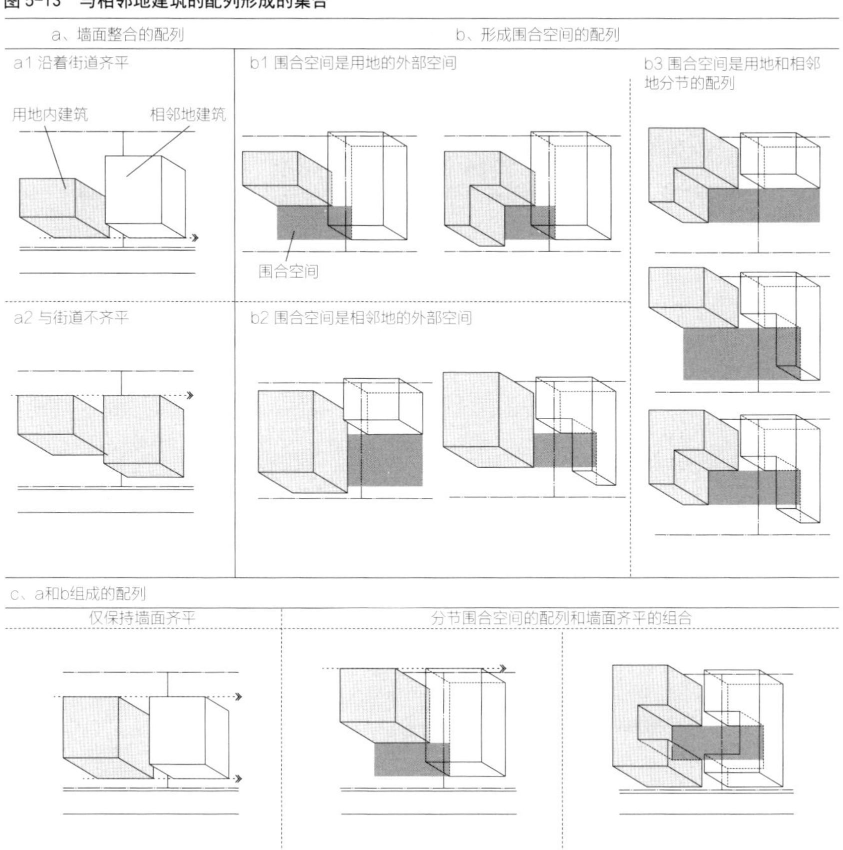

表 5-9 与相邻地的集合

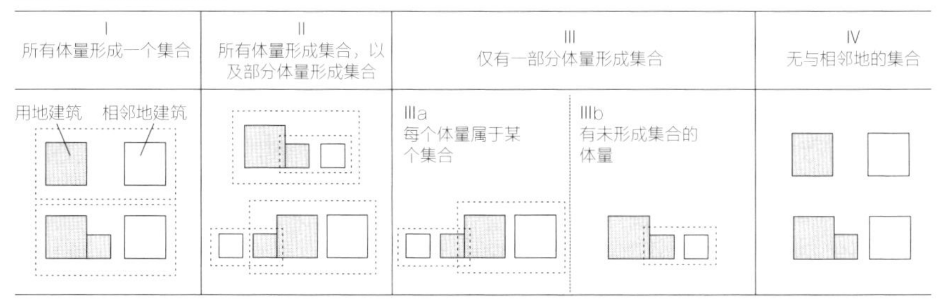

I 所有体量形成一个集合	II 所有体量形成集合，以及部分体量形成集合	III 仅有一部分体量形成集合		IV 无与相邻地的集合
用地建筑 相邻地建筑		IIIa 每个体量属于某个集合	IIIb 有未形成集合的体量	

图 5-14　与周边环境的集合形成的建筑类型

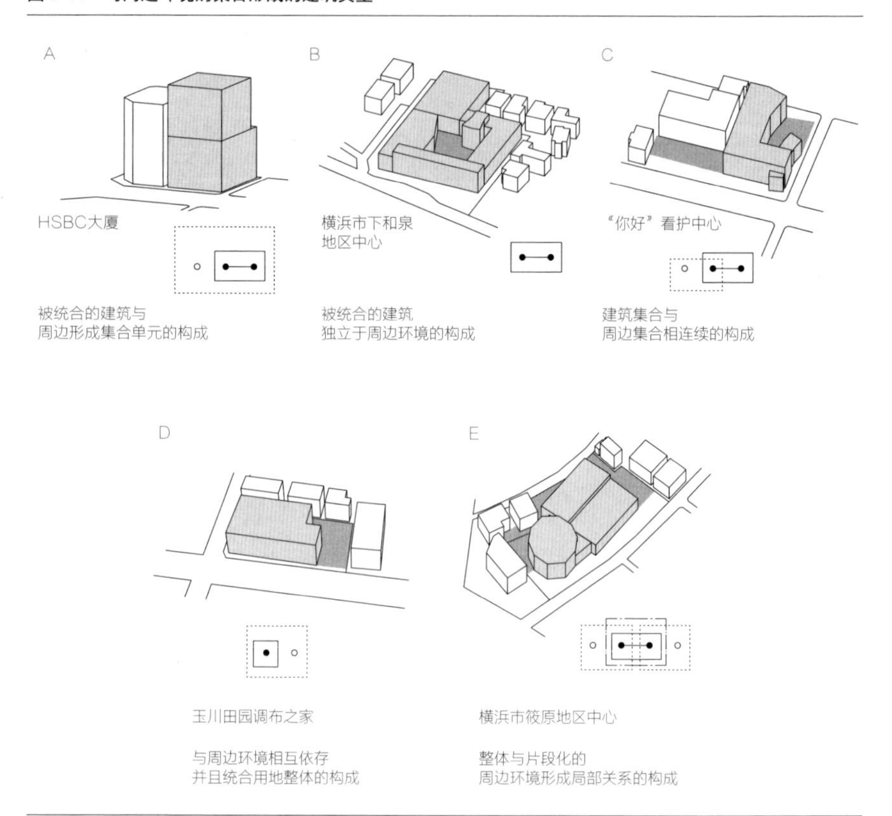

间的集合构成，超越了建筑单体和用地边界的划分，有可能创造出更加自由、丰富的城市环境。在案例D中，用地与相邻地的建筑共同组成了围合空间的集合。在这种围合空间中，相邻地建筑的墙面使得用地边界具有空间感。利用周边环境赋予用地整体统一特征的同时，这个围合空间也赋予了周边环境统一性。也就是说，这个围合空间构成使得用地和周边环境互相受益。

在案例E中，建筑的局部和部分周边环境相互统一。案例E的个别体量和相邻地建筑创建出统一的围合空间局部。简而言之，建筑整体创造出多个和周边一体的集合。这些围合空间因为是同一个用地中的外部空间，所以外部空间又和周边的局部共同形成集合。建筑和外部空间的整体性被片段化，而这种片段化又被体量配列形成的建筑整体的非统合性所强调，也就是说，案例E并没有创造出建筑的整体或者用地的整体构成，而是通过建筑的局部和周边环境的局部关系相交织，形成环境构成的可能性。

本章分析中使用的“统合”概念是建筑赋予空间单元配列秩序并形成空间集合的方式。统合不仅赋予了建筑与用地整体的集合，也可以创造出建筑与用地局部的集合，以及建筑与用地之外的周边环境的集合。我们生存在地球-大陆-城市-街道-街区-用地-建筑的环境中，这些环境根据空间的大小被划分为上下的层级结构。我们以此为基础展开思考。“统合”的概念可以由局部的空间集合通过自下而上的层级互相重叠、连接，比如一栋建造中的建筑在街道上形成了局部环境的集合。我们有必要拓展对“统合”的思考，跳出层级固化的结构，迈向自由的环境。

6 由建筑集合形成的城市空间构成

在前述几章，我们讨论了建筑整体由怎样的单元构成（第2、3章），并分析了包含外部空间等相邻要素的更大范围的建筑构成（第4、5章）。多个构成“整体”的建筑集合形成城市空间的“局部”构成[1]。本章将要分析的内容就是由建筑集合形成的城市空间构成。

城市的建筑集合是由土地所有制和社会制度形成的集合，一般从属于用地、街区、地区。在空间构成上，几个建筑集合之间的“空地”[2]可理解为最小或最基本的城市空间，建筑围合空地的集合形成城市构成的集合。在本章中，6-1节将分析城市空地的基本构成——“建筑围合的空地构成”；6-2节将分析建筑沿着街道线性排列的“交叉口的空地构成”；6-3节将分析以车站前广场[3]为中心，建筑混合共存的“车站前空地构成”。以建筑为单元的城市空间构成使得构成学的对象从建筑空间扩展到城市空间。

---

1 罗伯特·文丘里曾论述过“一个整体是更大的整体的片段”（参考文献12）。文丘里在面对20世纪60年代后期现代主义建筑衰退·形式化的状况时，主张应该再度关注建筑的多样性。这种“多样性”是源自建筑同时作为单体和城市局部秩序的多重属性。

2 “空地”意指城市中没有建筑和构筑物的空白部分。狭义上指“没有家和田地的空地”（《广辞苑》），即没有被使用的空闲地，以及城市规划中的“公园·绿地·广场”等公共开放的用地。在本书中，建筑学意义上的空地指“建筑和交通设施中没有被占用的土地的总称”（《建筑学用语辞典》，日本建筑学会编）。

3 “车站前广场”是“作为铁路和其他交通设施中转站的铁路车站前面的广场，包含人行道、车道、乘车口、停车场、绿地等要素（《建筑学大辞典》，彰国社）。从本书的城市空间构成的视角来看，这种广场是车站前由街道、铁路用地、建筑和高架交通围合的空地构成。

图 6-1 建筑围合的空地

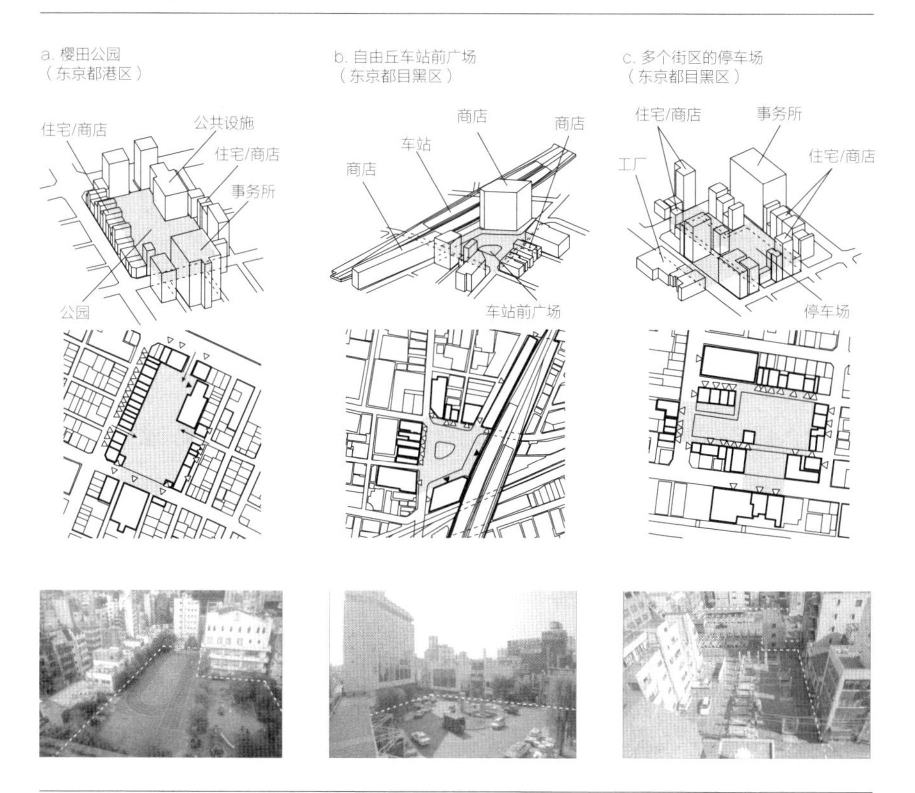

6-1 建筑围合的空地构成

6-1-1 建筑围合的空地

在城市空间中有各种各样没有建筑的“空地”。比如图6-1中由住宅、商店和公共设施围合的公园（a），或由高架铁路的车站、中低层商店围合的车站前广场（b），以及占用多个街区的停车场（c）等空地都是由周边建筑围合而成。这些空地是城市空间中被分节的空间集合。在建筑密度和容积率的量化限制下，当代日本的城市空间具有多样的形态，街道中很少有墙面整齐排列的配列。分析

图 6-2　建筑围合的空地的构成

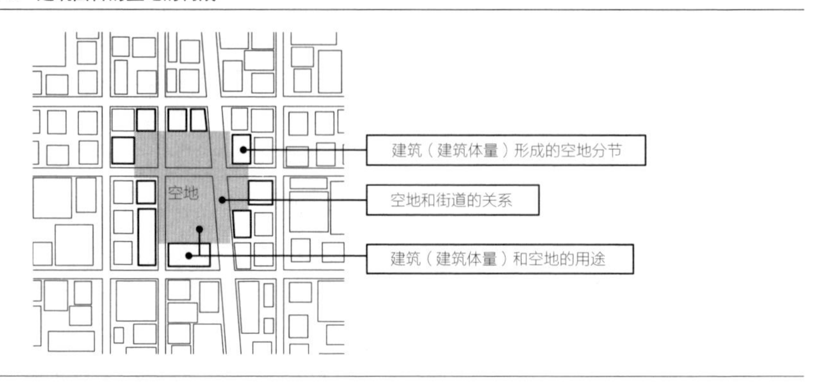

建筑混合共存的城市空间[1]中建筑围合的空地，可以发现城市构成集合的特征。

建筑围合的空地构成有以下几个要点（图6-2）。首先，面向空地的建筑组合方式决定了城市空间中的空地如何被分节。比如图6-1b的站前广场，高架铁路和大小不同的建筑一起围合出空地。其次，作为城市规划单元的街道和空地形成位置关系。比如图6-1a的公园，作为空地边界的街道和建筑之间的通道具有通过的属性，而图6-1c的停车场所包含的几条道路跨过多个街区。最后，当空地和建筑的用途需要对应时，会产生用途上的关系。比如图6-1a公园中的公共设施和图6-1b车站前广场周围的车站大楼都是和用途相关的建筑，此外，也有和用途没有关系的建筑围合出的空地，比如图6-1c的停车场。以上三点是分析建筑围合的空地构成的重要视角。

6-1-2　建筑体量的组合

由于空地由周围的建筑围合而成，所以面向空地的建筑的面宽和高度是重

1　芦原信义从格式塔心理学的角度认为“意大利的街道和广场，具有明确的‘图形’轮廓特征”，而在日本的城市空间中，图和底有互换颠倒的可能（参考文献13）。

表 6-1 空地周围的建筑体量的组合

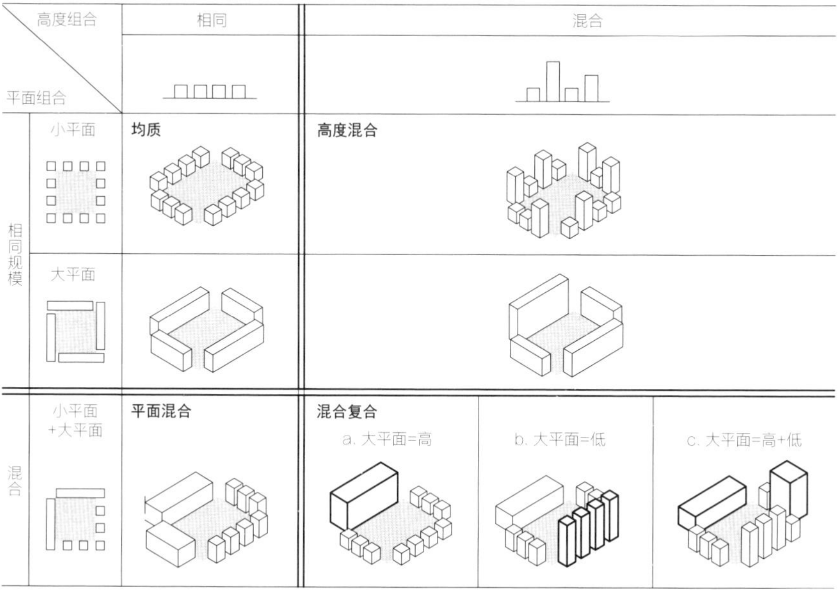

高度组合 / 平面组合		相同	混合		
相同规模	小平面	均质	高度混合		
	大平面				
混合	小平面+大平面	平面混合	混合复合 a. 大平面=高	b. 大平面=低	c. 大平面=高+低

要的三维空间尺度，其细部形态被简化抽象为立体的建筑体量（表6-1）。诸如图6-1b的车站前广场由大小不同的建筑和高架铁路车站围合而成，在本章中，包含建筑和铁路、道路、高架等构筑物的多维度体量被定义为“建筑体量”。建筑体量的大小反映了容纳城市中人类活动的空间大小。一般的建筑规模是由量化的建筑面积和占地面积指标组成；但是，当思考建筑集合形成的城市构成时，定性分析建筑之间的相对关系更为重要。比如，建筑组合的关系有大规模设施和低层住宅形成的大小对比的组合方式（表6-1，混合复合a），以及低层公共设施和细长的高层建筑形成的复杂平面和不不同高度的组合（混合复合b）。以建筑平面和高度的关系形成的建筑体量组合类型有四种：平面和高度都一致的建筑组合（**均质**），平面不同的组合（**平面混合**），高度不同的组合（**高度混合**），以及平面和高度都不同的组合（**混合复合**）。

表 6-2　空地和街道的位置关系

不包含街道		包含街道	
巷道、建筑之间	通过建筑	空地的边界	空地的内部
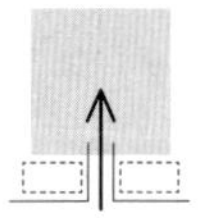	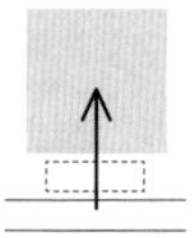 建筑的内部包括架空等		

6-1-3　空地与街道的关系

空地和街道有多样的关系，比如图6-1a公园空地作为空地边界的街道和建筑之间形成一个通过性的道路，图6-1c的停车场通过街道和多个街区相连。通过空地和街道的位置关系，可以分析作为城市动线的街道连接空地方式的特征。空地和街道的位置关系（表6-2）有以下两种：空地不包含街道，街道通过建筑之间或者内部和空地内部连接；空地包含街道，即街道位于空地的边界或者内部。通过这些组合，可以把握多个街道的通过属性。巷道、主干道等街道的宽度各不相同，而街道的宽度使得包含街道的空地具有某种构成特征，比如，面向主干道的建筑高度是由容积率和道路斜线[1]形成的建筑规模关系所决定。街道可分为小尺度的“巷道”、中等宽度的“支路”，以及单向双车道以上宽度的“主干道”[2]。

6-1-4　空地与建筑的用途、入口

空地和建筑有各种用途，而两者在用途上有无关联会形成不同的特点。比如图6-1a公园公共设施和b的面向站前广场的车站大楼，都是空地和建筑在用

1　道路斜线是根据日本的建筑基准法限制建筑高度的计算方法。从与用地相接的道路另一侧的边界向上引出斜线，建筑的高度需要控制在斜线内侧，斜线的设定条件因地区不同而不同。——译者注

2　根据建筑基准法的道路标准，小于 4 米宽的道路是“巷道”。

表 6-3 建筑体量的用途

由和用途无关的建筑体量围合	由和用途相关和无关的建筑体量围合		由和用途相关的建筑体量围合
	单个和用途相关的体量	多个和用途相关的体量	

■：空地和用途有关联的建筑体量　□：空地和用途没有关联的建筑体量

表 6-4 建筑的入口

入口面向空地		入口不面向空地
不面向街道	面向街道	
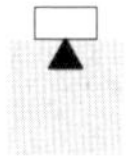	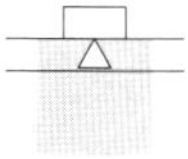	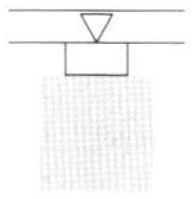

途上有关联的案例，而图6-1c的停车场则是空地和建筑在用途上没有关联的案例。相关内容可以整理为表6-3，其中由相邻地的建筑围合的停车场是“和用途无关的建筑体量围合的空地”；大学校园或集合住宅的庭院等空地是“和用途相关的建筑体量围合的空地”；还有介于两者之间的由“和用途相关和无关的建筑体量共同围合的空地”。另外，不同方向的建筑入口，会形成不同的面向空地的内外动线性格（表6-4）。

6-1-5　建筑围合的空地类型

建筑围合的空地构成包括了建筑的组合、街道的位置、空地和建筑在用途上的关系，以及入口的位置。下文将分析在以上特定的条件下空地类型的特点（表6-5）。

由大平面的建筑围合，且不包含街道的空地是**大平面建筑内院型**构成（图6-3），这是典型的空地和建筑的用途相关的类型，比如学校和厅舍的内院都是

表 6-5 建筑围合的空地类型

建筑体量 \ 空地和街道		不包含街道	包含+不包含街道（穿越）	包含街道	
建筑体量的平面大小一致	平面·高度相同	大平面建筑内院型 ①-1 学校，厅舍的内院		用途混合前院型 ④-1 住宅的前院	
	高度混合	①-2 复合设施的内院 校区		④-2 仓库停车场 商业设施的前院	街道附属型 ⑥-1 住宅地的公园 空置地、公园 ⑥-2 湾岸地区停车场 公园
建筑体量的规模混合	大+小（规模对比）	逐级进入型 ②-1 集合住宅的庭院	混合体量通过型 ③-1 公开空地 商业设施的停车场	⑤ 集合住宅的前院 公开空地	⑦-1 沿着拓宽道路的 停车场公园
	大低+小高（规模对比）	②-2 细长高层背后的 前院场地等			
	多种体量		③-2 车站前广场等		⑦-2 停车场、公园

图例
——：空地和用途相关的体量　- - -：空地和用途无关的体量　—·—：空地和用途有关和无关的体量组合

图 6-3 大平面建筑内院型

①-1 学校，厅舍的内院

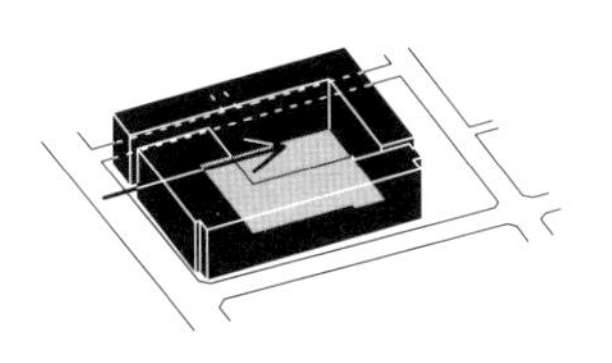

东京都港区 旧爱宕高等小学

图 6-4 街道附属型

⑥-1住宅地的公园

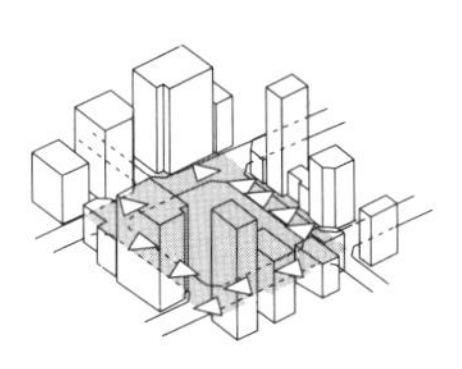

东京都港区 网代公园

⑥-2湾岸地区停车场

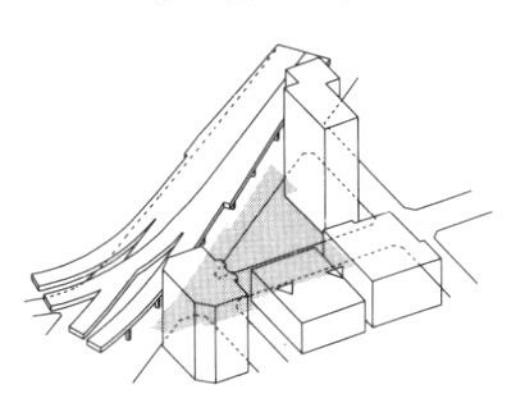

东京都港区湾岸

空地和建筑一体化的设计，围合空地的建筑规模和用途都是一致的，空地在用地中是完形。

相较而言，建筑和空地没有用途关联，并且空地包含街道的类型是**街道附属型**（图6-4）。被中低层住宅围合的公园和街道，以及面向高架道路的停车场等被建筑体量围合的空地都属于该类型——这并非是通过空地和建筑间的关系预先规划好的集合，而是由空地被动形成的建筑集合。上述两种类型能够复合形成其他类型的构成。

逐级进入型和**大平面建筑内院型**类似，空地不包含道路，但是建筑规模是大小混合的体量，一部分建筑和空地有用途上的关联（图6-5）。比如面向街道的大平面学校宿舍的空地被小规模的建筑围合，在动线上先通过主干道的相邻地高层建筑之间的通道，再经过空地到达低层建筑的入口。该构成的特点是：沿着主入口规模和用途不同的建筑配列形成对比。

用途混合前院型和**街道附属型**类似，是空地包含街道，并且和住宅、集合住宅等建筑的前院相连接（图6-6）。部分建筑和空地在用途上有关联，与其他的建筑共同围合空地。

此外，有不同的建筑规模相混合，且建筑被穿越的构成是**混合体量通过型**（图6-7）。大规模商业设施面向的开放空地，以及车站面向的站前广场都是部

图 6-5 逐级进入型

②-1学校空地

东京都港区 白金小学

②-2高层背后的前院

东京都港区 旧饭仓小学

图 6-6 用途混合前院型

④-1住宅地前院

东京都世田谷区成城

图 6-7 混合体量通过型

③-1商业设施的公开空地

东京都港区 km PLAZA

③-2 车站前广场

东京都港区 新桥站日比谷口

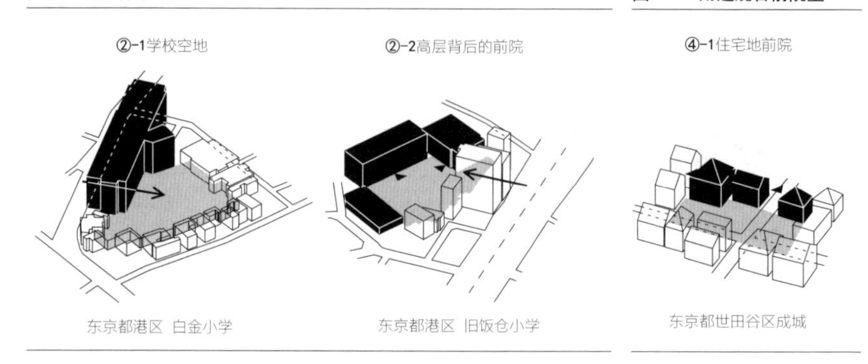

分建筑和空地有用途上的关联，这是建筑被穿越，并和其他建筑形成具有围合特征的构成。

根据建筑的组合、街道的位置，以及空地和建筑在用途上的不同关系，可以总结出五种建筑围合空地的基本构成类型。这些空地类型超越了制度上用地、街区和地区的划分，是由建筑集合形成的城市空间类型。围合空地的建筑集合一直是由城市规划控制的，很少有一个用地的规划由其他外部条件形成；但是，当不同用途的用地相邻时，与其说邻接的建筑之间的形态和配置是各自独立的，不如说它们形成了邻接关系。总之，城市规划和建筑设计的层级制度与经年累月建设而成的当代城市空间是错位的，然而通过建筑的集合可以形成内在化的城市空地类型。这种由建筑的集合形成的城市空间构成包含了相邻建筑的空间集合，是通过建筑设计思考城市空间可能性的方法。

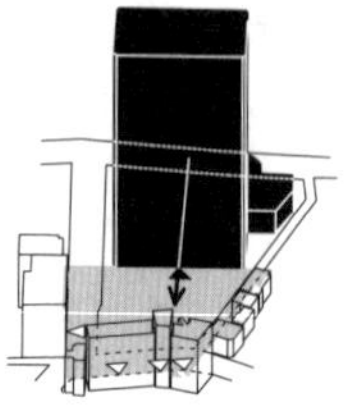

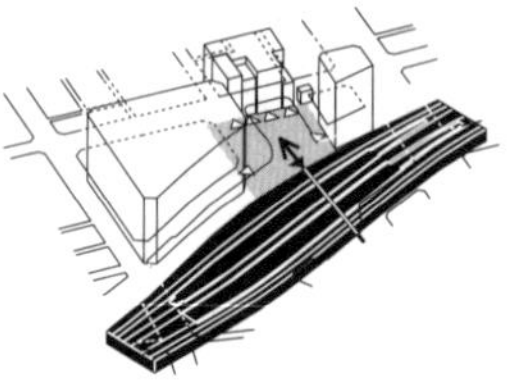

6-2 位于交叉口的空地构成

6-2-1 线性空地

建筑并列而成的街道空间是城市空地的一部分，建筑的集合形成街道景观。街道互相交叉的场所被称为“街头”和“街角”，是地理上重要的场所，现在银座数寄屋桥交叉口就是这种场所的典型代表。上一节讨论的“建筑包围的空间”是面状的空地，交叉口则是由“线性”的街道组成的空地，用途上和空地无关的建筑集合有“街道附属型”的特征。主干道的交叉口是城市的代表性场所，本节以遍布高密度主干道并且有多样化建筑的东京都中心5区为对象（图6-8）进行阐释。

位于交叉口的空地构成可以根据道路交叉口的特征分为三岔口、四岔口等形状（图6-9a）。地形、河流和高架交通等城市基础空间会影响交叉口的形

图 6-8 东京都心 5 区主干道的交叉口（2008 年调查资料）

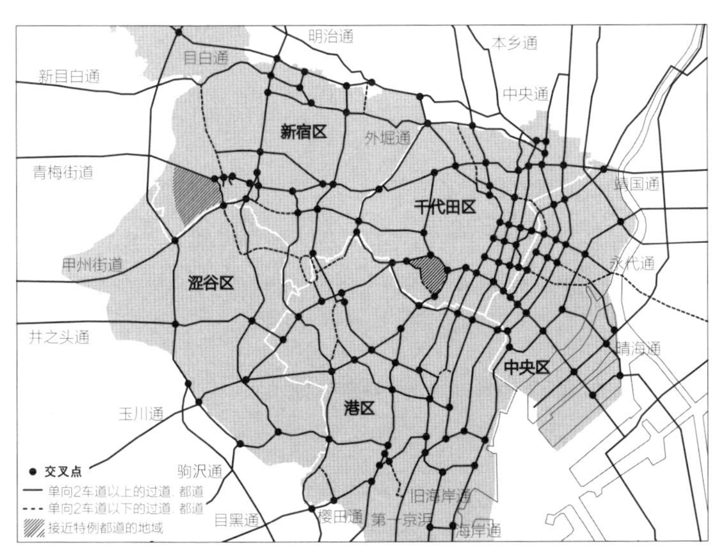

图 6-9　交叉口的空地构成

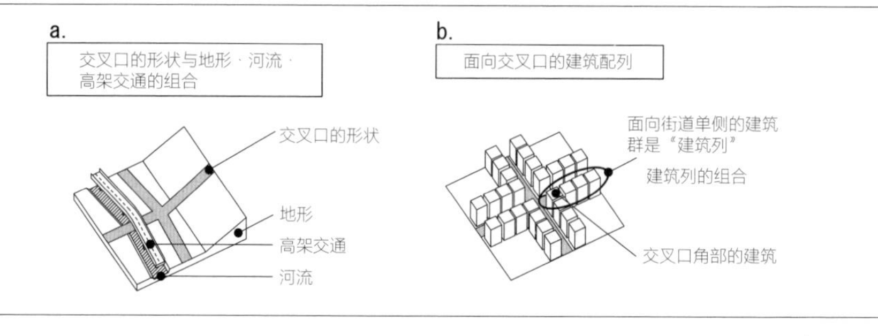

表 6-6　交叉口的形状

表 6-7　线性的城市基础

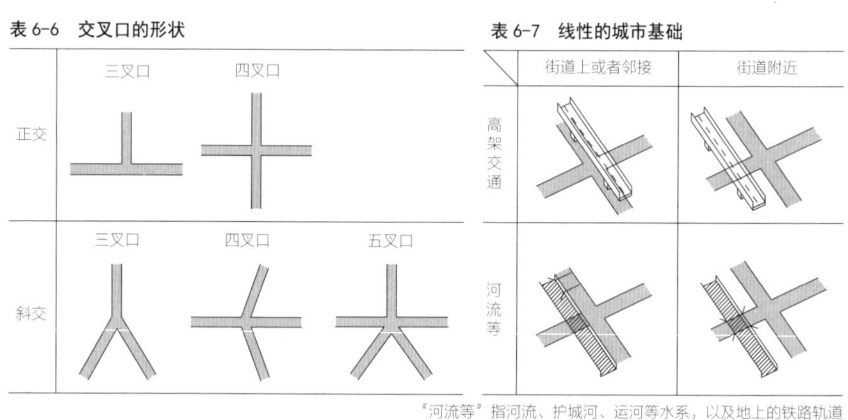

“河流等”指河流、护城河、运河等水系，以及地上的铁路轨道

状。由位于交叉口的商业建筑形成的商业街与住宅形成的住宅区是沿着街道的建筑构成的特征。沿着街道单侧线性排列的建筑群被称为“建筑列”，具有面向交叉口街道的特征（图6-9b）。

6-2-2　交叉口的形状与地形 · 河流 · 高架交通

交叉口的形状不仅有正交的十字路，还有三岔口、五岔口等多种形状，总体上可根据相交的方式分为“正交”和“斜交”两类（表6-6）。高架交通和河流等“线性城市基础设施”（表6-7），以及交叉口一带是平地或者坡地的“地

表 6-8　交叉口周边的地形

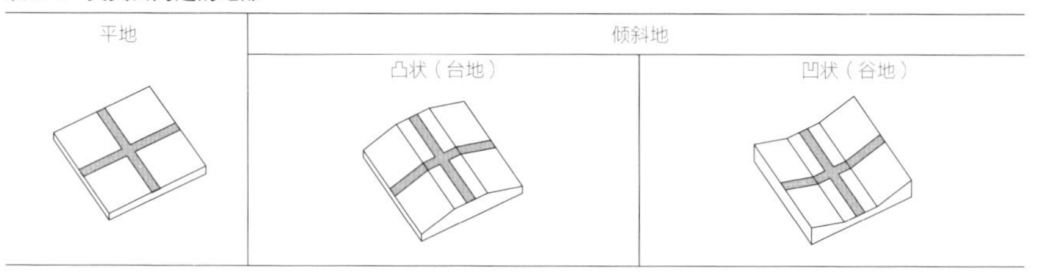

形”（表6-8）都会影响到交叉口的形状。一般而言，正交的交叉口大多对应平地，斜交的交叉口和坡地、河流、高架交通相对应。

6-2-3　面向街道的建筑列

在面向街道交叉口的建筑中，位于街道单侧的建筑被称为“建筑列”（表6-9）。建筑列的立体形状形成街道的特征，其中的建筑面宽和高度是重要的影响参数。类似于上一节的建筑体量，建筑列有不同的平面和高度关系，大致可分为四种：建筑面宽和高度基本一致的建筑列（均质）；建筑面宽不同的建筑列（面宽混合）；建筑高度不同的建筑列（高度混合）；面宽和高度都不同的建筑列（混合复合）。当比其他建筑更宽大的建筑位于交叉口的街角处时，对街道的空间构成会有很大影响。另外，地处交叉口街角有曲面墙特征的建筑，或开放空地和公园等局部空地都是会赋予交叉口特点的要素。这些建筑列位于街道的单侧、两侧或者交叉口处的街角，其中穿过交叉口的建筑使得街道具有连续性（表6-10）。

6-2-4　交叉口的类型

特定的建筑列沿着交叉口的形状组合而成的构成是交叉口的空地类型，总体上有两种（表6-11）。

表 6-9　街道单侧的建筑列

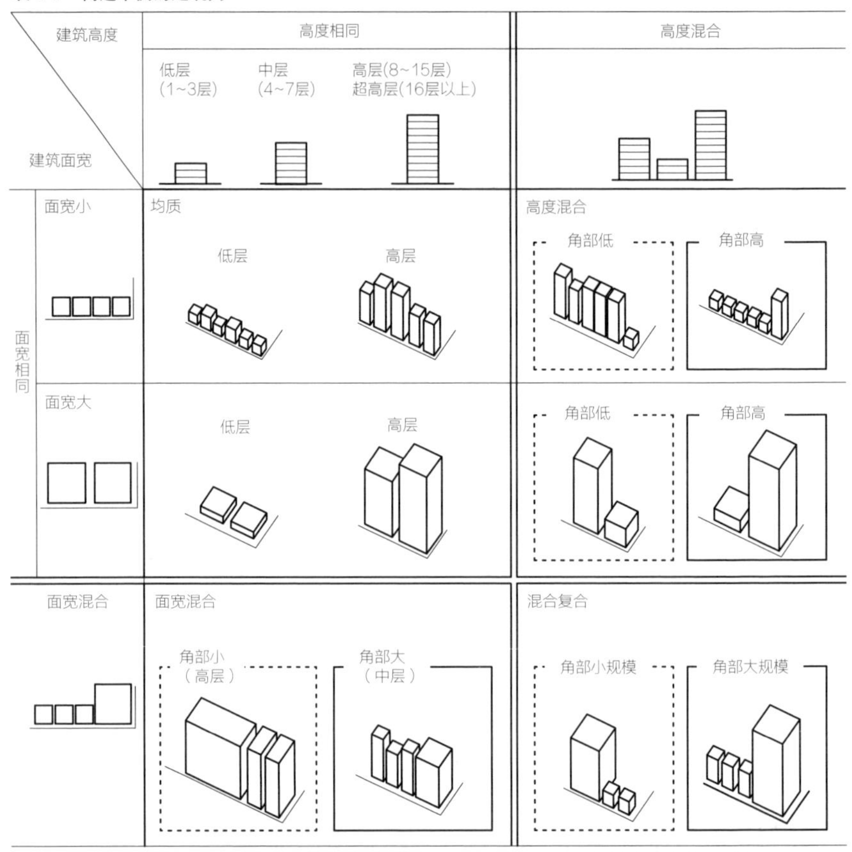

注：对于建筑面宽，一般立面沿着主干道30米以上长度被划定为“面宽大”，30米长度内被划定为“面宽小”。

表 6-10　相同建筑列的配列

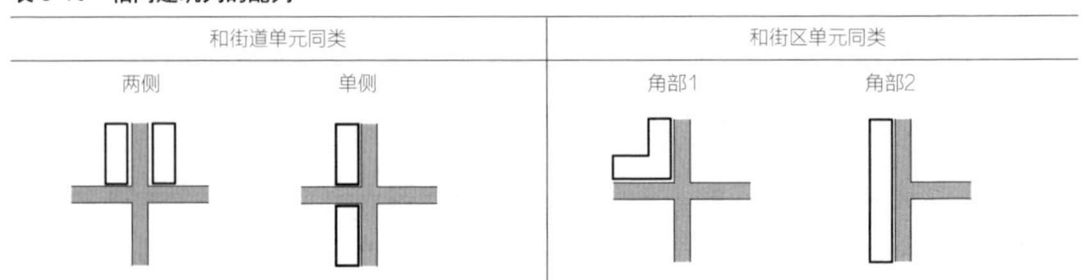

表 6-11 交叉口的空地类型

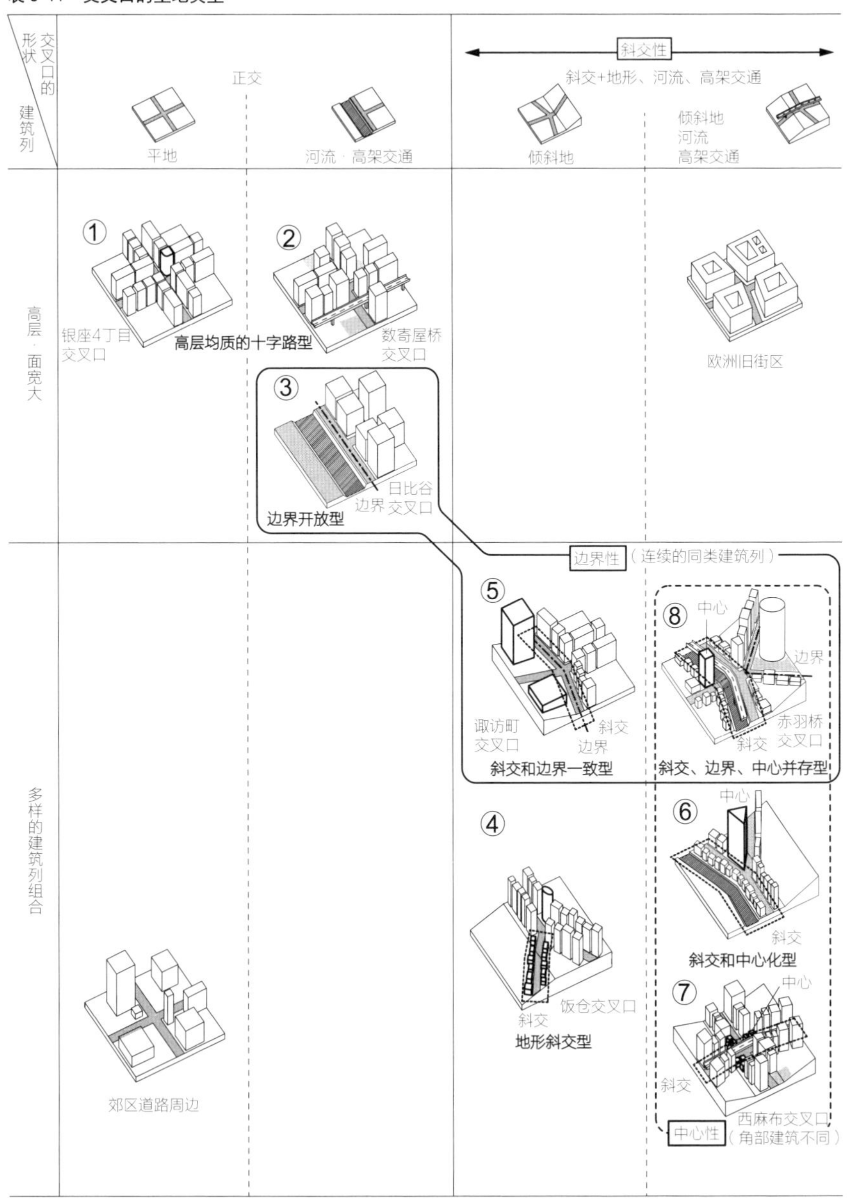

（1）在正交的街道中，相同的高层建筑面向的空地类型（类型①—③）；

（2）沿着地形、河流、高架交通斜交的街道，多样化的建筑面向的空地类型（类型④—⑧）。

这两种类别分布在东京都中心5区的各个地区。前者大多分布在千代田区和中央区；后者则多分布在港区、新宿区和涩谷区。这是因为东部的街道网络受到江户时期的条坊制影响，而西部复杂的街道网络是由武藏野山地地形造成的。不同的历史地理背景形成了当代建筑所处的场地特征[1]。根据不同的要素组合，交叉口的类型可按照线性空地的不同特征分为以下三种[2]：

“中心性”：位于交叉口街角的建筑，是比其他建筑特殊的局部；

“斜交性”：沿着地形、河流、高架交通形成的斜交街道；

“边界性”：交叉口的边界面向不同规模的建筑。

在交叉口的构成中，比较单纯的是**高层均质十字路型**构成（图6-10），相同规模的高层建筑沿着正交的平地街道布置。位于“银座4丁目交叉口”的不同面宽的高层建筑排列在正交的交叉口两侧，街角建筑的主要特征是具有曲面形状的墙面。

图 6-10　高层均质十字路型

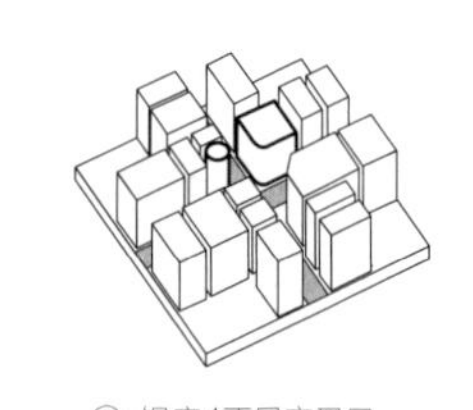

① 银座4丁目交叉口

当位于正交的平地街道的高层建筑面向街道的另一侧是大尺度公园时，交叉口的空间是开放的，这种类型是**边界开放型**构成（图6-11）。在千代田区有很多相似案例，比如位于“日比谷交叉口”的大面宽高层建筑，沿着护城河面向皇居外苑和公园。

1　在江户时代街道网络和用地划分的形成过程中，东京的“下町”和“山手”之间的差异是经常在文献中被提及的（参考文献 14、15）。

2　交叉口的构成有“中心性”“斜交性”“边界性”三种特征。这是从城市空间心理学的角度进行的思考，参考了“中心”“方向”“区域”等空间认知图式（参考文献 16）和以“节点”“路径”“区域”等要素为基础的意象•地图（参考文献 17）的概念。

图 6-11 边界开放型

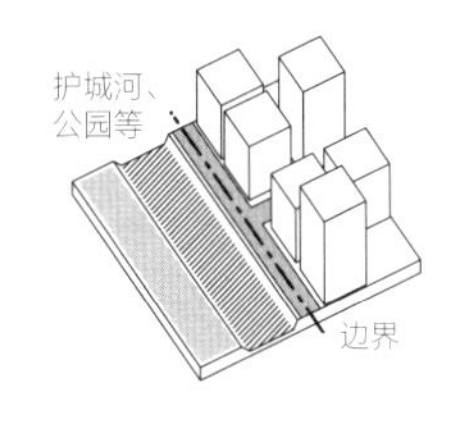

③ 日比谷交叉口

图 6-12 地形斜交型

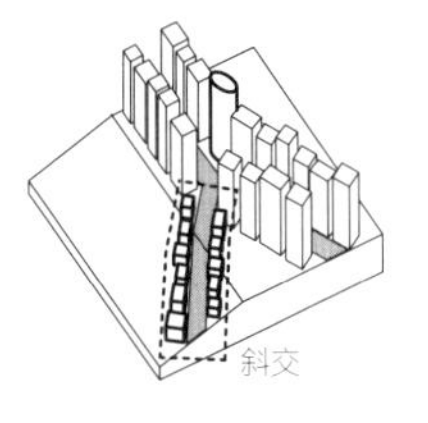

④ 饭仓交叉口

图 6-13 斜交和边界一致型

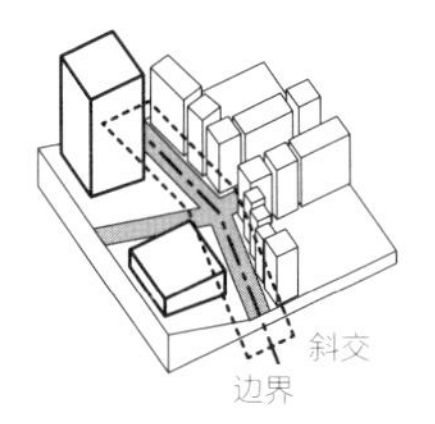

⑤ 诹访町交叉口

图 6-14 斜交和中心化型

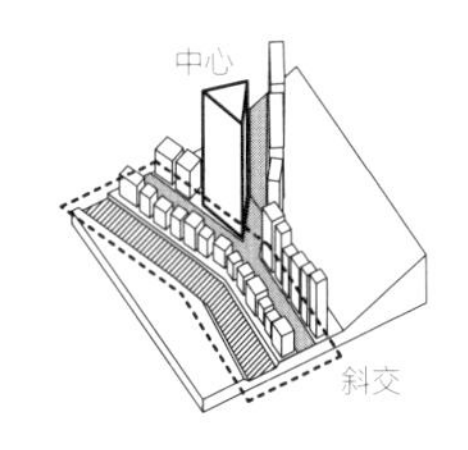

⑥ 涩谷署前交叉口

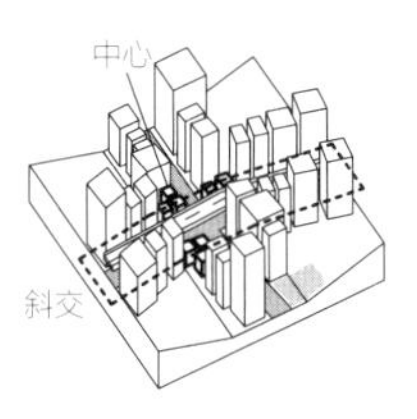

⑦ 西麻布交叉口

上述类型是相同的高层建筑面向正交街道的类型，下文则分析不同规模的建筑面向河流、地形等由场地条件形成的斜交交叉口类型。

低层的建筑列和其他中高层建筑列沿着地形的斜交街道组成的构成是**地形斜交型**（图6-12）。“饭仓交叉口”的低层建筑沿着坡道并列而置，街角则是有曲面墙的高层建筑。近年来主干道拓宽的事例很多，其中还未高层化的小规模建筑呈现出城市空间变化的过渡状态。

斜交和边界一致型的构成是沿着地形、河流等要素的斜交街道区分不同规模建筑地区边界的构成（图6-13）。比如，新宿西口地区和大学校园的大规模建筑所处的地区边界因此而明显。

另外，大规模的低层街角建筑沿着地形和高架的斜交交叉口，形成的交叉口的中心化构成是**斜交和中心化型**构成（图6-14）。位于“涩谷署前交叉口”三岔口街角的超高层建筑突出于周边街道，是处于面向涩谷川的坡地街道斜交路口的地标性建筑。同样的，“西麻布交叉口”是沿着地形起伏和高架交通的

图 6-15　斜交·边界·中心并存型

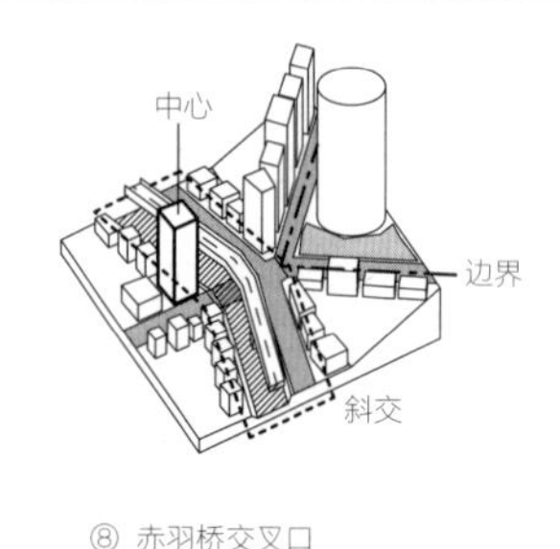

⑧ 赤羽桥交叉口

斜交街道，小规模的低层建筑位于中高层建筑列街道的街角。

复合了多种特征的**斜交·边界·中心并存型**构成是最复杂的类型。“赤羽桥交叉口”五岔路交叉口沿着河流和地形等要素，最大规模的建筑建于街角，其中一栋超高层建筑位于一个交叉口街角，成为大规模开发地区的边界。这是一个地形起伏的大规模开发区域面向交叉口的案例（图6-15）。

上述东京都中心5区的交叉口类型有两种倾向：一种是相同的高层建筑面向正交街道的交叉口；另外一种是多样的建筑沿着地形·河流·高架交通面向斜交的街道。这些类型的建筑、交叉口形状、地形等要素形成三种性格：“中心性”“斜交性”和“边界性”。城市空间的类型是在某种共通的成立条件下高频率出现的构成。条件不同的其他城市具有这些类型之外的典型构成，比如，多样的建筑面向郊外道路正交交叉口的构成，高度一致的建筑在欧洲的老城街道中面向斜交交叉口的建筑构成。构成学其中之一的特征是构成会根据不同的场所和时代而变化。以此为基础，通过现实条件的相对化，有可能发现崭新的城市空间构成。

6-3 车站前的空地构成

6-3-1 混合要素形成的空地

车站前广场作为道路交通的重要节点，其形象是城市的“门厅”，也是城市中心区的代表性空地（参考文献18）。日本的城市空间从明治时期开始铺设铁路以来，有很多街道是以铁路站点为中心形成的（参考文献19，20）。车站前广场是由车站、铁路高架和其他多样的建筑围合而成，属于6-1节分析的**混合体量通过型**构成。车站前广场的空地连接铁路用地和多个街道，并且包含广场。本节关注车站前广场由建筑体量混合而成的空地构成特征。分析的对象是铁路网和城市街道密集相连，且其周边建筑混合的东京都23区的JR线车站前广场空地（图6-16）。

作为城市中心区域的车站前空地，汇集了各种各样的建筑，是铁路轨道和多条道路交叉的交通要地。在多样的构成要素中，“车站”和车站前广场有密切的用途关联，空地的构成以此为基础。以“车站”为基础，建筑围合的空地有以下三种构成（图6-17）。

车站是围合站前广场的建筑中最重要的，在体量规模上大于其他建筑。该构成以车站的大小为基础混合其他建筑（a）。

车站前的空地因为包含了街道、铁路轨道，河道等要素，所以没有建筑的开放区域（开放部）（b）是空地的一部分。由此形成各种方向的视线连通，使得建筑围合的空地具有开放性。

另外，由于车站前的空地是城市的中心区域，大范围的各种建筑直接面向空地、背向空地或者突出于街道（c）。在车站前广场可见的位于远处的建筑（远处建筑）使得围合的空地的范围被扩大。

图 6-16　东京都 23 区 JR 线的车站前广场（2007 年调查资料）

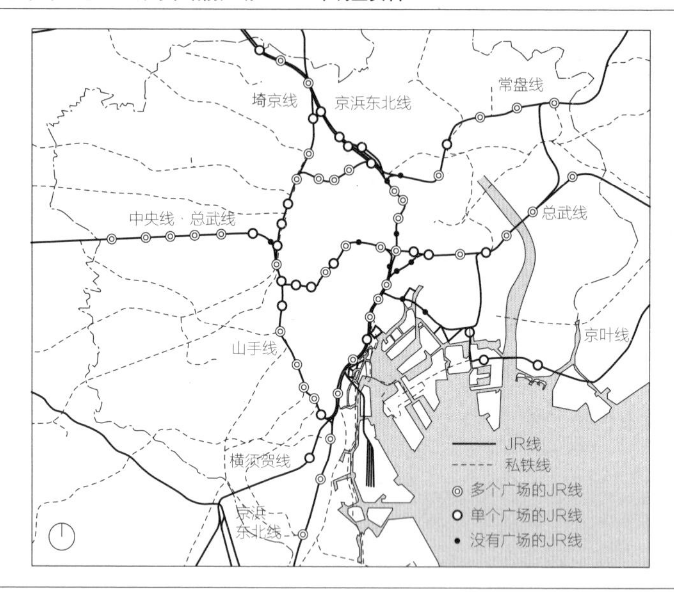

图 6-17　车站前的空地构成

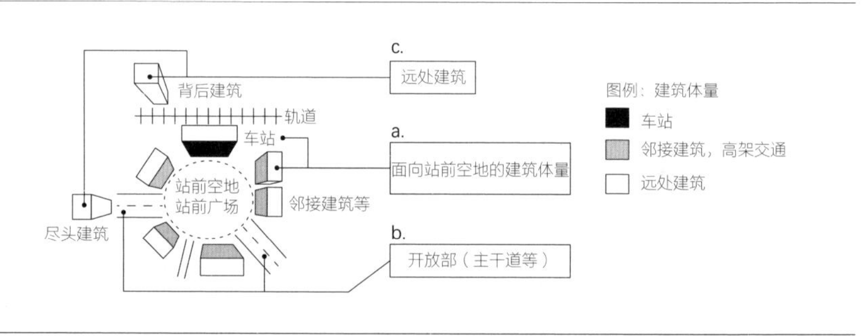

6-3-2　面向车站前空地的建筑体量

围合车站前空地的多种建筑和构筑物是以车站为中心进行布局的。首先，

表 6-12 车站的种类

表 6-13 车站之外的建筑体量

车站分为“只有检票口的车站”“车站大楼[1]”和“高架站”，不同的车站对应不同面宽和高度的建筑规模（表6-12）。其次，面向车站前空地的要素除了车站还有其他建筑（邻接建筑）以及铁路轨道、道路等高架交通（表6-13）。通过比较建筑的面宽和高度，邻接建筑和车站的相对规模得以确定（表6-14），其中和车站相同规模的建筑、比车站大的建筑、高层建筑在空地中的作用和车站类似。

6-3-3 “围合的开放”与“围合的扩张”

在车站前的空地中，包含铁路用地和河道的建筑围合出的形状具有开放性，主干道贯穿的局部也具有开放性，这种围合的空地形成“围合的开放”。

---

1 车站大楼是“车站设施复合百货商场、酒店等设施的建筑”（《建筑学用语辞典》，日本建筑学会编）。本书中的车站大楼指复合了和主要设施（站台、大厅、自由通道）相同规模以上的其他设施的车站设施。

表 6-14　邻接建筑与车站的相对规模

高度＼面宽	小	相同	大
低	比车站规模小 小低 车站 邻接建筑	同低	比车站长/低 大低
相同	小同	与车站规模相同 同同	比车站规模大 大同
高	比车站短/高低 小高	同高	大高

邻接建筑的规模以车站面宽（高度）的1/2和2倍为基准

表 6-15　车站前空间的围合形状

四周限定 I	正面限定 II	侧面限定 III	非限定 IV

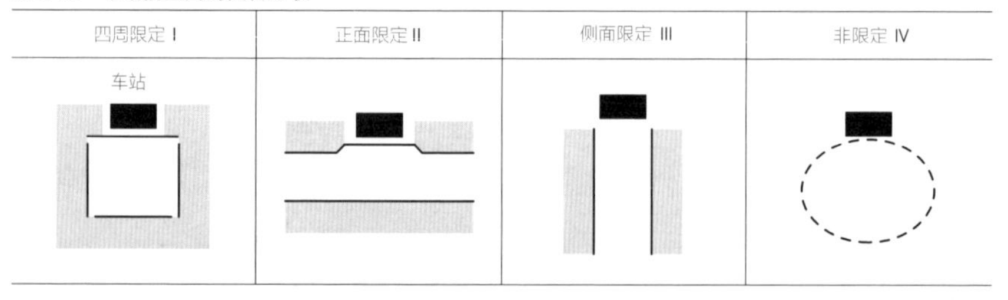

根据车站前空地的围合形状，“围合的开放”分为：由建筑形成的“四周限定”、车站正面直接面向主干道的“正面限定”、车站包含河道等要素的“侧面限定”，以及车站附近没有其他建筑体量的“非限定”（表6-15）。在这些围合的空地中，由主干道形成不同程度的局部开放性（表6-16）。这些组合形成不同程度的面向车站前后的开放性。

围合车站前空地的除了直接面向空地的建筑，还有远处建筑（表6-17）。

表 6-16 车站前空地的开放部

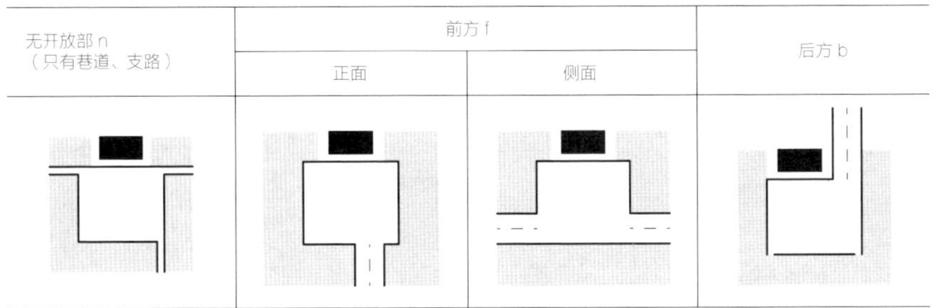

表 6-17 远处建筑

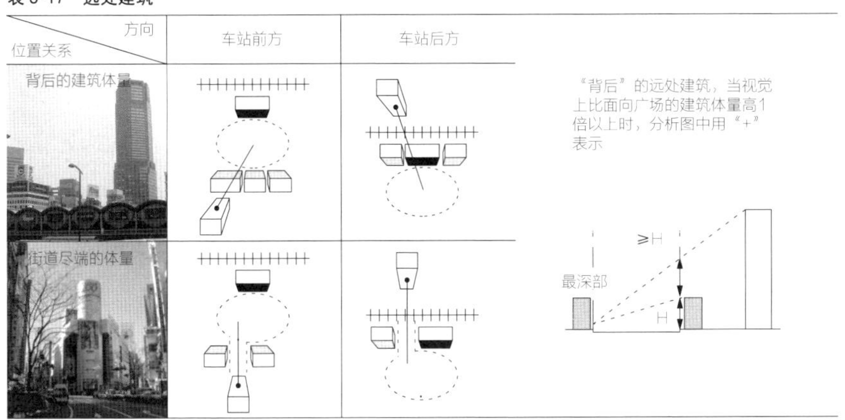

比如位于围合空地的建筑背后的超高层建筑，以及从广场延伸出来的主干道尽头作为视线终点的建筑都是远处建筑。通过分布在周边的远处建筑，被围合的空地向周边的城市街道扩张，形成“围合的扩张”。远处建筑的位置关系涉及车站前方、后方，或者空地建筑体量的背后，以及主干道等开放部尽端的远处建筑。

6-3-4 车站前空地的类型

位于车站前的空地是由车站、邻接建筑、高架交通等建筑体量沿着围合的

图 6-18　高架车站后方扩张型

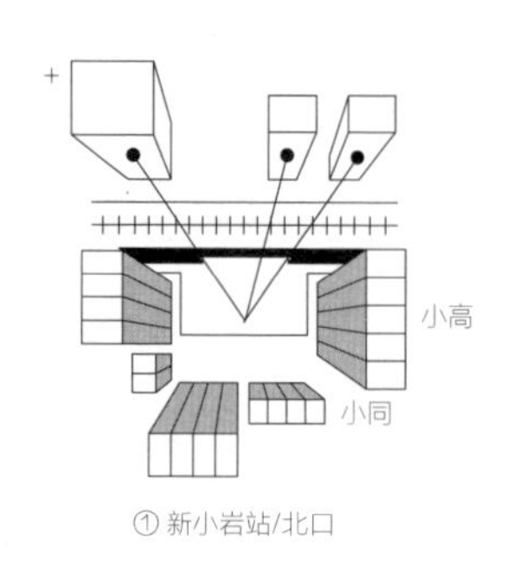

① 新小岩站/北口

图 6-19　高架车站多方向型

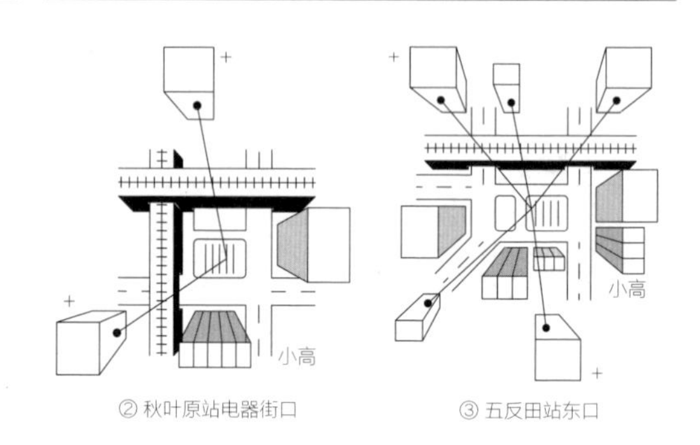

② 秋叶原站电器街口　③ 五反田站东口

形状进行排列，具有开放部和远处建筑要素的构成。建筑体量的组合与“车站位置”有关。由主干道、巷道、铁路轨道形成的“围合的开放”，由远处建筑形成的“围合的扩张”，赋予了车站前空地和周边连续的“方向性”。这些典型的对应类型以空地的两种“方向性”为轴组成“车站位置”（表6-18）。这些对应某种方向性的车站位置类型就是车站前空地的类型。

面向高架车站的空地类型

很多低层的高架车站和后方的远处建筑共同围合形成扩张的构成。当密集的中高层建筑围合空地不形成开放部时，空地的构成就是**高架车站后方扩张型**（图6-18），其线性的高架车站获得了一种纵深的正面性。

除了高架车站向后方扩张的基本类型，还有**高架车站多方向型**，这种类型的其他混合要素使得围合向多方向扩张（图6-19）。“秋叶原站/电气街口”交叉的巨大高架站被主干道穿越，多个大规模的远处建筑使得围合向多个方向开放扩张；“五反田站/东口”的主干道贯穿车站，车站前后的远处建筑越过线性的高架车站向多方向扩张。

表 6-18 车站前的空地类型

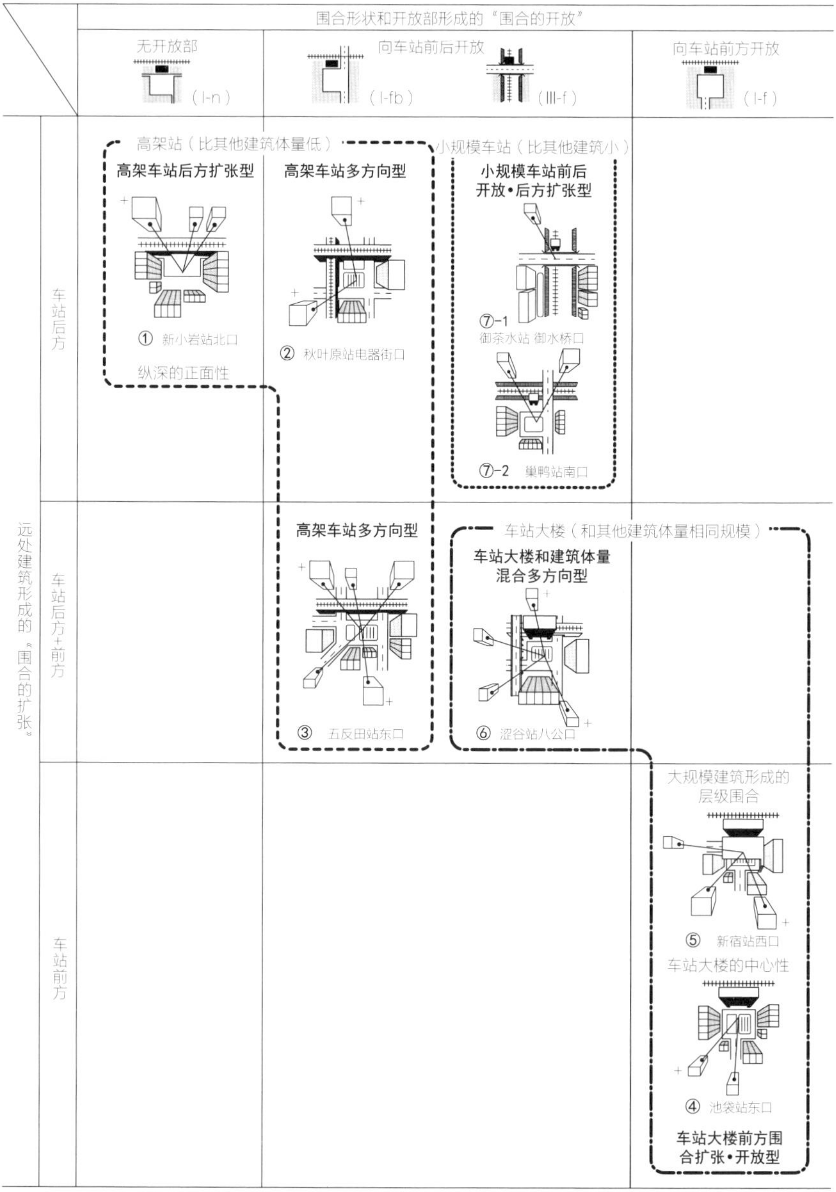

		围合形状和开放部形成的“围合的开放”		
		无开放部 （I-n）	向车站前后开放 （I-fb） （III-f）	向车站前方开放 （I-f）
远处建筑形成的“围合的扩张”	车站后方	高架站（比其他建筑体量低） **高架车站后方扩张型** ① 新小岩站北口 纵深的正面性	**高架车站多方向型** ② 秋叶原站电器街口 小规模车站（比其他建筑小） **小规模车站前后开放•后方扩张型** ⑦-1 御茶水站 御水桥口 ⑦-2 巢鸭站南口	
	车站后方+前方		**高架车站多方向型** ③ 五反田站东口 车站大楼（和其他建筑体量相同规模） **车站大楼和建筑体量混合多方向型** ⑥ 涩谷站八公口	
	车站前方			大规模建筑形成的层级围合 ⑤ 新宿站西口 车站大楼的中心性 ④ 池袋站东口 **车站大楼前方围合扩张•开放型**

图 6-20　车站大楼前方围合扩张・开放型

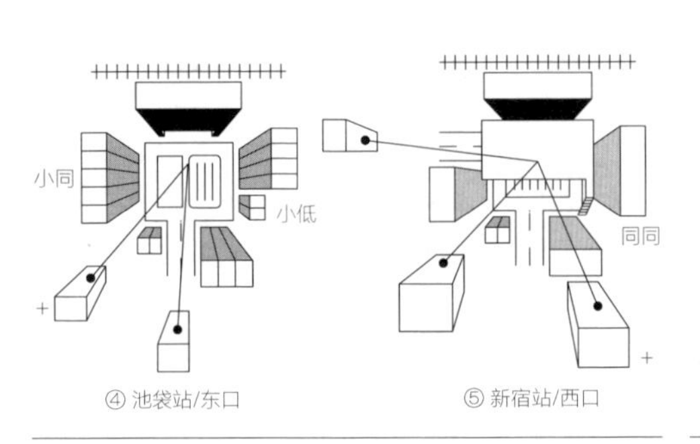

图 6-21　车站大楼和建筑体量混合多方向型

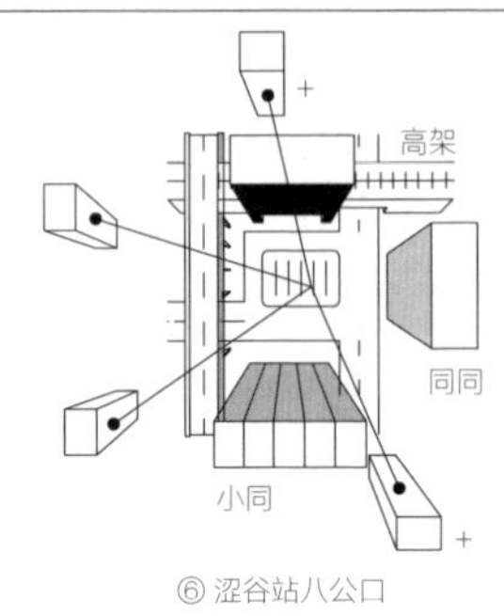

车站大楼面向的空地类型

有车站大楼的车站不同于低层的高架车站，其基本特征是车站朝前的方向性（图6-20）。“池袋站/东口”的站前广场向前方的主干道和远处建筑延伸，私铁车站大楼是最大的围合广场的建筑，形成了车站大楼的中心性。同样的案例还有“新宿站/西口”，车站的前方是主干道和远处建筑，与车站大楼相同规模的建筑围合了广场，这些大规模建筑形成层状的围合。这些主干道和远处建筑形成了站前空地和车站大楼向前的连续性，被定义为**车站大楼前方围合扩张・开放型**。在第二次世界大战的战前和战后复兴计划中，形成早期城市街道的车站前广场和周边道路规划局面的多是这种类型[1]。

车站大楼和建筑体量混合多方向型（图6-21）的典型案例有“涩谷站八公口”，车站大楼与相同规模的其他建筑、高架交通、小规模建筑等多种建筑体量围合成空地，加上穿越的主干道和远处建筑，混合建筑体量的围合向多个方向扩张。这种类型是最复杂的类型，建筑体量的混合也最为明显。

1　类型④的池袋站、蒲田站，类型⑤的新宿站、大井町站的车站前广场是由20世纪30年代的城市规划决定的，类型④的惠比寿站车站前广场是根据第二次世界大战后的复兴计划建造的。

图 6-22 小规模车站前后开放·后方扩张型

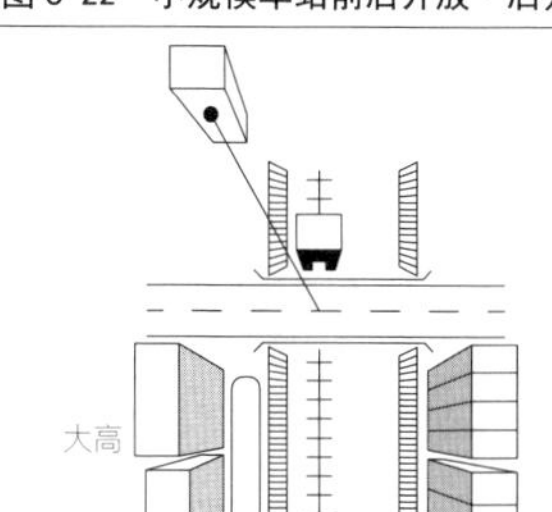

小规模车站面向的空地类型

小规模车站前后开放·后方扩张型（图6-22）是小规模车站前后的主干道与铁路轨道共同形成的开放性围合，建筑后方的远处建筑则形成围合的扩张。典型的案例有“御茶水站/御茶水桥口”，小规模车站前后的交通轨道和水渠状的空地相连续。

在上述的站前空地中，建筑围合的空地和周围连续的构成有向高架车站后方的围合扩张、车站大楼前方的围合扩张和开放，以及小规模车站的前后围合开放等不同的类型。当车站比其他建筑体量规模更小，或者一样大时，围合空地的建筑很少呈现出中心化的特征，而这种特征赋予了当代日本城市中心区域建筑体量混合多方向连续的性格。以上类型把站前广场的建筑设计作为广场整体构成的一部分来对待。

日本铁路站的检票口多设置在车站前广场[1]，车站的主次出入口会形成铁路轨道两侧的空地关系。本文以6-3节讨论的站前空地的构成为基础，分析以车站为中心的多个空地的集合形式。

多个空地的集合会因为互相之间的空地和单体构成是否一致而不同。在有两个空地的集合中，通过贯穿两个空地的主干道，从视觉上联系两者的建筑要素，能够形成空地的连续性。这种车站前空地的"组合"和"共通要素"会形成空地的集合形式（图1）。

首先，车站两侧不同的空地构成集合形成类型，其中一种类型是**出入口统合型**（图2）。当高架站的一面是大规模的建筑和主干道，另一面是小规

图1 车站前空地的集合形式

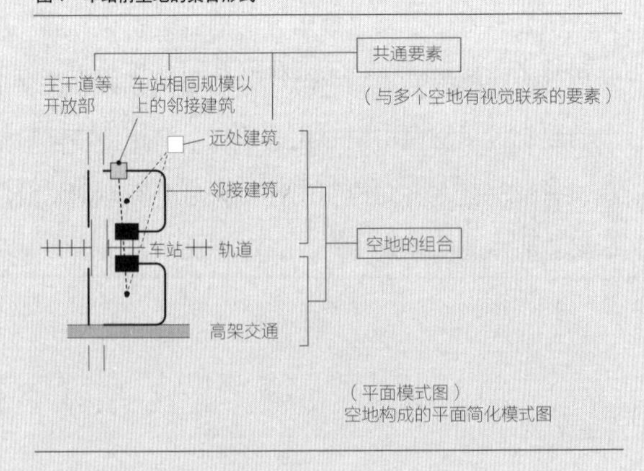

1 在东京都23区内有车站前广场的JR站中，大约有六成的车站有多个车站前广场（图6-16，◎：40/全66站）。

图2 出入口统合型

图3 轨道开放型

模的建筑围合广场时，会形成明确的主次出入口。面向广场的大规模建筑能够越过车站和其他广场在视线上相连接，而主入口的要素统合车站整体的空地。当在铁路单侧进行城市开发时，这种类型会经常出现。

还有一种由不同的空地组成的类型是**轨道开放型**（图3）。在由建筑围合的广场和向凹形地开放的小规模高架车站中，轨道沿着地形铺设，沿着轨道的多个不同的车站前空地互相联系，形成车站前空地的构成关系。“莺谷站”和“上野站”是典型的案例。

另外，当以车站为中心的空地构成是相同的，

图4 同种一体化型

图5 远处建筑共通型

且不是不同的空地集合时，这种由主干道连接两个相同的车站前广场的类型是**同种一体化型**。主出入口统合型的单侧邻接建筑作为其他车站前广场的中心，而在同种一体化型中广场集合是以车站为中心。“五反田站”高架站两侧的大规模高层建筑围合站前广场，并由主干道相连接（图4）。

当多个车站前广场都有相同的远处建筑时，车站空地集合成为**远处建筑共通型**的构成（图5）。比如，“新桥站”和“品川站”属同一类广场集合，它们与周边再开发地区的高层建筑间接地形成广场群。

上述几种类型都是在讨论两个空地的集合形

图6　大规模车站（新宿站）

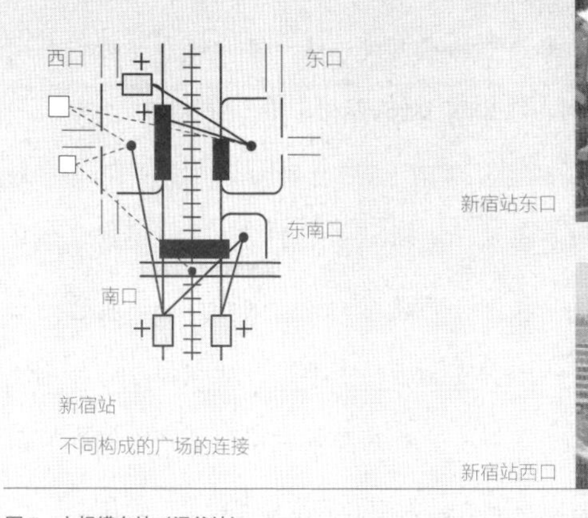

新宿站东口

新宿站西口

图7　大规模车站（涩谷站）

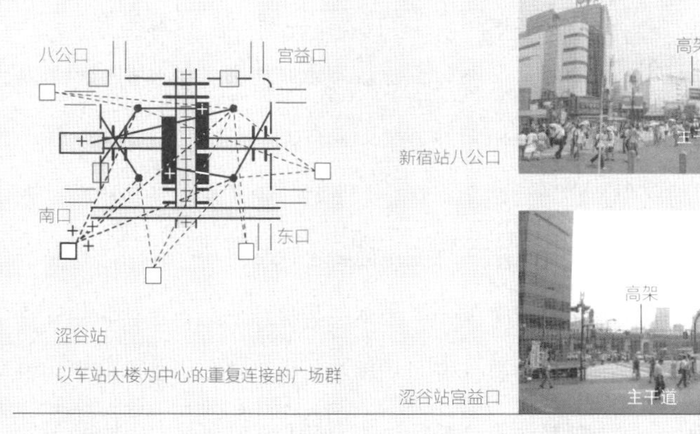

新宿站八公口

涩谷站宫益口

式；但是，**大规模车站**会有两个以上的站前空地集合，这些空地的关系更为复杂。

“新宿站”（图6）的车站大楼和细长的高层建筑围合东口；大规模的高层建筑围合西口；高架交通面向东南口；具有开放感的凹形地面朝向南口。这四种不同车站前空地组成集合。这些广场虽然被高架打断没有直接连接，但是从东口到西口的高层建筑在视线上使得广场具有间接的连接关系。这些不同构成的广场的连接形成了集合体。

在“涩谷站”（图7）的四个站前广场中，每一个都是由车站大楼、高架交通、大规模建筑等多种建筑体量围合而成的构成。这些广场的共通要素有很多，比如穿越性的主干道、从相邻广场可见的建筑、面向多个广场的车站大楼和远处建筑等。由此形成以车站大楼为中心的重复连接的广场群。

比较以上几种类型，“新宿”的空地种类非常多样，是比较单纯的视觉联系的集合形式，即不同的场所以车站为中心集合在一起。“涩谷站”各个广场的建筑体量非常多样，但是其广场的组合关系单纯、明确，共通的要素使得广场一体化，即整个车站被看做一个整体的场所构成。在建筑和构筑物相混合且没有明确秩序的当代日本城市空间中，根据建筑围合的空地集合形式可以解读出多个场所之间的关系。

参考文献

1. 日本建築学会編：建築設計資料集成[総合編]、丸善（2001.6）
2. 日本建築学会編：建築・都市計画のための空間計画学、井上書院（2002.5）
3. 佐藤武夫：市庁舎建築、相模書房（1966）
4. 芦原義信：外部空間の構成/建築より都市へ、彰国社（1962）
5. Aldo Rossi：都市の建築（Daniele Vitale 编）、大龍堂書店（1991）
6. 林泰義：街区型建築の的成立と現行法制度、すまいろん、No.18、pp.4-9（1991）
7. S. Holl：The Alphabetical City、Pamohler Architecture#5、Princeton Architectural Press（1980）
8. 黒川紀章：中間領域または周縁性へ、新建築、第54巻5号、pp.190-191（1979.5）など
9. 芦原義信：隠れた秩序、丸善（1986）
10. 原広司：建筑に何が可能か—建築と人間と—、学藝書林（1969）
11. C.Alexander：A Pattern Language—環境設計の手引き、鹿島出版会（1984）
12. Robert Venturi：建築の多様性と対立性、鹿島出版会（1982）
13. 芦原義信：街並みの美学、岩波書店（1979）
14. 陣内秀信：東京の空間人類学、筑摩書房（1985）
15. 槇文彦ほか：見えがくれする都市、鹿島出版会（1980）
16. Christian Norberg-Schulz：実存・空間・建築、鹿島出版会（1973）
17. Kevin Lynch：都市のイメージ、岩波書店（1968）
18. 建設省都市局都市交通調査室監修、日本交通計画協会編：駅前広場計画指針—新しい駅前広場計画の考え方、技報堂出版（1998）
19. 中村英夫編著，東京大学社会基盤工学教室著：東京のインフラストラクチャー—巨大都市を支える、技報堂（1997）
20. 越沢明：東京の都市計画、岩波新書（1991）

奥山信一
东京工业大环境·社会理工学院建筑学系教授

不管有怎样的抽象造型，建筑一直具有开口部、内部空间、细部，以及和用地的关系。通常的建筑都有丰富的不同要素。建筑的实体可以被理解为某些局部单元组成的整体，此时，根据单元要素分节事物，以控制局部和整体关系的各种构成得以成立。它们包括：空间构成、形态构成、部位材构成、立面构成、平面构成、配置构成、功能构成、色彩构成等。“构成”和“分节”之间是无法分割的，对这种关系的分析可以一直持续。被分节的要素集合如何通过“统合”的形式出现，是构筑性的建筑概念——“构成”需要解答的问题。因此，“分节”是具有能动性的分析视角，这是形成“效果”的重要支撑。换言之，在众多的可能性中，“分节”的程度是由分析者的视点决定的，而“分节”本身是没有意义的。各种“构成”是由某些被分节的单元构成要素组成的统合形式，通过运用构成原理，可以形成不同的效果。

比如，古代罗马建筑师维特鲁威提倡的“均衡”（参考文献1）概念就是西欧古典建筑中被明确分节的局部和由此组成的整体关系。构成要素是部位，构成原理是比例，而这些效果具有严格的数学之美。建筑“构成”具有多种层面的含义，但本书把“构成”限定在形态构成和空间构成的范围内。下文将以具体的文献资料加以论述。

形态与空间中特有的“构成”

香山寿夫在其《建筑形态的结构》（参考文献2）一书中，以19世纪到20世纪的美国建筑为例，把创造外形的形态单元定义为“构成要素”，探讨了统一各个局部的整体秩序（形态结构）的构成原理。此外，《20世纪的住宅——空间构成的比较分析》（参考文献3）的作者原口秀昭以现代主义以来的著名住宅为研究对象，把“室”作为构成要素，分析了架构形式和室的配列形式的构成原理。香山和原口根据对象设定了不同的构成要素和构成原理，这种设想的效果不同于以19世纪之前以“样式”为基础的建筑理论。

这种“构成”内在于基本的建筑单体的秩序概念中；但是，城市的物质空间集合不仅包括建筑单体，还包括土木构筑物、树木等多样的要素。这些构成要素使得我们能够把握城市环境的“构成”。当代城市没有古代城墙那样明确的边界，从局部很难直接把握或分析整体。芦原义信在《外部空间的构成》（参考文献4）中着眼于一个街区或者由广场围合的外部领域，通过分析外部领域围合程度的构成原理，去把握现代城市环境中局部和整体的关系。

局部优先，还是整体优先？

在香山和原口的分析中，建筑的形态和空间能够抽取出独立的构成要素；但是，在规定形成空间边界的墙面、楼面等实体要素时，形态的性格必然形成“两义性”。

保罗·弗兰克在《建筑造型原理的展开》（参考文献5）中，通过从文艺复兴时期到17世纪末的建筑样式变化，分析了具有空间和形态两义性的构成概念。所有的建筑都可以被看作是物质的体块，形成体块的各个构成要素是否是附属的，以及整体是如何被分割的等反思都成为造型自主变化的根据。与弗兰克的理论类似的是筱原一男早期的著名言说（空间的分割与连结）（参考文献6）。不同于弗兰克的是，筱原指出了日本和西方在传统民居的空间构成上的本质性差异。两种理论主要的共同点都是认为基本要素和由集合形成的整体是静态的“构成”，会根据局部优先还是整体优先的关系成为动态变化的与建筑空间造型相关的“构成”概念。

作为“生产意义的装置”的“构成”

建筑实体如果不通过构成原理进行组织，将无法形成单元集合。构成要素和构成原理的关系是以局部到整体的层级秩序为前提的。这种关系互相影响，并根据关系的比重形成“构成”的意义“效果”，这也是弗兰克和筱原都提及过的。小林克弘在其著作《建筑构成的手法》（参考文献7）中认为，构成要素的分节是最重要的，从而从分析的视角转向了创作的视角，优先思考构成原理。他把构成原理分为六种手法，并且强调除了这些手法还有其他的可能性，以此保证“构成”这种建筑生成手法的丰富性。这种建筑“构成”并不停留在分析建筑实体的特征，而是被作为一种“生产内在意义的装置”。对于这种“构成”的思考方法，坂本一成借用了符号学的用语，总结为：构成要素中无数分节的可能性选择（范列），以及作为构成原理的要素配列（统辞）；范列和统辞作为横、纵轴形成关系（形式），产生整体的文脉意义（参考文献8）。需要优先思考的是形式的意义，而不是各个要素的内容。虽然在现代欧洲出现了构成主义，但是对坂本而言，构成的意义不是创造出美学·艺术，而是面向人类团体创造出的社会制度。总之，坂本思考的“构成”是形成并深藏于人们共有的文化背景下的建筑意象·类型的操作方法（参考文献9）。这种“构成”类型是脱离用途分类的建筑类型（参考文献10）。

作为“建筑修辞”的“构成”

修辞学是研究如何传达人类思想和感情效果的原理，与语言艺术、辩论术有相同的根基。装置是为了语言传递达到最大化的效果，但是和普遍存在于现实中的无数可能性（类型）相比，装置处于劣势的位置。建筑中的修辞并非只是单纯的形态和空间的组合，而是必须以建筑实体为原型，关注“构成”的意义问题。换言之，从修辞学的视点去思考，“构成”是以文化意义为衡量坐标的类型。在这一层面上，“建筑构成学”可以被认为是修辞学的精确映射。

特邀专栏参考文献

1. ウィトルウィウス建築書（森田慶一訳）、东海大出版（1979）
2. 香山壽夫：建筑形態の構造—ヘンリー・H・リチャードソンとアメリカ近代建築、東京大学出版会（1988）
3. 原口秀昭：20世紀の住宅—空間構成の比較分析、鹿島出版会（1994）
4. 芦原義信：外部空間の構成、彰国社（1962）
5. P・フランクル：建築造形原理の展開（香山壽夫訳）、鹿島出版会
6. 篠原一男：住宅建築、紀伊国屋書店（1964）
7. 小林克弘：建築構成の手法、彰国社（2000）
8. 坂本一成：閉鎖から開放、そして解放へ—空間配列による建築論、「住宅—日常の詩学」、TOTO出版（2001）
9. 坂本一成：建築に内在する言葉、第二部建築意匠の論理、II建築における図像性、TOTO出版（2011）
10. 小川次郎ほか：ボリュームから構成をとらえる・構成形式とビルディングタイプ、「建築と都市計画のための空間計画学」（日本建築学会編）、井上書院（2000）

附录

建筑案例表

本书分析的建筑案例表示为“名称 · 设计师 · 发表出处”

2 由室与架构形成的住宅构成

2-1 由室形成的住宅

伊東邸（伊东邸） 渡辺豊和建築工房 新建築1978年8月
北山•住宅（北山•住宅） 白沢宏規 新建築1975年2月
Villa Coucou（Villa Coucou） 吉阪隆正 新建築1957年12月
原邸（原邸） 原広司+アトリエ•ファイ建築研究所 建築文化1979年12月
西京風の家（西京风之家） 広瀬謙二 新建築1952年5月
浦崎の家（浦崎之家） 石田敏明建築設計事務所 建築文化2000年5月
岩波邸（岩波邸） 堀口舍己 新建築1958年1月
沢田画伯の家（沢田画伯之家） 清家清 新建築1965年1月
対空間の家（对空间之家） アトリエR 斎藤義 新建築1980年8月
O氏邸（O氏邸） 連合設計市ヶ谷 新建築1962年3月
岡山の住宅（冈山住宅） 山本理顕設計工場 新建築住宅特集1993年1月
森山邸（森山邸） 西沢立衛建築設計事務所 新建築2006年2月

2-2 由“建筑化的外部”形成的住宅

山川山荘（山川山庄） 山本理顕設計工場 新建築1978年8月
ロコ•ハウス（LoCo House） アトリエ•ワン 新建築住宅特集2005年5月
まつかわぼっくす（松川立方体） 宮脇檀建築研究室 新建築1972年8月
若槻邸（若槻邸） 山本理顕設計工場 新建築住宅特集1989年9月
馬込沢の家（马込沢之家） 伊東豊雄建築設計事務所 新建築住宅特集1986年9月
軽井沢の山荘（轻井沢山庄） 吉村順三 新建築1972年8月
雪谷の住宅（雪谷住宅） 谷口吉生 新建築1976年6月
中野本町の家（中野本町的家） 伊東豊雄建築設計事務所 新建築1976年11月
団らんの家（团聚之家） RIA建築綜合研究所 新建築1969年8月
住吉の長屋（住吉长屋） 安藤忠雄建築研究所 新建築1977年2月
銀杏を囲む家（银杏之家） 清家清 新建築1962年1月
正面のない家（无正面的家） 坂倉準三建築研究所大阪支所 新建築1962年10月
四季ヶ丘の家（四季丘之家） 村上徹建築設計事務所 新建築住宅特集1991年10月

2-3 由空间的分割形成的住宅

住吉の長屋（住吉长屋） 安藤忠雄建築研究所 新建築1977年2月

西京風の家（西京风之家） 広瀬謙二 新建築1952年5月

カタガラスの家（半透玻璃之家）武井誠+鍋島千恵/TNA 新建築2008年11月

小金井の家（小金井之家） 伊東豊雄建築設計事務所 新建築1980年8月

グリーンボックス#1（Green Box #1） 宮脇檀建築研究室 新建築1973年2月

谷川さんの住宅(谷川住宅) 篠原一男 新建築1975年10月

から傘の家（伞之家） 篠原一男 新建築1962年10月

折本邸（折本邸） 原広司+アトリエ•ファイ建築研究所 新建築住宅特集2003年1月

スカイハウス（天之宅） 菊竹清訓建築設計事務所 JA No.29 1998春

巣鴨の住宅（巢鸭的住宅） 佐藤光彦建築設計事務所 新建築住宅特集2004年10月

2-4 由架构形成的住宅

花小金井の家（花小金井之家） 伊東豊雄建築設計事務所 新建築1983年12月

栗の木のある家（栗树之家） 生田勉 新建築1957年2月

領壁の家（领壁之家） 安藤忠雄建築研究所 新建築1978年2月

もうびぃでぃっく（白鲸之家） 宮脇檀建築研究室 新建築1967年1月

住居No.38（住居No.38） 池辺陽 JA No.22 1996夏

浜田山の家（滨田山之家）吉村順三 新建築1966年5月

森の別荘（森林别墅） 妹島和世建築設計事務所 新建築住宅特集1994年5月

馬込沢の家（马込沢之家） 伊東豊雄建築設計事務所 新建築住宅特集1986年9月

住宅No.17（住宅No.17） 池辺陽 新建築1954年11月

Blue Screen House（Blue Screen House） 竹山聖+アモルフ 新建築住宅特集1993年7月

逆瀬台の家（逆濑台之家） 出江寛建築事務所 新建築1982年5月

北山•住宅（北山•住宅） 白沢宏規 新建築1975年2月

Villa Kuru（Villa Kuru） 坂茂建築設計 新建築住宅特集1992年3月

ユニットプランの家（单元平面之家） 坂倉準三建築研究所大阪支所 新建築1963年6月

山城さんの家（山城之家）篠原一男 新建築1968年7月

3 由室群与体量形成的建筑构成

3-1 由室群形成的建筑与用途

ユニテ•ダビタシオン•マルセイユ（马赛公寓）ル•コルビュジエ Le Corbusier Complete Works in 8 Volumes

パレスサイドビル（皇居畔大厦） 日建設計工務 新建築1966年12月

不知火病院"海の病棟" ストレス•ケア•センター（不知火医院“海之栋”） 長谷川逸子•建築計画工房 新建築1990年4月

ソーク生物学研究所（萨克尔生物研究所）ルイス•カーン LOUIS I.KAHN COMPLETE WORK 1935-1974

千葉市立打瀬小学校（千叶市立打濑小学） シーラカンス 新建築1995年7月

大学セミナーハウス•本館（大学研究中心•主楼） 早稲田大学建築学科U研究室 新建築1965年12月

TIME'S（TIME'S） 安藤忠雄建築研究所 新建築1985年2月

東京海上ビルディング本館（东京海上大厦主楼） 前川國男建築設計事務所 新建築1974年6月

高知県立坂本龍馬記念館（高知县坂本龙马纪念馆） 高橋晶子+高橋寛/ワークステーション 新建築1992年1月

せんだいメディアテーク（仙台媒体中心） 伊東豊雄建築設計事務所 新建築2001年3月

リコラ社倉庫（尼克拉仓库） ヘルツォーグ&ド•ムーロン HERZOG & DE MEURON 1978-1988

広島世界平和記念聖堂（广岛世界和平纪念圣堂） 村野藤吾•近藤正志 新建築1955年4月

都城市民会館（都城市民会馆） 菊竹清訓建築設計事務所 新建築1966年7月

東京工業大学百年記念館（东京工业大学百年纪念馆） 篠原一男 新建築1988年1月

東京都立夢の島総合体育館（东京都立梦之岛综合体育馆） 東京都•坂倉建築研究所東京事務所 新建築1977年4月、建築文化1977年4月

3-2 由动线形成的室的连接

長野県信濃美術館 東山魁夷館（长野县信浓美术馆 东山魁夷馆） 谷口建築設計研究所 新建築1990年7月

名古屋大学豊田講堂（名古屋大学丰田讲堂）槇文彦 新建築1960年8月

浜松科学館（滨松科学馆） 仙田満+環境デザイン研究所 新建築1986年8月

渋谷区立松濤美術館（涩谷区立松涛美术馆） 白井晟一研究所 新建築1981年1月

再春館製薬女子寮（再春馆制药女子宿舍） 妹島和世建築設計事務所 新建築1991年10月

世田谷区民会館（世田谷区民会馆） 前川國男建築設計事務所 新建築1959年7月

日本橋御木本眞珠店（日本桥御木本珠宝店） アントニン•レイモンド 新建築1953年12月

岡山美術館（冈山美术馆） 前川國男建築設計事務所 新建築1964年12月

大学セミナーハウス•本館（大学研究中心） 早稲田大学建築学科U研究室 新建築1965年12月.

高知県立坂本龍馬記念館（高知县坂本龙马纪念馆） 高橋晶子+高橋寛/ワークステーション 新建築1992年1月

下諏訪町立諏訪湖博物館•赤彦記念館（下诹访町立诹访湖博物馆•赤彦纪念馆）伊東豊雄建築設計事務所 新建築1993年7月

ローズ•ガーデン（蔷薇花园） 安藤忠雄建築研究所 新建築1977年5月

3-3 用途的复合与体量/厅舍建筑

清水市庁舎（清水市厅舍） 丹下健三、浅田孝、神谷宏治、小槻貫一、光吉健次 新建築1955年1月

上越市庁舎（上越市厅舍） 石本建築事務所 新建築1976年8月

高石市庁舎（高石市厅舍） 池田宮彦設計事務所 新建築1976年12月

尼崎市庁舎（尼崎市厅舍） 村野•森建築事務所 新建築1963年2月

三鷹市民センター（三鹰市民中心） 石本建築事務所 建築文化1966年1月

稲沢市庁舎（稻沢市厅舍） 設計事務所ゲンプラン 新建築1971年3月

館林市庁舎（馆林市厅舍） 菊竹清訓建築設計事務所 新建築1963年9月

河内長野市庁舎（河内长野市厅舍） 佐藤武夫設計事務所 新建築1988年7月

专栏 吹拔建筑的构成修辞

新宿NSビル（新宿NS大厦） 日建設計•東京 新建築1982年12月

葛西臨海公園展望広場レストハウス（葛西临海公园瞭望台） 谷口建築設計研究所 新建築1995年10月

住吉の長屋（住吉长屋） 安藤忠雄建築研究所 新建築1977年2月

3-4 由体量形成的外形构成/公共文化设施

国際連合大学本部施設（国际联合大学主校区楼） 丹下健三•都市•建築設計研究所 新建築1993月1月

久留米市民会館（久留米市民会馆） 久米市民会館設計グループ 新建築1969年7月

神奈川県立図書館および音楽ホール（神奈川县立图书馆＆音乐厅） 前川國男建築設計事務所 新建築1955年1月

呉市民会館（吴市民会馆） 坂倉準三建築研究所 新建築1965年5月

筑波総合体育館（筑波综合体育馆） 土岐新建築総合計画事務所 新建築1984年12月

芦屋市民会館（芦屋市民会馆） 坂倉準三建築研究所 新建築1964年8月

東京都立夢の島総合体育館（东京都立梦之岛综合体育馆） 東京都•坂倉建築研究所東京事務所 新建築1977年4月、建築文化1977年4月

世田谷区民会館（世田谷区民会馆） 前川國男建築設計事務所 新建築1959年7月

日南市文化センター（日南市文化中心） 丹下健三研究室/都市•建築設計研究所 新建築1963年4月

香川県立体育館（香川县立体育馆） 丹下健三+都市建築設計研究所•集団製作建築事務所 新建築1965年6月

石川県立美術館（石川县立美术馆） 谷口吉郎 新建築1959年12月

3-5 场地环境与体量/博物馆建筑

岡山美術館（冈山美术馆） 前川國男建築設計事務所 新建築1964年12月

潟博物館（泻博物馆） 青木淳建築計画事務所 新建築1997年10月

球泉洞森林会館（球泉洞森林会馆） 木島安史＋YAS都市研究所 新建築1984年9月

奈義町現代美術館（奈义町现代美术馆） 磯崎新アトリエ 新建築1994年8月

ちひろ美術館•東京（知弘美术馆•东京） 内藤廣建築設計事務所 新建築2002年11月

海の博物館（海的博物馆） 内藤廣建築設計事務所 新建築1992年11月

ナカガワ•フォト•ギャラリー（中川摄影画廊） 村上徹建築設計事務所 新建築1993年6月

世田谷美術館（世田谷美术馆） 内井昭藏建築設計事務所 新建築1986年7月

入江泰吉記念奈良市写真美術館（入江泰吉纪念奈良市写真美术馆）黑川紀章建築都市設計所 新建築1992年2月

福岡市美術館（福冈市美术馆） 前川建築設計事務所 新建築1980年1月

国立西洋美術館（国立西洋美术馆） 基本設計:ル•コルビュジエ、実施設計:前川國男、坂倉準三、吉阪隆正 新建築1959年7月

高知県立坂本龍馬記念館（高知县坂本龙马纪念馆） 高橋晶子＋高橋寛/ワークステーション 新建築1992年1月

3-6 由单元的重复形成的集合形式/集合住宅（1）

Hi-ROOMS 明大前A/線路際の長屋（Hi-ROOMS明大前A/轨道侧长屋）若松均建築設計事務所 新建築2008年8月

熊本県営保田窪第一団地（熊本县营保田洼第一团地）山本理顕設計工場 新建築1992年6月

穩田郵政宿舎（稳田邮政宿舍）郵政大臣官房建築部 新建築1953年3月

KPIタウン（KPI大楼）芦原建築設計研究所 新建築1977年3月

スペースブロック•ノザワ（空间体•野沢）小嶋一浩+赤松佳珠子/CAt 新建築2005年6月

坂出市人工土地（坂出市人工土地）大高建築設計事務所 新建築1968年3月

茨城県営大角豆団地（茨城县营大角豆团地） 現代計画研究所+山下和正建築研究所 新建築1980年11月

忍ヶ丘クレセントヴィラ（忍丘新月住宅）遠藤剛生建築設計事務所 新建築1976年3月

3-7 由单元重复形成的立面构成/集合住宅（2）

上野丘コーポ（上野丘集合住宅）竹下建築設計室 新建築1975年3月

日本電信電話公社惠比寿職員宿舍（日本电信电话公社惠比寿员工宿舍）日本電信電話公社建築部設計室 新建築1953年3月

泉北三原台中層マンション（泉北三原台中层公寓）大阪府住宅供給公社建設部+中島龍彦建築事務所 新建築1984年5月

岡山県営うらやす団地（冈山县营浦安团地）現代計画研究所+倉森建築設計事務所 新建築1984年4月

出光興産高槻社宅第1棟（出光兴产高规社宅1号楼）坂倉準三建築研究所大阪支所 新建築1964年3月

船橋アパートメント（船桥公寓）西沢立衛建築設計事務所 新建築2004年6月

洗足の連結住棟（洗足的连结住宅）北山恒+architecture WORKSHOP 新建築2006年8月

フロム•ファースト•ビル（FROM-FIRST BUILDING）山下和正建築研究所 新建築1976年6月

专栏 由动线连接形成的集合住宅单元

忍ヶ丘クレセントヴィラ（忍丘新月住宅）遠藤剛生建築設計事務所 新建築1976年3月

青々荘（青庄）青木淳建築計画事務所 新建築2010年8月

熊本県営保田窪第一団地（熊本县营保田洼第一团地）山本理顕設計工場 新建築1992年6月

パサディナハイツ（帕萨迪纳高台集合住宅）菊竹清訓建築設計事務所 新建築1975年3月

Hi-ROOMS明大前A/線路際の長屋（Hi-ROOMS明大前A/轨道侧的长屋）若松均建築設計事務所 新建築2008年8月

4 由建筑形成的外部空间构成

4-1 “由配置形成的外部”与“建筑化的外部”

北九州市立中央図書館（北九州市立中央图书馆）磯崎新アトリエ+環境計画 新建築1975年10月、建築文化1975年10月

ポンピドーセンター（蓬皮杜中心） レンゾ•ピアノ+リチャード•ロジャース レンゾ•ピアノ•ビルディング•ワークショップ 2005年11月

日野市立中央図書館（日野市立中央图书馆）鬼頭梓建築設計事務所 新建築1973年8月

茨城県民文化センター（茨城县民文化中心）芦原義信建築設計研究所　新建築1966年6月、建築文化1966年6月、近代建築1966年6月

宮代町コミュニティセンター進修館（宮代町交流中心进修馆）Team Zoo象設計集団 新建築1981年10月,建築文化1981年10月

藤沢市湘南台文化センター（藤沢市湘南台文化中心）長谷川逸子•建築計画工房 新建築1989年9月

東京都立夢の島総合体育館（东京都立梦之岛综合体育馆） 東京都•坂倉建築研究所東京事務所 新建築1977年4月、建築文化1977年4月

香川県庁舎（香川县厅舍）丹下健三/丹下健三•都市•建築設計研究所 新建築1959年1月

4-2 建筑包含的外部

福岡銀行本店（福冈银行总店）黑川紀章建築•都市設計事務所 新建築1975年11月、建築文化1975年11月

ネクサスワールドスティーブン•ホール棟（福冈国际住宅） スティーブン•ホール 新建築1991年5月

東京国際フォーラム（东京国际会议中心） ラファエル•ヴィニオリ建築士事務所 新建築1989年12月

幕張ベイタウンパティオス11番街（幕张港湾城11号街） スティーブン•ホール•アーキテクツ曽根幸一•環境設計研究所 KAJIMA DESIGN 新建築1996年5月

ナカガワ•フォト•ギャラリー（中川摄影画廊）村上徹建築設計事務所 新建築1993年6月

秋田日産コンプレックス（秋天日产综合体）早川邦彦建築研究室 新建築1990年5月

パラッツオ•メディチ•リッカルディ（美第奇府邸） ミケロッツォ•ディ•バルトロメオ 三巨匠レオナルド•ダ•ヴィンチ、ミケランジェロ、ラファエッロ(出版社:日本放送出版協会、発行年:1991年4月)

4-3 由地形和建筑外形形成的外部

グリーンピア•三木プール棟（格林皮亚•三木游泳馆）安井建築設計事務所+坂倉建築研究所+パシフィックコンサルタンツ 新建築1981年1月

八代市立博物館•未来の森ミュージアム（八代市立博物馆•未来之森博物馆）伊東豊雄建築設計事務所 新建築1991年11月

別子銅山記念館（别子铜山纪念馆） 日建設計•大阪 新建築1975年10月

亀老山展望台（亀老山展望台）隈研吾建築都市設計事務所 新建築1994年11月

所沢聖地霊園 礼拝堂 納骨堂（所沢圣地灵园 礼拜堂 骨灰堂）早稲田大学池原研究室 新建築1973年12月

大阪府立近つ飛鳥博物館（大阪府立飞鸟博物馆） 安藤忠雄建築研究室 大阪府建築部営繕室 新建築1994年9月

国際情報科学芸術アカデミーマルチメディア工房（国际情报科学艺术学院多媒体工房） 妹島和世+西島立衛/妹島和世建築設計事務所 新建築1997年1月

5 由建筑配列形成的构成

5-1 由体量配列形成的统合

サントリーミュージアム•天保山（三得利博物馆•天保山） 安藤忠雄建築研究所 新建築1995年3月

シーガイア（Seagaia） 芦原建築設計研究所 新建築1995年1月

RESTORE STATION（RESTORE STATION） 小川晋一都市建築設計事務所 新建築1992年4月

水島サロン（水岛沙龙） 芦原太郎建築事務所 新建築1996年12月

フォルテ（FORTE） 環境システム研究所、環境開発研究所 新建築1991年2月

豊の国情報ライブラリー（丰国信息图书馆） 磯崎新アトリエ 新建築1995年5月

宮沢賢治イーハトーブ館（宮沢贤治原乡馆） 古市徹雄•都市建築研究室 新建築1992年12月

水戸芸術館（水户艺术馆） 磯崎新アトリエ 新建築1990年7月

日中青年交流センター（中日青年交流中心） 黑川紀章建築都市設計事務所 新建築1991年3月

5-2 用地整体中的建筑统合

幕張ベイタウンパティオス10番街（幕张港湾城10号街）小沢明建築研究室、中村勉総合計画事務所、大野秀敏+アプル総合計画事務所 新建築1996年5

印西市立原小学校（印西市立原小学） 山下和正建築研究所 新建築1997年8月

山梨フルーツミュージアム（山梨水果博物馆） 長谷川逸子•建築計画工房 新建築1996年1月

尾鈴山蒸留所（尾铃山蒸馏所） 武田光史建築デザイン事務所+創建•設計事務所 新建築1999年4月

三鷹市芸術文化センター（三鹰市艺术文化中心）TAK建築•都市計画研究所 新建築1996年3月

熊本県立農業大学校学生寮（熊本县立农业大学学生宿舍） 藤森照信+入江雅昭+柴田真秀+西山英夫 新建築2000年8月

5-3 周边环境与建筑的统合

住銀リース本社ビル（住银租赁总部大楼） KAJIMA DESIGN 新建築1996年3月

茨城県営長町アパート1995(第1期)（茨城县营长町公寓 1995年第1期工程）富永譲•フォルムシステム設計研究所•横須賀満夫建築設計事務所 新建築1996年8月

山口県立萩美術館•浦上記念館（山口县立美术馆•浦上纪念馆） 丹下健三•都市•建築設計研究所 新建築1997年8月

大社文化プレイス（大社文化中心） 伊東豊雄建築設計事務所 新建築2000年1月

HSBCビルディング（HSBC大厦） 三菱地所 新建築1998年8月

横浜市下和泉地区センター•横浜市下和泉地域ケアプラザ（横滨市下和泉地区中心） 山本理顕設計工場 新建築1997年4月

こんにちわセンター（“你好”看护中心） 北山孝二郎+K計画事務所 新建築1996年2月

デイホーム玉川田園調布（玉川田园调布之家） 世田谷区営繕課、ヘルム建築•都市コンサルタント 新建築2000年4月

横浜市篠原地区センター•横浜市篠原地域ケアプラザ（横滨市筱原地区中心） 槇総合計画事務所 新建築1997年9月

6 由建筑集合形成的城市空间构成

6-1 建筑围合的空地构成

桜田公園（樱田公园） 東京都港区新橋

自由が丘駅前広場（自由丘车站前广场） 東京都目黒区自由が丘
複数街区にわたる駐車場（多个街区的停车场） 東京都港区浜松町
旧爱宕高等小学校（旧爱宕高等小学） 東京都港区西新橋
網代公園（网代公园） 東京都港区麻布十番
湾岸地区の駐車場（湾岸地区的停车场） 東京都港区湾岸
km PLAZA（km PLAZA） 東京都港区赤坂
新橋駅日比谷口（新桥站日比谷口） 東京都港区新橋
白金小学校（白金小学） 東京都港区白金台
旧飯倉小学校（旧饭仓小学） 東京都港区東麻布
住宅地の駐車場（住宅地的停车场） 東京都世田谷区成城

6-2 位于交叉口的空地构成

银座4丁目交差点（银座4丁目交叉口） 東京都中央区(中央通り×晴海通り)
数寄屋橋交差点（数寄屋桥交叉口） 東京都中央区(外堀通り×晴海通り)
日比谷交差点（日比谷交叉口） 東京都千代田区(晴海通り×日比谷通り)
諏訪町交差点（诹访町交叉口） 東京都新宿区(明治通り×諏訪通り)
飯倉交差点（饭仓交叉口） 東京都港区(桜田通り×外苑東通り)
赤羽橋交差点（赤羽桥交叉口） 東京都港区(桜田通り×都道319号)
渋谷署前交差点（涩谷署前交叉口） 東京都渋谷区(青山通り×明治通り)
西麻布交差点（西麻布交叉口） 東京都港区(外苑西通り×六本木通り)

6-3 车站前的空地构成

新小岩駅（新小岩站） 東京都江戸川区西新小岩
秋葉原駅（秋叶原站） 東京都千代田区外神田、神田花岡町、神田佐久間町
五反田駅（五反田站） 東京都品川区東五反田、西五反田
池袋駅（池袋站） 東京都豊島区南池袋、西池袋
新宿駅（新宿站） 東京都新宿区新宿、西新宿
渋谷駅（涩谷站） 東京都渋谷区渋谷、道玄坂
御茶ノ水駅（御茶水站） 東京都千代田区神田駿河台
巣鴨駅（巢鸭站） 東京都豊島区巣鴨

专栏 位于车站前的多种空地集合形式

五反田駅（五反田站） 東京都品川区東五反田、西五反田
新宿駅（新宿站） 東京都新宿区新宿、西新宿
渋谷駅（涩谷站）東京都渋谷区渋谷、道玄坂
亀有駅（龟有站） 東京都葛飾区亀有
鶯谷駅（莺谷站） 東京都台東区根岸、上野桜木
新橋駅（新桥站） 東京都港区新橋

“建筑构成学”相关论文

2 室与架构形成的住宅构成

2-1 由室形成的住宅：

现代日本の住宅作品における空間の分節と接続

住宅建築の構成形式に関する研究

塚本由晴、坂本一成

日本建築学会計画系論文報告集 第465号、pp.85-93、1994年11月

2-2 由“建筑化的外部”形成的住宅

現代日本の住宅作品における外部空間の分節と統合

住宅建築の構成形式に関する研究

塚本由晴、繁昌朗、坂本一成

日本建築学会計画系論文集 第470号、pp.95-104、1995年4月

2-3 由空间的分割形成的住宅

現代日本の住宅作品における空間の分割

住宅建築の構成形式に関する研究

塚本由晴、坂本一成

日本建築学会計画系論文集 第478号、pp.99-106、1995年12月

2-4 由架构形成的住宅

住宅作品における架構表現による構成単位の分節

住宅建築の構成形式に関する研究

塚本由晴、奥矢惠、坂本一成

日本建築学会計画系論文集 第480号、pp.113-121、1996年2月

3 由室群与体量形成的建筑构成

3-1 由室群形成的建筑与用途

公共文化施設における建築の構成とビルディング•タイプ

ヴォリュームの複合から見た建築の構成形式に関する研究

小川次郎、坂本一成

日本建築学会計画系論文集　第486号、pp.79-88、1996年8月

現代日本の建築作品における室の集合と外形構成

外形ヴォリュームの分節による建築の構成形式に関する研究(2)

中井邦夫、大内靖志、小川次郎、坂本一成

日本建築学会計画系論文集 第528号、pp.125-131、2000年2月

3-2 由动线形成的室的连接

動線による室の連結

現代日本の建築作品における動線の空間構成に関する研究

貝島桃代、坂本一成、塚本由晴

日本建築学会計画系論文集 第498号、pp.131-138、1997年8月

3-3 用途的复合与体量/厅舍建筑

現代日本の市庁舎建築における空間構成と用途の分節

外形ヴォリュームの分節による建築の構成形式に関する研究

中井邦夫、坂本一成

日本建築学会計画系論文集 第519号、pp.147-153、1999年5月

专栏 吹拔建筑的构成修辞

包含関係の組合せによる空間構成

空間の包含による対比からみた建築の構成形式に関する研究(1)

小川次郎、塚本由晴、坂本一成、寺内美紀子、中鉢朋子、足立真

日本建築学会大会学術講演梗概集(関東)F-2分冊、pp.265-266、1997年9月

包含関係と動線による構成の修辞

空間の包含による対比からみた建築の構成形式に関する研究(2)

中鉢朋子、塚本由晴、坂本一成、寺内美紀子、小川次郎、足立真

日本建築学会大会学術講演梗概集(関東)F-2分冊、pp.267-268、1997年9月

3-4 由体量形成的外形构成/公共文化设施

专栏 公共文化设施的外形构成的共通性质——对比与统辞

公共文化施設における形態構成とビルディング•タイプ

ヴォリュームの複合から見た建築の構成形式に関する研究(2)

小川次郎、奥山信一、坂本一成

日本建築学会計画系論文集 第494号、pp.137-145、1997年4月

3-5 场地环境与体量/博物馆建筑

現代日本の博物館建築における立地環境と外形構成

外形ヴォリュームの分節による建築の構成形式に関する研究(4)

中井邦夫、森山ちはる、坂本一成

日本建築学会計画系論文集 第607号、pp.33-40、2006年9月

3-6 由单元的重复形成的集合形式/集合住宅（1）

集合住宅の空間構成における多様性•均質性
現代日本の集合住宅における構成単位とその集合形式に関する研究
足立真、坂本一成、奥山信一
日本建築学会計画系論文集　第490号、pp.93-102、1996年12月

3-7 由单元重复形成的立面构成/集合住宅（2）
要素の配列による集合住宅の外形構成
現代日本の集合住宅における構成単位とその集合形式に関する研究その3
足立真、坂本一成
日本建築学会計画系論文集 第530号、pp.135-141、2000年4月

专栏 由动线连接形成的集合住宅单元
外部空間の接続と配列による集合住宅の構成形式
現代日本の集合住宅における構成単位とその集合形式に関する研究 その4
足立真、坂本一成
日本建築学会計画系論文集 第538号、pp.101-108、2000年12月

4　由建筑形成的外部空间构成

4-1 “由配置形成的外部”与“建筑化的外部”
建築の外部空間の分節と配置形式
領域的性格からみた建築の外部空間の構成形式に関する研究
寺内美紀子、坂本一成、奥山信一
日本建築学会計画系論文集 第491号、pp.91-98、1997年1月

4-2 建筑包含的外部
街路型建築作品における外部ヴォイド空間の構成
領城的性格からみた外部空間の構成形式に関する研究(4)
寺内美紀子、町田敦、坂本一成、奥山信一、小川次郎
日本建築学会計画系論文集 第554号、pp.159-166、2002年4月

4-3 由地形与建筑外形形成的外部
現代日本の建築作品における地形化表現による外形構成
領域的性格からみた外部空間の構成形式に関する研究(5)
寺内美紀子、坂本一成
日本建築学会計画系論文集 第559号、pp.131-136、2002年9月

5　由建筑配列形成的构成

5-1 由体量配列形成的统合
ヴォリュームの配列からみた複合建築の構成における統合形式
美濃部幸郎、坂本一成、塚本由晴

日本建築学会計画系論文集 第525号、pp.137-144、1999年11月

5-2 用地整体中的建筑统合

外部空間の分節からみた分棟建築の構成

ヴォリュームの配列による現代建築の統合形式に関する研究

美濃部幸郎、坂本一成、寺内美紀子

日本建築学会計画系論文集 第552号、pp.147-154、2002年2月

5-3 周边环境与建筑的统合

周辺環境との隣接関係からみた都市建築の統合形式

ヴォリュームの配列による現代建築の統合形式に関する研究

美濃部幸郎、坂本一成、寺内美紀子

日本建築学会計画系論文集 第558号、pp.137-144、2002年8月

6 由建筑集合形成的城市空间构成

6-1 建筑围合的空地构成

建築ヴォリュームに囲まれた都市の空地の構成形式

現代日本の都市空間における空地の構成形式に関する研究

安森亮雄、坂本一成、寺内美紀子

日本建築学会計画系論文集 第568号、pp.69-76、2003年6月

6-2 位于交叉口的空地构成

建築ヴォリュームの配列による交差点の空間構成

現代日本の都市空間における空地の構成形式に関する研究(4)

安森亮雄、斎藤啓佑、坂本一成、寺内美紀子

日本建築学会計画系論文集 第638号、pp.815-822、2009年4月

6-3 车站前的空地构成

建築ヴォリュームの配列による駅前広場の空間構成 東京都23区JR線におけるケーススタディー

現代日本の都市空間における空地の構成形式に関する研究(2)

安森亮雄、坂本一成、横山志穂、寺内美紀子

日本建築学会計画系論文集 第622号、pp.83-90、2007年12月

专栏 位于车站前的多种空地集合形式

東京都23区JR駅における駅前広場の集合形式

現代日本の都市空間における空地の構成形式に関する研究(3)

安森亮雄、坂本一成、寺内美紀子

日本建築学会計画系論文集 第632号、pp.2099-2105、2008年10月

类型索引

名词索引

作为建筑的语言学——意义的建构

近二十年前，我在东京工业大学（Tokyo Institute of Technology，后文简称“东工大”）读研究生的时候，就一直折服于坂本一成研究室（后文简称“坂本研”）那种极其理性的、近乎逻辑推导般的建筑设计方法。但凡涉及有关建筑形式的评价，坂本研的人总是会问：“为什么是这样？”

为了回答这些“为什么”，势必要从客观因素上来寻求依据。坂本研将客观因素称为“环境”（environment）。在这里，这个词汇不仅指那些看得见、摸得着的物理场地，还包括设计要求、法律法规、项目投资、大众情趣、业主状况、社会意识，甚至还包括固有认知等各种抽象的内容。“环境”是贯穿于个体与集团的经验与体会，是由属于对建筑而言具有束缚力的、被称作“制度”的东西组成。建筑评论家五十岚太郎（Taro IGARASHI，东北大学教授）在《关于当代建筑的16章》一书中提到，出生于20世纪60年代的建筑师是对“环境”极其敏感的一代（五十嵐太郎. 現代建築に関する16章：空間、時間、そして世界. 东京：講談社，2006.），这其中就包括了本书作者之一的塚本由晴等一批坂本研出身的建筑师们。我想，往返于“环境”与“形式”间的“观察与定着”正是从“因为”到“所以”的审慎推敲吧！

不可否认，设计行为本身带有主观的属性。一方面，建筑自身具备了内在形式语言的生成逻辑，即建筑的自律性；另一方面，建筑作为社会的组成而存在，又必然有赖于外在的现实条件以产生价值——这是建筑的他律性。从某种角度上看，建筑设计可以说就是在其自律与他律间的定位。很显然，本书并非是一本形式技巧、环境策划，或专念于自律或他律极端的技巧集结，而是一把教授如何在内在的自律与外在的他律之间建构设计逻辑的钥匙。

从谷口吉朗（Yoshiro TANIGUCHI，东京工业大学名誉教授）、清家清（Kiyoshi SEIKE，东京工业大学名誉教授），到筱原一男（Kazuo SHINOHARA，东京工业大学名誉教授）、坂本一成，以住宅为对象的一系列建筑思考与设计实践素来就以其批判性与本体性而著称，并形成独树一帜的“东工大学派”。无论是批判性，还是本体性，该学派都是以“什么是建筑”这一独立且根本性的探究为前提。相较“东工大学派”很多以思考、论说为主要内容的思想型著述，本书引用了大量的设计实例，重点明确而又具有针对性地通过“建筑构成”来讲述建筑设计的方法。在你认真阅读本书后，就会明白那些明晰的主题、完整的体例、循序渐进的讲述，以及学以致用的内容都表明了作者试图将其作为建筑设计教科书的意图。事实上，这本书在某种程度上就是“东工大学派”建筑设计方法的入门读本，它同建筑的技术理论一起，形成了东工大建筑学教育体系的“双核”。

从本质上说，本书中的“建筑构成”与我们熟知的那些以形式法则为取向的“构成”截然不同，这也是为什么本书的开篇就要开宗明义对“什么是构成”进行阐述的原因。“……因此，用‘构成’的概念分析对象，就是从中探究局部各要素和整体集合之间的关系，从而使对象固有的属性得以明确，而‘建筑构成学’就是将具备这种构成概念的建筑的固有属性体系化和语言化。”（坂本一成、塚本由晴、岩岡竜夫等. 建築構成学：建築デザインの方法. 东京：実教出版，2012.）本书的“建筑构成”不仅摒弃了审美的取向，甚至对于形式本身也趋于弱化，借此将关注焦点集中于“关系”之上，并且通过“关系”来获得意义，从而建构秩序的完整体系。

语言的价值在于意义的表述。任何一种语言都有着其不可取代的独特性。无论是文字，还是绘画或音乐，它们各自秩序的建立都意味着意义的呈现，同样，建筑语言也有着其自身秩序建构的特征。本书中的空间关系是以“室”这一建筑的基本单元为论述的起始点，从建筑的内在组成，到地形、周边环境、城市空间等外部条件，始终围绕着“建筑”来对“构成”进行梳理和分类。因此，“建筑构成学”是关于建筑空间关系的研究，是建筑的语言学。相较结构主义与类型学，“建筑构成学”在自律与他律双向联系中的界定、在抽象与具象领域中的贯通、在形式与历史的相对化中，都确保了其更为宽泛和包容的疆域，以及对形式操作的超越。

语言学所展现出来的克制的理性有着显而易见的“东工大学派”的风骨。从坂本一成早期开始的“box in box”“家形（型）”“覆盖与架构”，以及后期的“小型集合体量岛状配置”（small compact unit and island plan）等，建筑空间从自律的内部关系外化到与城市的连续，空间自体的组合不仅形成了物质的环境，在某种程度上更是创造了由空间形式附带概念所聚合而产生的意义——内向的以建筑本体与社会的对抗所获得的意义以及外化的与环境纠结所产生的意义。在此基础上，无论之后“Tokyo Housing Project”以乌托邦的置入，还是《东京制造》（貝島桃代, 黒田潤三, 塚本由晴. メイドイントーキョー. 东京：鹿島出版会，2001.）以现实为基础的观察与抽取，都是对“建筑构成”在东京这个具体的城市（物质）以及社会（抽象）背景中的检验。因此，“建筑构成学”是一种从单体到群体、从小规模到大规模、从横向到竖向、超越使用功能并基于建筑本体的结构，它的抽象性确保了其能够成为建筑空间组合的基本理论，同时也是使其成为一种建筑设计方法论的保证。

陆霖建筑工作室主持建筑师陆少波用平易通畅的语言完好翻译出这本看似简单的不平凡的书，欣慰建筑后辈们专业精进的同时，希望诸位读者能够在阅读后重新思考：建筑设计究竟该怎样展开？是为了好看？还是为了好用？每个人都憧憬着设计的“好的建筑”到底是怎样的？除了坚固、美观、实用之外，设计还能有什么依靠来助力前行？衷心期待这本《建筑构成学 建筑设计的方法》能够成为我们用建筑来展现意志的重要启示。

东南大学建筑学院 郭屹民

2018年3月

ISBN：978-4-407-32572-0

图书在版编目（CIP）数据

建筑构成学 : 建筑设计的方法 / (日) 坂本一成等著 ; 陆少波译.
— 上海 : 同济大学出版社, 2018.7（2023.3 重印）
“十三五”上海市重点图书出版物出版规划项目
ISBN 978-7-5608-7970-3
Ⅰ. ①建… Ⅱ. ①坂… ②陆… Ⅲ. ①建筑设计－方法 Ⅳ. ①TU2
中国版本图书馆CIP数据核字(2018)第145775号

建筑构成学 建筑设计的方法

**坂本一成　塚本由晴　岩冈竜夫　小川次郎　中井邦夫　足立真　寺内美纪子
美浓部幸郎　安森亮雄 著，陆少波 译，郭屹民 校**

责任编辑　武 蔚
责任校对　徐春莲
装帧设计　风土研究室
出版发行　同济大学出版社 http://www.tongjipress.com.cn
地址：上海市四平路1239号 邮编：200092 电话：021-65985622
经　销　全国各地新华书店
印　刷　上海安枫印务有限公司
开　本　889mm×1194mm 1/32
印　张　7.25
印　数　12401－14500
字　数　195 000
版　次　2018年7月第1版
印　次　2023年3月第5次印刷
书　号　ISBN 978-7-5608-7970-3
定　价　55.00 元